Christine Meixner
Methodenentwicklung zur automatisierten Generierung
anatomiebasierter, kinematischer Mensch-Modelle als Werkzeug
für die virtuelle Bekleidungskonstruktion

TUD_press_

Christine Meixner

Methodenentwicklung zur automatisierten Generierung anatomiebasierter, kinematischer Mensch-Modelle als Werkzeug für die virtuelle Bekleidungskonstruktion

TUDpress
2016

Die vorliegende Arbeit wurde am 08. Dezember 2015 an der Fakultät Maschinenwesen der Technischen Universität Dresden als Dissertation eingereicht und am 21. April 2016 verteidigt.

Gutachter:
Prof. Dr.-Ing. habil. Sybille Krzywinski
Prof. Dr. Ing. Martin Schmauder

Bibliografische Information der Deutschen Nationalbibliothek
Die Deutsche Nationalbibliothek verzeichnet diese Publikation in der Deutschen Nationalbibliografie; detaillierte bibliografische Daten sind im Internet über http://dnb.d-nb.de abrufbar.

Bibliographic information published by the Deutsche Nationalbibliothek
The Deutsche Nationalbibliothek lists this publication in the Deutsche Nationalbibliografie; detailed bibliographic data are available in the Internet at http://dnb.d-nb.de.

ISBN 978-3-95908-066-8

© 2016 w.e.b. Universitätsverlag & Buchhandel
Eckhard Richter & Co. OHG
Bergstr. 70 | D-01069 Dresden
Tel.: 0351/47 96 97 20 | Fax: 0351/47 96 08 19
http://www.tudpress.de

Methodenentwicklung
zur automatisierten Generierung
anatomiebasierter, kinematischer Mensch-Modelle
als Werkzeug für die
virtuelle Bekleidungskonstruktion
Development of a Tool Usable for
Virtual Cloth Construction
by Generating Anatomic Kinematic Human Models
Automatically

DISSERTATION

zur Erlangung des akademischen Grades
Doktor der Ingenieurwissenschaften
- Dr.-Ing. -

vorgelegt an der
Fakultät Maschinenwesen
der Technischen Universität Dresden

von

Dipl.-Ing. Christine Meixner
geboren am 13. Oktober 1972 in Ingolstadt

Gutachter:
Prof. Dr.-Ing. habil. Sybille Krzywinski
Prof. Dr. Ing. Martin Schmauder

Tag der Einreichung: 08.12.2015
Tag der Verteidigung: 21.04.2016

Danksagung

Die vorliegende Dissertationsschrift entstand als externe Arbeit am Institut für Textilmaschinen und Textile Hochleistungswerkstofftechnik (ITM) der Technischen Universität Dresden. Für die Möglichkeit dieser Form der Zusammenarbeit möchte ich mich bedanken.

Mein ausdrücklich herzlicher Dank geht an meine Betreuerin Frau Prof. Sybille Krzywinski für ihre umfassende fachliche Betreuung, zahlreiche konstruktive Diskussionen und Fragestellungen sowie ihre Bereitschaft, die Betreuungstermine tageweise zu bündeln. Ohne ihren unermüdlichen Einsatz wäre die vorliegende Arbeit in dieser Form sicher nicht möglich gewesen.

Ich bedanke mich bei der Firma *Autodesk* für die zur Verfügung gestellte Software *3ds max* und auch ganz herzlich bei der *IT'IS Foundation* der ETH Zürich für die Aushändigung der *Virtual Family*-Modelle, die eine wichtige Basis meiner Arbeit bilden.

Bedanken möchte ich mich ebenso bei Herrn Prof. Gerhard Schmitt und Herrn Dr. Remo Burkhardt für die flexible Handhabung meiner Arbeitszeiten an der ETH Zürich.

Allen Familienangehörigen, Freunden und Arbeitskollegen danke ich für die seelische und moralische Unterstützung in sämtlichen Lebenslagen.

Besonderer Dank geht an meinen Lebenspartner Herrn Thorsten Jacobs für sein Verständnis, seine Unterstützung und die mehrfache Durchsicht meines Manuskripts.

Ich widme die Arbeit meiner Mama, die mit jedem modellierten Knochen und Muskel mitgefiebert hat, mich in jeglicher Hinsicht unterstützt und immer an mich geglaubt hat.

Inhaltsverzeichnis

INHALTSVERZEICHNIS

Symbolverzeichnis

a Hauptachse der Ellipse.

B Bildebene bei der Triangulation.

b Nebenachse der Ellipse.

E Ebene, meist mit Index ergänzt.

ϵ Lineare Exzentrizität der Ellipse.

H Höhe.

L Länge.

M Mittelpunkt.

m Geradensteigung.

μ Erwartungswertvektor PCA.

O Punkt auf der seitlichen Körpermitte der Schnittgeraden von Ebenen. O steht für Origin / Ursprung.

φ Ein beliebiger Winkel.

S Skalierungsfaktor.

Σ Kovarianzmatrix (PCA / Hauptkomponentenanalyse).

u Einfluss der Knotenverschiebung (Morphen).

V Knotenpunkt, abgeleitet von Vertex (englische Bezeichnung).

W Wichtung eines Knotenpunkts.

W_{ij} Wichtung eines Knotenpunkts i bezüglich Bone j.

x Achsenbezeichnung, läuft in der Regel von links nach rechts.

y Achsenbezeichnung, läuft in *3ds Max* von vorn nach hinten. Sonst meist von unten nach oben.

Z Bezeichnung für zentrale Linien, z.B. Z_{BR} für zentrale Linie in Bein rechts.

z Achsenbezeichnung, läuft in *3ds Max* von unten nach oben. Sonst meist von vorn nach hinten.

1

Einleitung

1.1 Motivation

Trotz Globalisierung und weitgehender Auslagerung der Produktion findet ein Großteil der Entwicklung und Konstruktion der Bekleidung in Deutschland statt, da hier das Know-how über die Schnittkonstruktion vorhanden ist und die modischen Wünsche und funktionellen Anforderungen des einheimischen Marktes besser ermittelt werden können. Außerdem können so die Qualität überprüft und die Nähe zum Konsumenten im Inland gewährleistet werden. Zur Sicherung der Wettbewerbsfähigkeit der deutschen Bekleidungsindustrie müssen aber dringend Einsparungspotentiale bei der Produktentwicklung ermittelt und umgesetzt werden.

Zur Erfassung von Körpermaßen und -formen als dreidimensionale Daten werden heute vermehrt Bodyscanner eingesetzt. In die Bekleidungskonstruktion fließen die automatisch ermittelten Umfangs- und Längenmaße sowie eventuell Haltungsbesonderheiten ein. Der Konstruktionsprozess selbst findet derzeit immer noch komplett in der Ebene statt, üblicherweise werden 2D-CAD-Lösungen eingesetzt. Grundsätzlich gibt es zwei Verfahren zur Erstellung von Grundmodellen in 2D.

Das Gradierprinzip ist die klassische Variante, bei der die Konstruktion in einer Basisgröße erfolgt und andere Größen nach bestimmten Vorschriften nach oben oder unten skaliert (gradiert) werden. Dazu werden an wesentlichen Eckpunkten[1] der Schnittteilkontur Sprungwerte angetragen, die aus Maßtabellen berechnet werden. Dadurch ergeben sich Veränderungen an den Gradierpunkten in x- und y-Richtung. Mit Hilfe dieser Gradierpunkte wird die Schnittteilkontur proportional zur Basisgröße berechnet.

Beim Konstruktionsprinzip werden die Konturen aus körpermaßabhängigen Strecken allgemeingültig konstruiert. Um ein Modell in einer bestimmten Größe oder für eine konkrete Person zu erstellen, werden die Körpermaße aus einer Maßtabelle entnommen und für die referenzierten Platzhalter eingesetzt.

Bei beiden Prinzipien müssen modische Varianten sowie Funktionalitäten interaktiv erstellt werden. Die Modellierungen sind zeitaufwändig und das Ergebnis wird maß-

---

[1]Diese werden auch als Gradierpunkte bezeichnet

geblich durch die Fähigkeiten und Erfahrungen des Bearbeiters bestimmt. Zwischen den 2D-Konstrukionen und den Vorstellungen des Designers besteht während der Entwicklung keinerlei digitale Verbindung. Diese wird real oder neuerdings auch virtuell am Rechner ([Lec15a], [Opt15], [Bro15], [Hum15]) durch Zuschnitt und Nähen des Modells geknüpft. Wird Bekleidung für therapeutische Anwendungen, z.B. Kompressionsbekleidung konstruiert, müssen beispielsweise Druckzonen berücksichtigt werden. Da das textile Material anisotrop ist, resultieren je nach Dehnung unterschiedliche Effekte. Die Rückkopplung, ob die gewünschte Funktionalität erreicht wird und z.B. die Druckzonen an der richtigen Stelle liegen, ist für den Konstrukteur kaum vorhanden. Diese Art der Schnittkonstruktion in der Ebene birgt damit ein nicht unerhebliches Qualitäts- und Zeitrisiko, das durch eine virtuelle, teils automatisierte 3D-Produktentwicklung verringert werden soll.

Durch die Bereitstellung skalierbarer, statischer Figurinen, deren Oberfläche Menschen realitätsnah abbilden, wurde ein erster Schritt zu einer verbesserten Methodik in der Produktentwicklung vollzogen. Bei den meisten Parametern zur Generierung dieser Figurinen handelt es sich um Längen- und Umfangsmaße, deren Verteilung sich an statistischen Tabellen und damit Durchschnittswerten orientiert. Die damit verbundenen Körperformen und Proportionen können jedoch gravierend voneinander abweichen. Zur Erzielung einer guten Passform ist es von entscheidender Bedeutung, diese Unterschiede berücksichtigen zu können. „Zudem verändern sich die Körperproportionen im Laufe des Lebens erheblich: Die Kleidung einer 60-jährigen Frau muss deshalb zwangsläufig anders gestaltet sein, als die einer 18-Jährigen – und das trotz gleicher primärer Körpermaße, sprich Konfektionsgröße" [Hoh13]. Die Anpassung der Mensch-Modelle an personenindividuelle Maße ist mit einem oft nicht vertretbarem Aufwand verbunden und wird deshalb nur für Spezialanwendungen eingesetzt.

Eine sehr gute Passform spielt für viele Lebensbereiche eine erhebliche Rolle, z.B. für Hochleistungssportler zur Realisierung der gewünschten Leistungsfähigkeit, für medizinische Anwendungen zur Erzielung der Therapiewirkung oder für Rollstuhlfahrer zur Verbesserung der Lebensqualität. „Speziell die sitzende Position der Rollstuhlfahrer bringt besondere Anforderungen an die Schnittführung der Kleidung mit sich. Um z. B. einen horizontalen Sitz des Hosenbundes zu erreichen, muss die Rückenpartie von Hosen länger geschnitten sein, als deren Vorderseite. Die liegende Position der Handbiker dagegen erfordert genau entgegen gesetzte Funktionalitäten, wenn die Sportbekleidung optimal sitzen soll" [Hoh12]. Für passformsensible Bekleidung ist das Heranziehen von Scandaten, die weitergehende Informationen bezüglich Maßverteilung, Querschnittsgestaltung und anatomischer Besonderheiten bieten, also unumgänglich.

Üblicherweise werden Personen zweimal in aufrechter, stehender Position gescannt. Einmal mit leicht vom Körper abgespreizten, etwas angewinkelten Armen und ein zweites Mal mit hängenden Armen. Die erste Körperhaltung liefert ähnliche Maße wie das traditionelle Maßnehmen eines Schneiders und kann daher als Grundlage für den Konstruktionsprozess verwendet werden. Die zweite Scanposition wird für die Passformsimulation eingesetzt. Die typische Körperhaltung eines Sportlers (z.B. Radfahrer, Skiabfahrtsfahrer) oder eines Rollstuhlfahrers unterscheidet sich signifikant von beiden Scanpositionen. So vergrößert sich zum Beispiel beim Beugen des Oberkörpers nach vorn die Rückenlänge um mehrere Zentimeter. Die Möglichkeit der Nachstellung nutzungstypischer Körperpositionen anhand der ermittelten 3D-Daten ist daher enorm wichtig, um den Entwicklungsprozess zu erleichtern. Darüber hinaus sind bei Sportlern die Muskeln stärker ausgeprägt, je nach Sportart betrifft das nur einen Teil des Körpers. Ein

Ringer hat im Oberkörper deutlich ausgeprägtere Muskeln als in den Beinen. Ein Eisschnellläufer dagegen hat mehr Beinmuskulatur. Bei sportlichen Betätigungen werden die Muskeln zudem stärker angespannt, arbeiten also unter Last. Im Idealfall sollen ganze Bewegungsabläufe virtueller Körper mit den Auswirkungen des Muskeleinflusses auf die Hautoberfläche simuliert werden.

Hierfür eignet sich ein kinematisches Geometriemodell, welches sich aus einem Haut- und einem Skelettmodell zusammensetzt. Der Einfluß der Halte- und Bewegungsmuskulatur auf die Deformation der Haut ist insbesondere an den Gelenkpunkten sehr groß. Um eine natürliche Verformung der Körperoberfläche bei Bewegung zu erreichen, müssen damit auch für Nichtsportler Muskeln modelliert werden. Bei Leistungssportlern sind in der Regel Teile der Bewegungsmuskulatur stärker ausgeprägt.

1.2 Zielsetzung

Die Generierung verschiedener Körperhaltungen und Bewegungsabläufe basiert im Rahmen der Arbeit auf den hinterlegten anatomischen Zusammenhängen, deren Realitätstreue für die Qualität des Modells enorm wichtig ist. Stimmt die Anatomie des Modells nicht, können keine anthropometrisch korrekten Körperhaltungen für das Modell erstellt werden. Diese Körperhaltungen dienen als Grundlage für die dreidimensionale Konstruktion von Bekleidung und haben damit direkten Einfluss auf die Passform.

Zur abzubildenden Anatomie gehören das Skelett (Knochen und Gelenke) und das Muskelsystem sowie deren Einflüsse auf die Haut. Da in der Regel keinerlei konkrete physische oder virtuelle Modelle für die Anatomie der zu betrachtenden Person vorliegen, folgt das im Rahmen der Arbeit kreierte Geometriemodell allgemeingültigen Regeln aus der Humanmedizin sowie der Physiologie und kann damit nur eine Näherung an die Realität sein.

Die Körperform von Hochleistungssportlern unterscheidet sich häufig gravierend von Standardfigurinen. Somit ist es erforderlich, das entwickelte kinematische Modell an personenindividuelle Ausgangsdaten (Bodyscans) anpassen zu können. Derzeit liegen zwischen diesen dreidimensionalen Aufnahmen von Menschen und der dreidimensionalen virtuellen Passformkontrolle zeitaufwändige Konstruktionsprozesse in der Ebene. Technologien, um diesen Konstruktionsprozess auf statischen Mensch-Modellen im dreidimensionalen Raum auszuführen, sind vorhanden, aber noch nicht ausreichend etabliert. Eine effiziente Möglichkeit zur Änderung der Körperhaltung kann die Akzeptanz der Konstruktion im dreidimensionalen Raum entscheidend steigern. Um beliebige Körperhaltungen virtuell abbilden zu können, wird ein kinematisches Geometriemodell benötigt. Die Erstellung dieses Modells ist mit einem erheblichen Entwicklungsaufwand verbunden, so dass für künftige Nutzer wesentliche Arbeitsschritte automatisiert werden müssen.

Die Art der Entwicklung und die Verwendung eines kinematischen Geometriemodells sind nicht geschlechterspezifisch und werden exemplarisch am Beispiel von Frauen durchgeführt. Als dreidimensionales Oberflächenmodell, an die das kinematische Geometriemodell angepasst wird, können neben personenindividuellen Daten[2] auch synthetisch erzeugte dreidimensionale Standardfigurinen[3] eingesetzt werden.

---

[2] Diese bilden den Ausgangspunkt für diese Arbeit
[3] in Konfektionsgrößen

> *Die Anforderungen an das anthropometrische, kinematische Geometriemodell für weibliche Personen als Basis für die Bekleidungskonstruktion sind:*
>
> - *Das kinematische Geometriemodell ist für personenindividuelle Scandaten mit vertretbarem Zeitaufwand und ohne Spezialkenntnisse erstellbar,*
> - *die generierten Körperhaltungen und Bewegungsabläufe sind weitgehend anatomisch korrekt, können zum Großteil automatisch erzeugt und auf personenindividuelle Scandaten angewendet werden und*
> - *die Auswirkungen der oberflächenbeeinflussenden Muskelpartien auf die Hautoberfläche werden berücksichtigt.*

1.3 Aufbau der Arbeit

Das Fundament der Untersuchungen sind anatomische Zusammenhänge, die zu Beginn der Arbeit erörtert werden (Kapitel 2). Es folgen Recherchen zum Stand der Technik und der Forschung bezüglich Oberflächenmodellen und kinematischer Systeme (Kapitel 3). An dieser Thematik wird international intensiv geforscht. Die verschiedenen Lösungsansätze werden untersucht und einander gegenübergestellt. Meist kommen dabei kommerzielle Softwarelösungen zum Einsatz. Daher folgt eine kurze Übersicht über die Leistungsmöglichkeiten von Animationssoftware.

Die prinzipielle Entwicklungsmethodik des kinematischen Geometriemodells ist das Hauptthema im Kapitel 4, in dem alle Lösungsschritte am Beispiel der Adaption eines Zylinders an ein Bein untersucht und demonstriert werden. Der Einsatz von Templates wird hier begründet und demonstriert. Die konkrete Lösung der Aufgabenstellung für einen personenindividuellen weiblichen Körper wird in Kapitel 5 Schritt für Schritt ausgehend von Scandaten umgesetzt und in den Entwicklungsstufen jeweils auf anatomische Korrektheit geprüft. Am Ende steht ein kinematisches Geometriemodell, das weitgehend automatisiert auf andere Personen übertragen werden kann.

Das Kapitel 6 evaluiert die Anwendung der Entwicklungsmethodik auf reale personenindividuelle Scandaten von vier weiblichen Personen. Dazu gehört auch die Schnitterstellung in 3D für verschiedene Körperhaltungen und die automatische Zuschnittgenerierung. Dies ermöglicht die Untersuchung schnitttechnischer Variationen in Abhängigkeit von der Pose.

Abschließend werden Chancen und Grenzen des Modells zur Beschleunigung der Produktentwicklung aufgezeigt sowie ein Blick in die Zukunft und auf weitere Forschungsmöglichkeiten geworfen.

2

Anatomie und Bewegungssystem des menschlichen Körpers

Um ein virtuelles Mensch-Modell generieren zu können, ist es unbedingt erforderlich, sich mit dem Aufbau und der Funktionsweise eines realen Menschen zu beschäftigen. Neben der Anthropometrie, der Lehre der Ermittlung und Anwendung der Maße des menschlichen Körpers, ist vor allem die Anatomie, die Lehre vom Aufbau der Organismen, eine wichtige Grundlage, um so realitätsnah wie möglich modellieren zu können.

Das Gebiet der Anatomie ist sehr groß und neben vielen allgemeinen Atlanten gibt es sehr viel Fachliteratur, das sich auf jeweils eingeschränkte Aspekte beschränkt. Da als Anhaltspunkt zur Modellierung viele Bilder aus unterschiedlichen Ansichten und in verschiedenen Haltungen benötigt werden, wird ein weit verbreitetes Standardwerk [SSS+07] als anatomisches Referenzwerk für diese Arbeit gewählt. Damit ist auch Einheitlichkeit und Durchgängigkeit der anatomischen Grundlagen gewährleistet. Ergänzend und zum Quervergleich wird bei Bedarf auch andere Fachliteratur zu Rate gezogen.

Dieses Kapitel beschränkt sich auf die wichtigsten Körperteile und Funktionen des menschlichen Körpers und seines Bewegungssystems.

2.1 Begriffsdefinitionen

Während sich die Körperproportionen in der Kindheit mit dem Lebensalter sehr stark ändern, sind sie beim erwachsenen Menschen sehr stabil und folgen auch messbaren Vorgaben. Zum Beispiel beträgt die Spannweite der ausgestreckten Arme bei Frauen etwa 103 % der Körperlänge. Auch wenn die Einzelmaße von Mensch zu Mensch stark variieren können, bleiben die grundsätzlichen Proportionen (z.B. Verhältnis der Länge des Oberkörpers zu der des Unterkörpers) doch in einem ähnlichen Rahmen (siehe Abbildung 2.1).

Der Perzentilwert gibt hier an, welcher Anteil der in Deutschland wohnhaften Menschen einen kleineren Wert für ein bestimmtes Körpermaß aufweisen. Zum Beispiel ist die Beinlänge (Abmessung Nr. 18, siehe Abbildung 2.1) bei 95 % der Frauen kleiner als 105,5 cm und größer als 92,5 % cm.

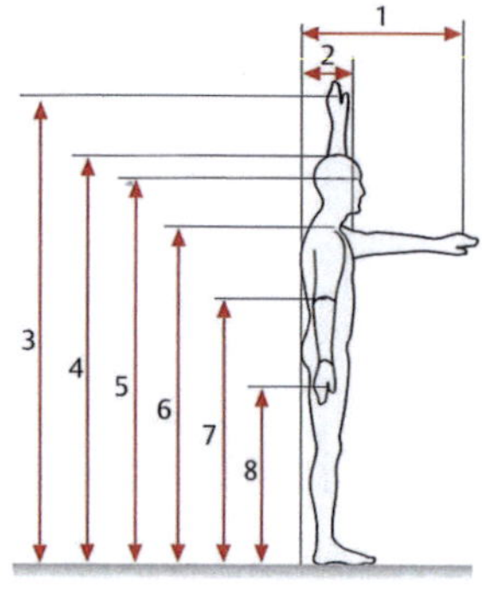
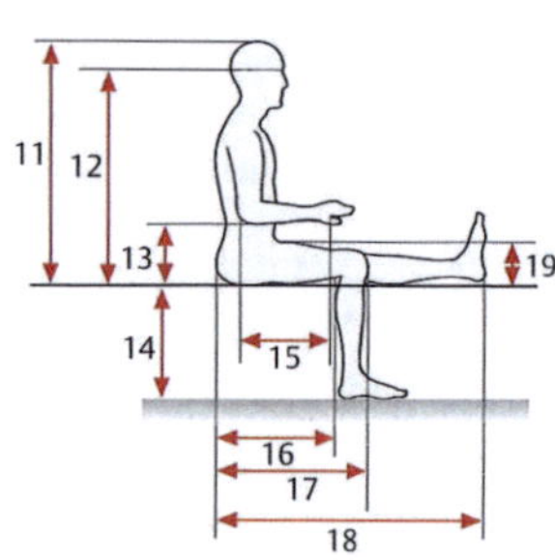

Abmessungen (in cm)			Perzentile			
(Punkte 9, 10 sowie 20 u. 21 nicht dargestellt)	männlich			weiblich		
	5.	50.	95.	5.	50.	95.
1 Reichweite nach vorn	68,5	74,0	81,5	62,5	69,0	75,0
2 Körpertiefe	26,0	28,5	38,0	24,5	29,0	34,5
3 Reichweite nach oben (beidarmig)	197,5	207,5	220,5	184,0	194,5	202,5
4 Körperhöhe	165,0	175,0	185,5	153,5	162,5	172,0
5 Augenhöhe	153,0	163,0	173,5	143,0	151,5	160,5
6 Schulterhöhe	134,5	145,0	155,0	126,0	134,5	142,5
7 Ellenbogenhöhe über der Standfläche	102,5	110,0	117,5	96,0	102,0	108,0
8 Höhe der Hand über der Standfläche	73,0	76,5	82,5	67,0	71,5	76,0
9 Schulterbreite	44,0	48,0	52,5	39,5	43,5	48,5
10 Hüftbreite, stehend	34,0	36,0	38,5	34,0	36,5	40,0
11 Körpersitzhöhe (Stammlänge)	85,5	91,0	96,5	81,0	86,0	91,0
12 Augenhöhe im Sitzen	74,0	79,5	85,5	70,5	75,5	80,5
13 Ellenbogenhöhe über der Sitzfläche	21,0	24,0	28,5	18,5	23,0	27,5
14 Länge der Unterschenkelhöhe mit Fuß (Sitzflächenhöhe)	41,0	45,0	49,0	37,5	41,5	45,0
15 Ellenbogen-Griffachsen-Abstand	32,5	35,0	39,0	29,5	31,5	35,0
16 Sitztiefe	45,0	49,5	54,0	43,5	48,5	53,0
17 Gesäß-Knie-Länge	56,5	61,0	65,5	54,5	59,0	64,0
18 Gesäß-Bein-Länge	96,5	104,5	114,0	92,5	99,0	105,5
19 Oberschenkelhöhe	13,0	15,0	18,0	12,5	14,5	17,5
20 Breite über die Ellenbogen	41,5	48,0	55,5	39,5	48,5	55,5
21 Hüftbreite, sitzend	35,0	37,5	42,0	36,0	39,0	46,0

Abbildung 2.1: Ausgewählte Körpermaße des stehenden und sitzenden Menschen, Altersgruppe 18 - 65 Jahre nach DIN 33402-2. Bild aus [SSS[+]07].

Der menschliche Körper wird in der Regel in drei aufeinander senkrecht stehende Hauptebenen und -achsen eingeteilt (siehe Abbildung 2.2). Diese geben die drei Raumkoordinaten an.

Die drei Hauptebenen sind:

- Sagittalebene: Alle vertikalen Ebenen, die parallel zur Pfeilnaht des Schädels und im Stand von ventral nach dorsal, also vom Bauch zum Rücken, verlaufen. Die Ebene, die durch die Körperlängsachse läuft und den Körper in zwei seitengleiche Hälften teilt, wird als Mediansagittalebene bezeichnet.
- Frontalebene: Alle vertikalen Ebenen, die senkrecht auf der Sagittalebene stehen und damit parallel zur Stirn (Frons) von einer Körperseite zur anderen verlaufen.
- Transversalebene: Alle horizontalen Querschnittsebenen, die normal zur Körperlängsachse sind und den Körper in einen kranialen (zum Kopf gehörend) und kaudalen (zum Steiß gelegen) Abschnitt unterteilen.

Die Schnittgeraden der drei Medianebenen der Hauptebenen definieren die Hauptachsen:

- Longitudinal- oder Vertikalachse (Längsachse) aus dem Schnitt von Frontal- und Sagittalebene,
- Sagittalachse (Pfeilachse) aus dem Schnitt von Sagittal- und Transversalebene und
- Transversal- oder Horizontalachse (Querachse) aus dem Schnitt von Frontal- und Transversalebene.

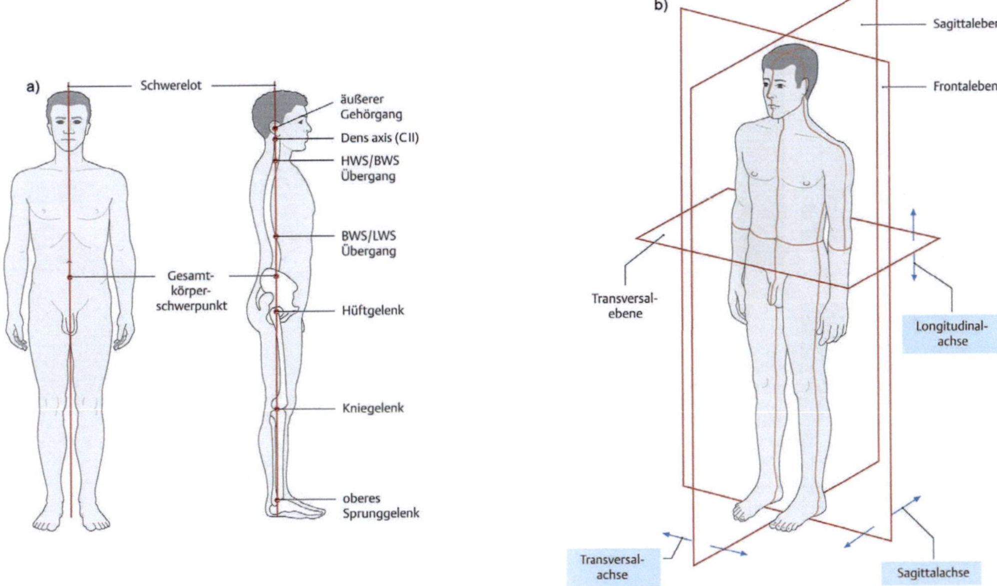

Abbildung 2.2: Hauptebenen und -achsen des menschlichen Körpers (Neutral-Null-Stellung) in perspektivischer Ansicht. Bild aus [SSS$^+$07].

Das Schwerelot des Gesamtkörpergewichts verläuft durch den Schwerpunkt des Körpers in der Mediansagittalebene (siehe Abbildung 2.2.a, Ansicht von vorn). In der Ansicht von der Seite (lateral) ist erkennbar, dass im Schwerelot auch „der äußere Gehörgang, der Zahnfortsatz des 2. Halswirbels (Dens axis), die anatomisch-funktionellen Übergänge innerhalb der Wirbelsäule, der Gesamtkörperschwerpunkt sowie die Hüft-, Knie- und Sprunggelenke " [SSS$^+$07] liegen.

2.2 Skelett

Das menschliche Skelett eines erwachsenen Menschen setzt sich aus rund 212 Knochen zusammen. Die genaue Anzahl der Knochen sind individuell verschieden und werden üblicherweise mit 206 bis 214 angegeben, Säuglinge haben über 300 Knochen, die im Laufe der Zeit zusammenwachsen. Das Skelett ist erst im Alter von etwa 20 Jahren vollständig entwickelt. Der Anteil am Gesamtgewicht beträgt rund 12 Prozent. Abbildung 2.3 zeigt einen Überblick des menschlichen Skeletts von ventral (vorn) und dorsal (hinten). Die topologische Anatomie teilt den Körper und damit auch die Knochen in sieben Körperregionen ein:

- Kopf und Hals,
- obere Extremität,
- Axilla,
- Thorax und Abdomen (Rücken und Gesäß),
- untere Extremität und
- Dammregionen.

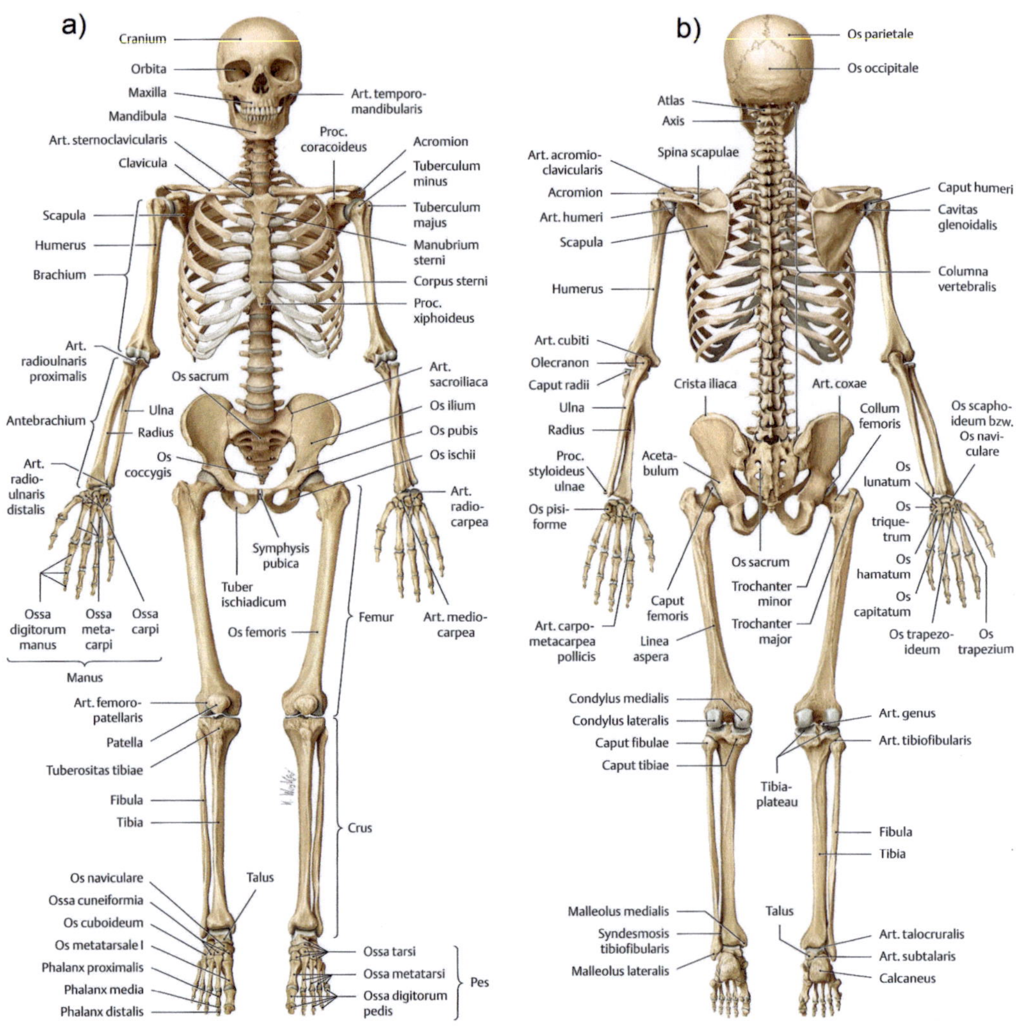

Abbildung 2.3: Menschliches Skelett von a. ventral und b. dorsal. Bild aus [SSS+07].

Im Rahmen dieser Arbeit wird der Unterkörper in den Fokus gestellt, besondere Aufmerksamkeit wird also dem Oberschenkelknochen (*Os femoris*), den Unterschenkelknochen (*Fibula* und *Tibia*) sowie der Kniescheibe (*Patella*) zuteil. Die Knochen der Beckenregion und das Steißbein werden im folgenden meist als Beckenknochen oder unter der englischen Bezeichnung *Pelvis* zusammengefasst.

2.3 Gelenke

Die menschlichen Gelenke können mit Hilfe von physikalischen Gesetzen aus der Gelenkmechanik erklärt und beschrieben werden. Die Gelenke ermöglichen nicht nur Bewegungen, sondern stabilisieren gleichzeitig den Bewegungsapparat und dienen der Kraftübertragung zwischen den artikulierenden Knochen. „Bewegungen sind Ortsveränderungen im Raum (Translations- und Rotationsbewegungen), die sowohl eine zeitliche (gleichförmige bzw. ungleichförmige Bewegungen) als auch eine räumliche Komponente (Bewegungsvermögen entlang der drei Raumachsen = Anzahl der Freiheitsgrade) aufweisen" [SSS+07].

Bei einer reinen Translations- oder Verschiebebewegung legen alle Punkte die gleiche Strecke in dieselbe Richtung zurück, der gesamte Körper bewegt sich auf einer geraden oder gekrümmten Linie. Bei einer reinen Rotationsbewegung drehen sich die einzelnen Punkte des Körpers auf konzentrischen Kreisen um den Drehpunkt und legen daher auch unterschiedliche Distanzen zurück. Die tatsächliche Bewegung ergibt sich aus der Überlagerung verschiedener Rotations- und Translationsbewegungen.

Die maximale Anzahl an Freiheitsgraden und damit die größtmögliche Beweglichkeit hat ein Kugelgelenk:

- drei Freiheitsgrade der Translation und
- drei Freiheitsgrade der Rotation.

Abbildung 2.4 zeigt schematisch die verschiedenen Gelenkarten; a und b erlauben Translationsbewegungen, c bis h Rotationsbewegungen. Das *Femoropatellargelenk* beschränkt die Bewegungen auf eine Hauptbewegungsachse, das Wirbelgelenk auf zwei Achsen; dies führt in den Wirbelgelenken zu zwei Freiheitsgraden der Translation mit vier Hauptbewegungen. Die Gelenke, die Rotationsbewegungen erlauben, können anhand der Anzahl ihrer Bewegungsachsen eingeteilt werden:

- eine Bewegungsachse, zwei Hauptbewegungen
  Vertreter sind das Scharniergelenk (z.B. Teil des Ellbogengelenks, vgl. 2.5.g) und das Rad- oder Zapfengelenk (z.B. proximales Radioulnargelenk, vgl. 2.4.h).
- zwei Bewegungsachse, vier Hauptbewegungen
  Vertreter sind das Eigelenk (z.B. proximales Handgelenk, vgl. 2.4.e) und das Sattelgelenk (z.B. Daumensattelgelenk, vgl. 2.4.f).
- drei Bewegungsachsen, sechs Hauptbewegungen
  Dieses Gelenk wird als Kugelgelenk bezeichnet. Die Pfanne kann tief (z.B. Hüftgelenk, vgl. 2.4.c) oder flach (z.B. Schultergelenk, vgl. 2.4.d) ausgebildet sein.

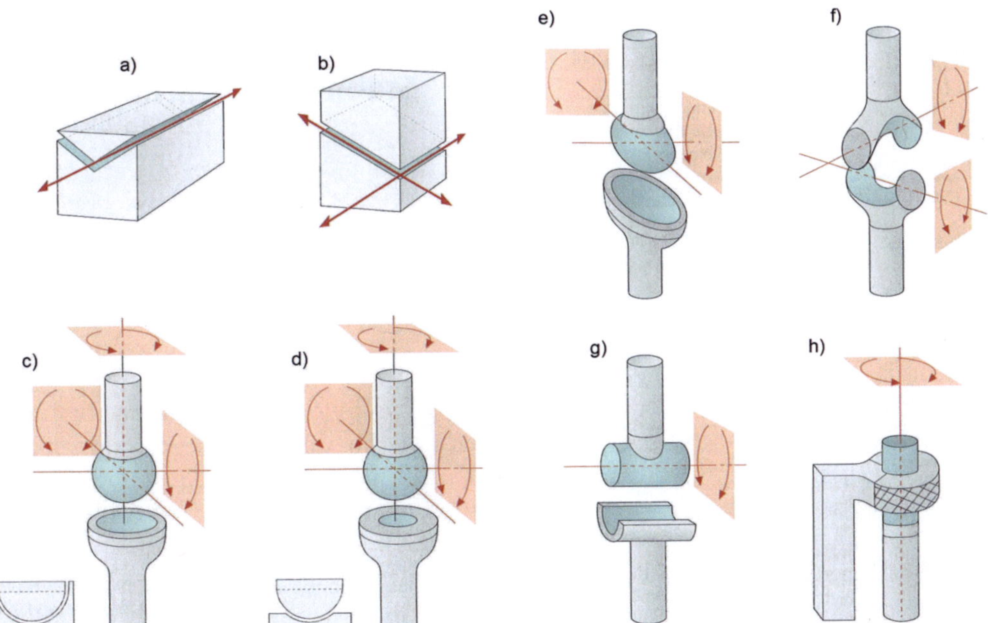

Abbildung 2.4: Verschiedene Gelenkarten: a. Femoropatellargelenk, b. Wirbelgelenk, c. Kugelgelenk mit tiefer Pfanne, d. Kugelgelenk mit flacher Pfanne, e. Eigelenk, f. Sattelgelenk, g. Scharniergelenk, h. Rad- oder Zapfengelenk. Bilder aus [SSS+07].

Bei der Rotation werden bezüglich des Weggewinns der Bewegungsachsen zwei Arten zu unterschieden:

1. Rotation ohne Weggewinn (= Gleiten, siehe Abbildung 2.5.a) und
2. Rotation mit Weggewinn (= Rollen, siehe Abbildung 2.5.b).

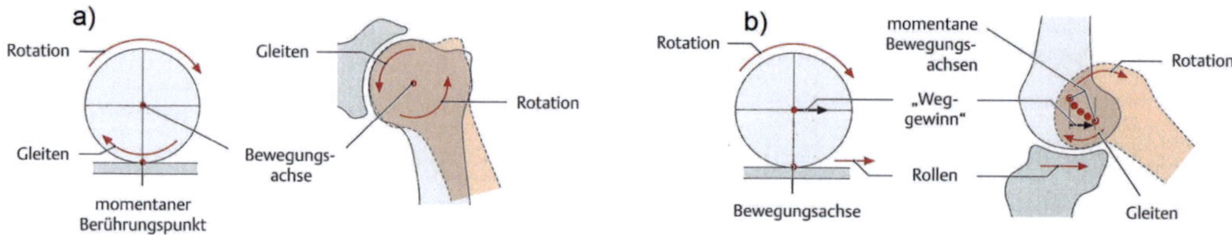

Abbildung 2.5: Rotationsarten im Gelenk: a. ohne Weggewinn der Bewegungsachsen (= Gleiten), b. mit Weggewinn der Bewegungsachsen (= Rollen). Bild aus [SSS+07].

Eine Rotation ohne Weggewinn findet zum Beispiel bei einer Abduktion[1] im Schultergelenk statt (siehe Abbildung 2.5.a). Ein Punkt der einen Gelenkfläche (hier des Oberarmknochens) berührt nacheinander verschiedene Punkte der artikulierenden Gelenkfläche).

Eine Rotation mit Weggewinn ist zum Beispiel im Kniegelenk in der Bewegung zwischen Ober- und Unterschenkelknochen (siehe Abbildung 2.5.b) zu finden. Hier wickelt sich die Oberfläche des rotierenden Gelenkkörpers (hier: Oberschenkelknochen) auf der Gelenkfläche des anderen Gelenkkörpers (hier: Unterschenkelknochen) ab. Damit kommt jeder Punkt der einen Gelenkfläche mit einem anderen Punkt der anderen Fläche in Kontakt, wobei die abgewickelten Strecken exakt gleich lang sind. Die Bewegungsachse wandert auf einer Evolute und wird auch als Momentachse bezeichnet.

2.4 Muskulatur, Sehnen und Bänder

Die Muskulatur des Menschen setzt sich aus 656 Muskeln zusammen, die beim Mann etwa 40 % und bei der Frau etwas 23 % der Gesamtkörpermasse ausmachen. Wie muskulös der Körper eines Individuums ausgeprägt ist, läßt sich durch die persönliche Lebensweise stark beeinflussen. Der flächenmäßig größte Muskel ist der *M.latissimus dorsi* (großer Rückenmuskel), der dem Volumen nach größte Muskel ist der Gesäßmuskel *M.gluteus maximus*.

Es lassen sich drei Muskeltypen unterscheiden:

1. Skelettmuskeln sind die willkürlich steuerbaren Teile der Muskulatur, die für die Beweglichkeit des Körpers verantwortlich sind. Sie werden auch als quergestreifte Muskeln bezeichnet, da ihre Myofibrillen regelmäßig angeordnet sind und dadurch ein erkennbares Ringmuster aus roten Myosinfilamenten und weißen Aktinfilamenten erzeugt wird.
2. Der Herzmuskel arbeitet rhythmisch, kann nicht krampfen, hat ein eigenes Erregungsleitungssystem und kann spontan depolarisieren. Er weist die Querstreifung von Skelettmuskeln auf, ist allerdings unwillkürlich über den Sinusknoten gesteuert und stellt somit eine eigene Muskelart dar.

---

[1]Rotationsbewegung

3. Die glatte Muskulatur ist nicht der bewussten Kontrolle unterworfen, sondern vom vegetativen Nervensystem gesteuert. Dazu zählt zum Beispiel die Muskulatur des Darms.

Im Folgenden soll ausschließlich die quergestreifte Skelettmuskulatur betrachtet weden, die aus 220 Einzelmuskeln verschiedener Form und Größe besteht (siehe Abbildung 2.6).

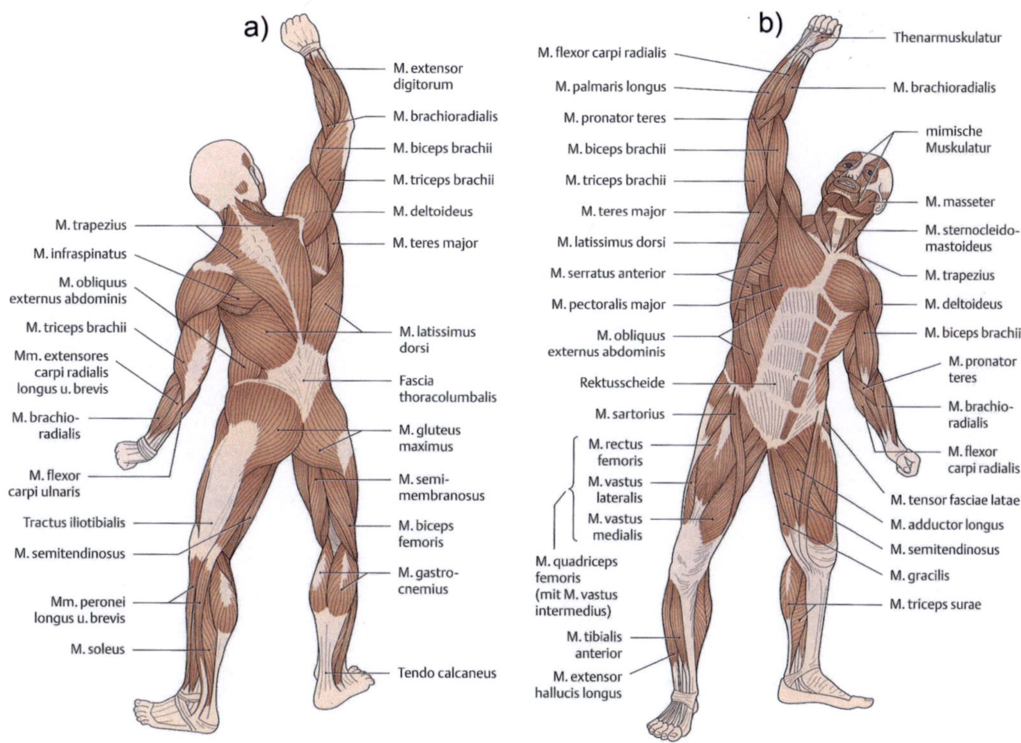

Abbildung 2.6: Halte- und Bewegungsmuskulatur des Menschen von a. hinten und b. vorn. Bild aus [SSS⁺07].

Jeder Muskel ist von einer elastischen Hülle aus Bindegewebe (Muskelfaszie) ummantelt, die mehrere Sekundärbündel umschließt. Diese werden von mit Nerven und Blutgefäßen durchsetztem Bindegewebe (Perimysium externum und Epimysium) umschlossen, zusammengehalten und sind an der Faszie befestigt. Jede Fleischfaser unterteilt sich in mehrere Faserbündel (Primärbündel), die zueinander verschiebbar gelagert sind, weshalb der Muskel biegsam und anschmiegend ist. Diese Primärbündel sind eine Vereinigung von bis zu zwölf Muskelfasern, die durch feines Bindegewebe mit Kapillargefäßen vereint sind (vgl. Abbildung 2.7.a).

Ein Muskel wird durch Anspannung (Kontraktion) aktiv und übt damit Bewegung und Kraft aus. Eine Muskelkontraktion wird von elektrischen Impulsen (Aktionspotentialen) ausgelöst, die das Gehirn oder Rückenmark aussendet und über die Nerven weitergeleitet wird. Im Hinblick auf ihre Zusammenarbeit werden Muskeln in gegenspielende und zusammenwirkende unterteilt. Agonisten (Spieler) und Antagonisten (Gegenspieler) haben zueinander eine entgegengesetzte Wirkung. Synergisten dagegen haben eine gleiche oder ähnliche Wirkung und arbeiten deshalb bei vielen Bewegungsabläufen zusammen.

Muskeln, die Extremitäten an den Körper heranziehen, werden als Adduktoren (Anzieher) bezeichnet. Ihre Antagonisten, die Abduktoren (Abzieher), sorgen dafür, dass die Extremitäten vom Körper abgespreizt werden. Flexoren (Beuger) dagegen beugen Gliedmaßen, ihre Antagonisten sind die Extensoren (Strecker). Rotatoren führen Drehbewegungen aus, zum Beispiel des Unterarmes oder des Kopfes.

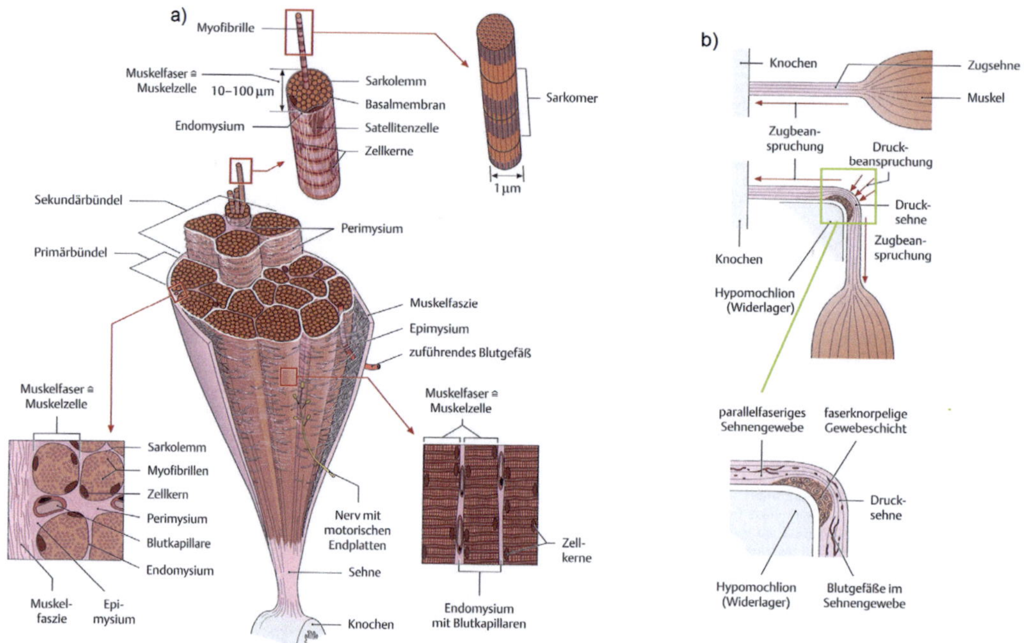

Abbildung 2.7: Aufbau eines a. Skelettmuskels und von b. Zug- und Drucksehnen. Bild aus [SSS+07].

Muskeln sind über Sehnen am Knochen befestigt. Dabei wird zwischen Druck- und Zugsehnen (siehe Abbildung 2.7.b) unterschieden. Zugsehnen bestehen aus straffem parallelfaserigem Bindegewebe und werden auf Zug beansprucht. Drucksehnen werden im Gegensatz dazu auf Druck beansprucht und ziehen um den Knochen herum, der in diesem Fall die Funktion eines Widerlagers hat. Die Funktion einer Muskelsehne besteht darin, die Kraft vom Muskel auf den Knochen zu übertragen.

Die modellierten Muskeln und Sehnen werden in Kapitel 5 detailliert vorgestellt.

2.5 Haut

Die Haut ist flächenmäßig das größte und funktionell das vielseitigste Organ des menschlichen Organismus. Sie dient der Abgrenzung von Innen und Außen (Hüllorgan), dem Schutz vor Umwelteinflüssen, der Repräsentation, Kommunikation und Wahrung der Homöostase (inneres Gleichgewicht). Außerdem übernimmt die Haut wichtige Funktionen im Bereich des Stoffwechsels und der Immunologie und verfügt über vielfältige Anpassungsmechanismen.

Im Rahmen dieser Arbeit wird lediglich die Oberfläche der Haut betrachtet. Abbildung 2.8 zeigt die Anordnung des Skeletts innerhalb der Hautoberfläche. Die rechte Körperhälfte ist durchscheinend dargestellt.

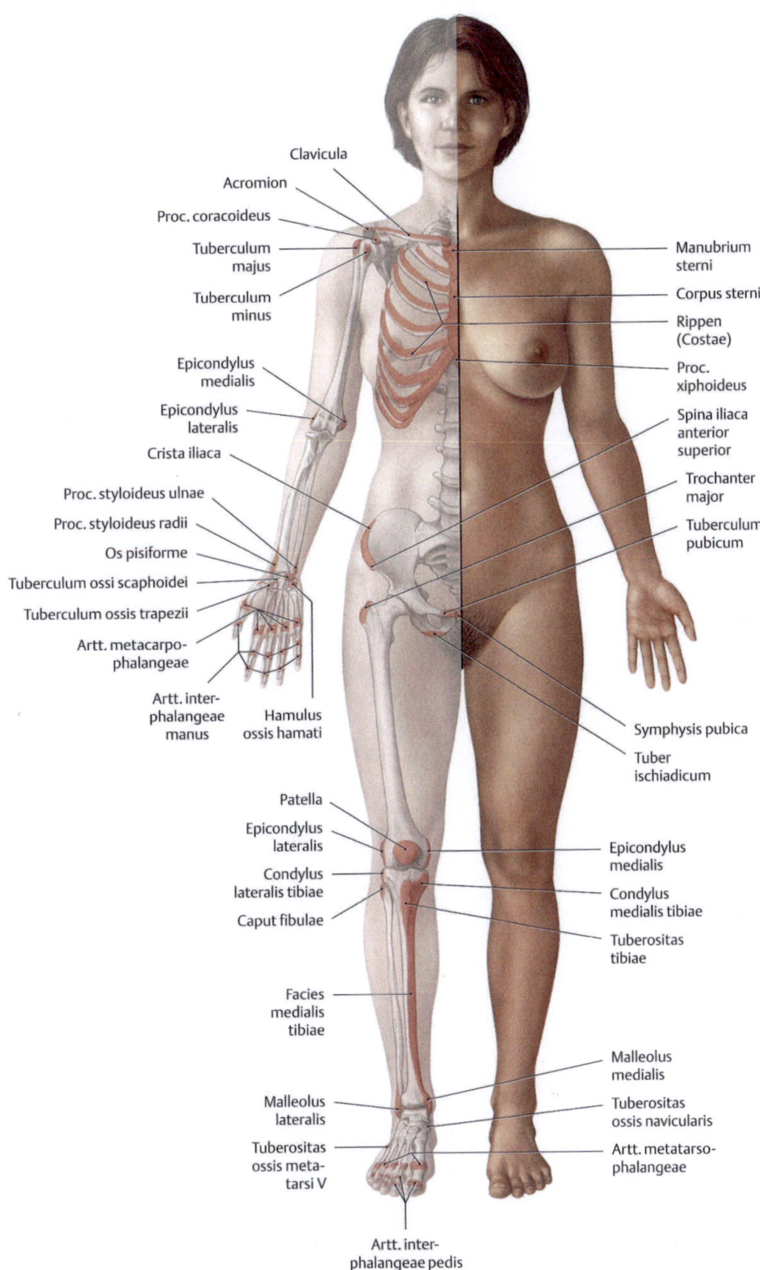

Abbildung 2.8: Anordnung des Skeletts innerhalb des weiblichen Körpers. Bild aus [SSS$^+$07].

3

Stand der Technik

Die Erschaffung eines virtuellen Menschen ist der langgehegte Traum von Ingenieuren, Erfindern und Filmemachern. Die Entwicklung digitaler Mensch-Modelle begann Ende der 60er Jahre in der Fahrzeug- und Luftfahrtindustrie mit virtuellen Modellen zum Test von Fahrzeug-Innenräumen und der komfortablen Erreichbarkeit verschiedener Bedienelemente. Im Anhang der Dissertation von [Mü12] werden 148 digitale Mensch-Modelle aufgeführt und beschrieben. Dieser Katalog beleuchtet die Modelle hauptsächlich aus arbeitswissenschaftlicher und ergonomischer Sicht. Inzwischen haben sich die Möglichkeiten, insbesondere rechnergestützter Lösungen, enorm weiterentwickelt. Der Schwerpunkt der Entwicklung und Forschung hat sich in Richtung Film- und Spielindustrie sowie E-Commerce verschoben.

Das Anwendungsgebiet von Mensch-Modellen ist sehr vielfältig, entsprechend unterschiedlich sind auch die Anforderungen an die jeweiligen Animationen.

Hauptanwendungsgebiete sind:

- ergonomische Betrachtungen,
- Film- und Videoproduktionen,
- Spiele und Second Life,
- Konstruktion und Präsentation von Bekleidung sowie Passformkontrolle,
- Training durch interaktive Simulation und Reaktion und
- Vermittlung von Wissen (z.B. Museen, Flughäfen, Webseiten).

Die Thematik ist so umfangreich, die Zusammenhänge sind so komplex und die Freiheitsgrade so groß, dass es nicht ein einziges Modell gibt, das alle Anforderungen gleichermaßen erfüllt. Je nach Zweck wählt man dementsprechend ein passendes Modell aus. Soll beispielsweise ein Film produziert werden, sind die Modelle, die nur aus der Ferne sichtbar sind und als Gruppe auftreten, nur so detailliert ausgearbeitet wie nötig. Der Schwerpunkt liegt hier auf der Simulation realistischer Bewegungsabläufe und guter Performanz sowie einer kontrollierbaren Varianz der Körperformen. Bei bekleideten Personen sind Fehler der Hautoberfläche bei Bewegung irrelevant. Bei Nahaufnahmen spielen vorrangig eine realistische Mimik und naturgetreue Darstellung der Haare eine große Rolle. Manche Forschungsgruppen beschäftigen sich z.B. ausschließlich mit der Simulation von Händen oder Mimik. Teile dieser Forschungsarbeiten sind auf ganze

Körper übertragbar, andere bauen auf Voraussetzungen (z.B. kugelige / zylindrische Grundform für Köpfe) auf, die für Körper nicht gelten.

Der Schwerpunkt in den folgenden Unterkapiteln wird auf unbekleidete Personen und anatomische Korrektheit gelegt. Andere Forschungsarbeiten werden nur erwähnt, wenn Prinzipien dieser Arbeiten auf ganze Körper transferierbar sind. Hände, Füße, Köpfe und Mimik bleiben bei dieser Arbeit weitgehend unberücksichtigt.

Bei der Hauptaufgabe im Rahmen dieser Arbeit, vorliegende Oberflächenmodelle (dreidimensionale Scandaten) in anatomisch korrekte kinematische Modelle zu überführen, kommt Animationssoftware zum Einsatz. Diese drei Themenbereiche - Oberflächenmodelle, kinematische Modelle, Animationssoftware - werden im folgenden beleuchtet. Besonderer Wert wird neben der anatomischen Korrektheit der virtuellen Mensch-Modelle auf die Automatisierbarkeit bei den notwendigen Prozessschritten zur Animation der Oberflächendaten gelegt.

3.1 Oberflächenmodelle

Laut [SMT03] gibt es zur Modellierung eines virtuellen dreidimensionalen Oberflächenmodells eines realen Menschen drei Hauptansätze:

- kreativ,
- rekonstruktiv und
- interpolativ.

Die *kreativen*, anatomisch basierten Modelle werden von Grund auf anhand von Bildern aufgebaut. Als Vorlage können alle Arten von 2- oder 3-dimensionalen Aufnahmen (z.B. Röntgenaufnahmen, Magnetresonanztomographien ([CKH+10], [AHLG+13]), Bilder aus Anatomiebüchern, Fotografien, Bodyscan-Daten, Zeichnungen) verwendet werden. Im Idealfall liegen mehrere Abbildungen aus verschiedenen Blickwinkeln in mehreren Haltungen und auch vom Skelett vor. Diese Bilder werden nicht direkt, sondern lediglich als eine Art Schablone genutzt. Der Zeitaufwand zur Erstellung eines solchen Mensch-Modells ist sehr groß, die Automatisierbarkeit der Modellerstellung ist gering. Das Modell muss nicht zwingend real existierenden Figuren entsprechen, es können auch Phantasiefiguren kreiiert werden.

Die *rekonstruktiven* Modelle beruhen auf Abbildungen realer Menschen, die z.B. mit Bodyscannern ([All05], [ACP03], [MTSC04]) oder mehreren Kameras gleichzeitig aus verschiedenen Winkeln ([KHP10], [Kun10]) aufgenommen werden. Die äußere Form der personenindividuellen Modelle ist sehr realitätsnah, Aussagen über den Innenaufbau der Modelle sind in der Regel nicht verfügbar. Die Generierung qualitativ hochwertiger Oberflächenmodelle wird zunehmend automatisiert. Oft kommen bei dieser Technik auch reale ([ACP03], [EHD13]) oder berechnete ([GCLZ12], [HLR+11], [CG11]) Markierungen an definierten Körperstellen (z.B. Ellbogen, Knie) zum Einsatz, um weitere Informationen erfassen zu können.

Die *interpolativen* Modelle bauen auf einer Reihe von Beispielmodellen, die durch verschiedene Parameter beschrieben werden können, auf. Zur Konstruktion neuer Modelle werden Beispielmodelle mit möglichst ähnlichen Parametern ausgewählt und deren Daten entsprechend interpoliert. Problematisch ist die Generierung von Modellen, für die keine Beispielmodelle mit vergleichbaren Parametersätzen vorliegen.

Laut [CR09] können vier verschiedene Verfahren zur Erstellung neuer virtueller Modelle auf Basis bereits vorhandener Mensch-Modelle unterschieden werden:

1. *Interpolation oder Morphen.* Eine Form kann stufenweise in eine andere überführt werden. Dazu wird entweder zwischen zwei Formen mit identischer Topologie zwischen den einzelnen Knoten interpoliert oder eine Form wird durch Verschiebung ihrer Knoten an die Oberfläche einer anderen Form assimiliert ([ACP03], [MDMt$^+$04], [MK09], [MTSC04], [SMT03], [BV99], [HSC02], [YKM13], [DVW$^+$13], [SKR$^+$06]).

2. *Rekonstruktion aus dem Eigenraum.* Die Eigenschaften von Beispielformen sind durch Parameter charakterisiert. Nach einer Hauptkomponentenanalyse können diese Eigenschaften durch einige wenige, nicht korrelierte Komponenten (auch Eigenvektoren, entstehen aus Linearkombinationen der Parameter) ausgedrückt werden. Diese Eigenvektoren bilden einen Eigenraum. Jede neue Modellform kann durch Kombination einer Anzahl von Eigenmodellen mit passenden Wichtungsfaktoren generiert werden ([ACP03], [All05], [BV99], [BARSL06], [BASLR05], [PSS01], [TP91], [SXW13], [CR09], [AN13]).

3. *Eigenschaftsbasierte Synthese.* Nach Herstellung der Zusammenhänge zwischen anthropometrischer Eigenschaften und Eigenvektoren kann ein neues Oberflächenmodell mit den gewünschten Eigenschaften durch das Vorgeben mehrfach korrelierter Attribute wie Körpergröße und Gewicht ([ACP04], [All05], [BARSL06], [BASLR05]) oder Fettanteil und Hüfte-Taille-Verhältnis ([SCMT03], [MTSC04], [SMT04]) automatisch erstellt werden. Ändert man Eigenschaften eines bestehenden Modells nach diesem Verfahren, spricht man von *eigenschaftsbasiertem Editieren* ([ACP03], [SMT03]).

4. *Anpassen an Markierungen (ausschließlich).* Bei dieser Methode werden Oberflächenmodelle ausschließlich aus Markierungspunkten rekonstruiert ([ACP03], [All05]). Das Ermitteln von Markierungen erfordert eine technisch weniger aufwändige Ausstattung als z.B. Laserscanner. Dafür können beispielsweise einige wenige kalibrierte Fotographien eines stationären Objektes verwendet werden. In [AN13] werden statt Markierungspunkten automatisch ermittelte Körperumrisse auf Bildern als Vorgabe verwendet. Auch dieses Verfahren basiert auf Modellreihen, für die eine Hauptkomponentenanalyse durchgeführt wird.

3.1.1 Kreative Oberflächenmodelle

In [Ste05] wird detailliert beschrieben, wie aus einer Zeichnung ein dreidimensionales Mensch-Modell erstellt werden kann. Abbildung 3.1 zeigt diesen Prozess exemplarisch. Es werden zunächst mehrere Zeichnungen der Figur aus verschiedenen Blickwinkeln (von vorn, hinten, Seite, oben) erstellt (a). Diese werden als Schablone in eine CAD- oder Animationssoftware importiert, die Konturen werden mit Splines nachgezeichnet und so positioniert, dass sich die dreidimensionalen Linien auf der gedachten Körperoberfläche der Figur befinden (b). Bis auf den Torso wird nur eine Hälfte des Körpers modelliert.

Diese Umhüllenden werden verwendet, um dreidimensionale zylindrische Körper für ein Bein, einen Arm, den Hals und den Torso zu generieren (c). Für den Kopf, das Gesäß und die Brust wird als Ausgangsobjekt eine Kugel gewählt. Die einzelnen Knotenpunkte werden nun anhand der Bilder justiert, bis die Konturen übereinstimmen. Anschließend können die Körperteile gespiegelt (d) und miteinander verschmolzen werden (e). An den Schnittlinien müssen die Knotenpunkte nochmals kontrolliert und so lange überarbeitet werden, bis eine gleichmäßige und saubere Netzstruktur erreicht wird. Da zunächst die Grundstruktur des Körpers abgebildet werden muss und das um so schwieriger ist, je feiner das Netz ist, empfiehlt es sich, mit einem gröberen Netz für die Ausgangsobjekte zu beginnen und dieses bei Bedarf zu verfeinern.

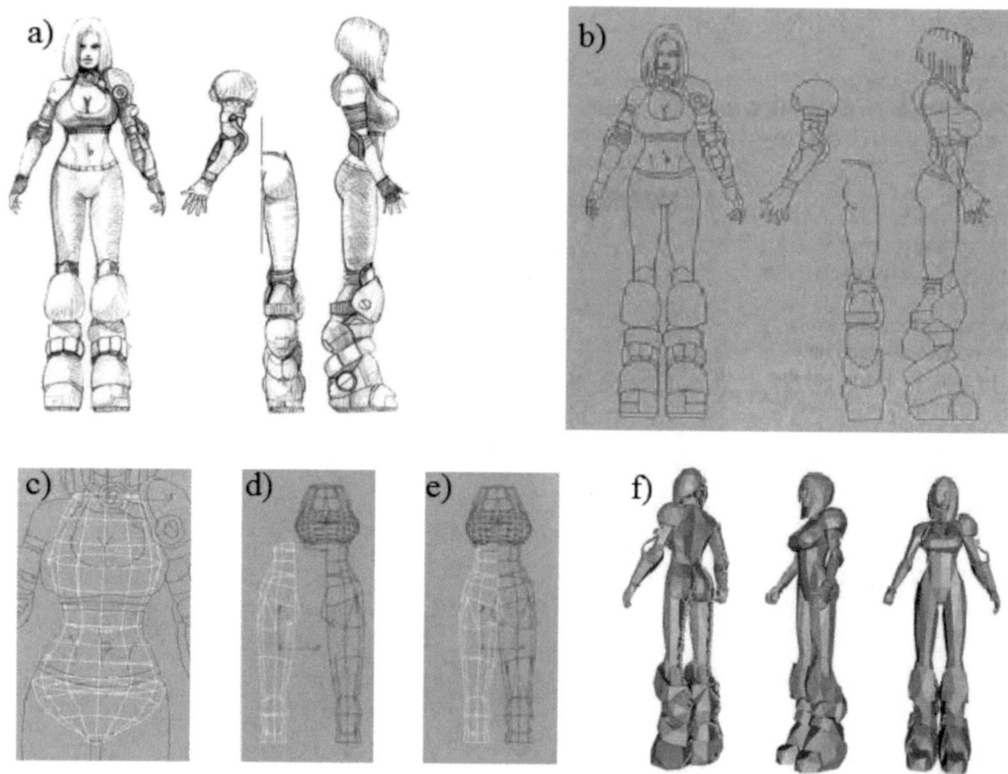

Abbildung 3.1: Erstellung eines kreativen Oberflächenmodells. Die Bilder sind aus [Ste05] entnommen.

Wenn der Aufbau der Körperhälfte abgeschlossen ist, werden alle Knotenpunkte von Torso, Hals und Kopf an der Symmetrieachse abgeschnitten und die gesamte Körperhälfte kopiert sowie gespiegelt. Beide Körperhälften werden zu einem Objekt (f) verschmolzen. An der Schnittebene sind eventuell nochmals Korrekturarbeiten an einzelnen Knotenpunkten vorzunehmen.

Dieser Prozess ist aufwändig und zeitintensiv, aber leider kaum zu umgehen, wenn ein eigenes Modell mit selbst definierter Topologie eingesetzt werden soll. Die Vorteile der kreativen Modelle liegen darin, dass die Oberfläche genau so gestaltet werden kann, wie es der jeweilige Zweck erfordert und Modelle kreiert werden können, die so nicht in der Realität existieren.

3.1.2 Rekonstruktive Oberflächenmodelle

Zur Gewinnung anthropometrischer Daten gibt es verschiedene Verfahren. Aufgrund der Anforderung, dass diese Daten als dreidimensionale Oberflächenmodelle zur Verfügung stehen sollen, scheiden Methoden, die nur eindimensionale Werte liefern, wie z.B. traditionelles Maßnehmen, aus. Weil der Mensch nur eine kurze Zeit still stehen kann, sind für die Aufnahme kompletter realer Menschen Handscanner, die über die Oberfläche bewegt und deren gemessene Daten über die Zeit ausgewertet und zusammengesetzt werden, keine Option. Im Rahmen dieser Arbeit werden nur kontaktfreie, schnelle, automatisierte, genaue Methoden mit zuverlässiger Reproduzierbarkeit der gelieferten dreidimensionalen Modelle betrachtet.

3.1.2.1 Dreidimensionale optische Messverfahren

Die Techniken für das Erfassen dreidimensionaler Daten können in passive und aktive optische Methoden unterteilt werden. Die passiven Verfahren verwenden das von der Oberfläche reflektierte Licht und erfordern keine zusätzlichen Lichtquellen. Beispiel hierfür ist die gleichzeitige stereoskopische Aufnahme eines Prüfobjektes aus mehreren Kamerapositionen. Aktive optische Techniken projizieren strukturiertes Licht auf die Oberfläche des zu messenden Objektes und erhalten dreidimensionale Messergebnisse durch die Auswertung der modulierten gestreuten Lichtwellen.

Gegenwärtig angewandte Technologien sind:

1. Laserscannen (z.B. Laser-Lichtschnitt und Laser-Lichtvolumen),
2. Projektion von Lichtmustern (z.B. Streifenprojektion) und
3. bildbasierte Auswertung und Modellbildung (z.B. Konturermittlung und Photogrammetrie).

Triangulation

Abbildung 3.2 liefert eine Übersicht der wichtigsten triangulationsbasierten Messverfahren. Als Lichtquelle kann ein Laser eingesetzt werden. Dieser liefert über verschiedene Entfernungen eine stabile Lichtstärke und zeichnet sich außerdem durch eine hohe spektrale Strahldichte aus, wodurch der Einfluss von Fremdlicht auf die Messung fast vollständig unterdrückt wird. Laser bezeichnet man im weiteren Sinn als eine spezielle Form des Lichts. Laserlicht ist örtlich und zeitlich kohärent, d.h. es breitet sich nahezu parallel, mit definierter Frequenz und Wellenlänge aus. Licht dagegen ist inkohärent und breitet sich ungeordnet und ohne wechselseitige Beziehung im Raum aus.

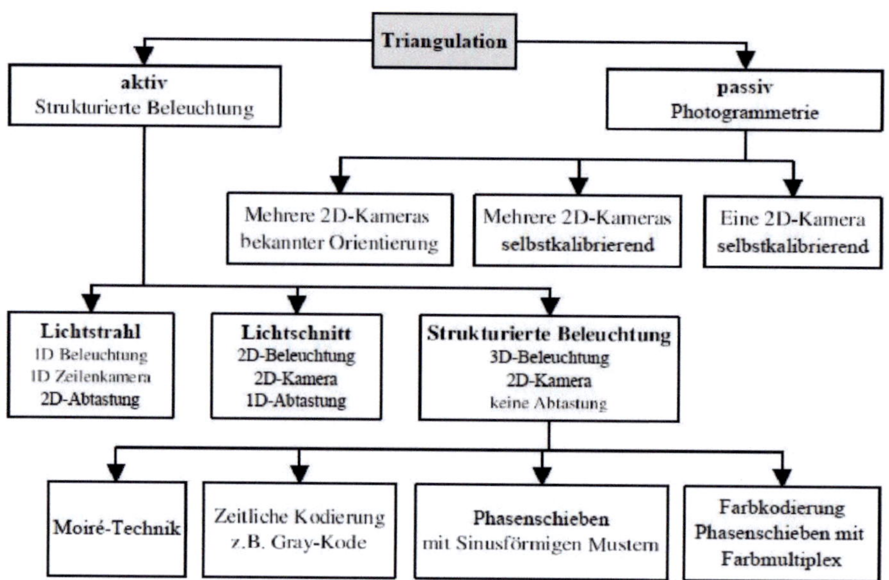

Abbildung 3.2: Übersicht über die verschiedenen optischen Triangulationsverfahren. Bild aus [SHL99].

Nach der Art der Abtastung bzw. der Ausprägung der Lichtquelle lassen sich die aktiven Verfahren in drei weitere Untergruppen einteilen (vgl. Bild 3.2).

1. 0D: Ein Lichtpunkt wird auf die Oberfläche des Objektes projiziert.
2. 1D: Eine Lichtlinie wird auf das Messobjekt projiziert.
3. 2D: Licht wird flächig und räumlich strukturiert auf die Objektoberfläche projiziert. Je nach Bedarf ist zusätzlich eine zeitliche Modulation möglich. Das Ergebnis ist eine bildhafte Darstellung der Messszene.

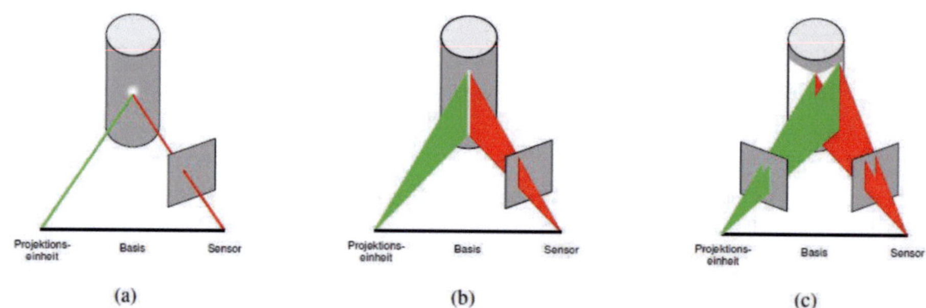

Abbildung 3.3: Prinzipien der aktiven Triangulation mit strukturierter Beleuchtung. In Abhängigkeit von der Dimension der verwendeten Beleuchtungsquelle unterscheidet man a. Einzelpunktmessung (0D), b. Profilmessung (1D), c. flächenhafte Vermessung (2D). Der weiß markierte Bereich zeigt den jeweils in einer einzelnen Aufnahme erfassten Objektbereich. Bild aus [Gü02].

Allen Verfahren ist gemein, dass das System immer aus einem Objekt und mindestens einer Lichtquelle sowie Kamera besteht. Je nach Art der Anwendung kann die Anzahl der Lichtquellen und Kameras variieren. Das Messprinzip, auf dem letztlich alle Verfahren beruhen, wird im Folgenden anhand Abbildung **??**.a erläutert.

Grundlage ist die Streuung von Licht auf einer rauen Oberfläche. Streuung bedeutet in diesem Zusammenhang das Ausbreiten der Strahlen in einen breiten Winkelbereich (siehe Abbildung 3.4) und nicht gemäß Einfallswinkel gleich Ausfallswinkel, wie es bei einem idealen Spiegel wäre. Bei rein diffuser Streuung wäre die reflektierte Strahlung unabhängig vom Einfallswinkel.

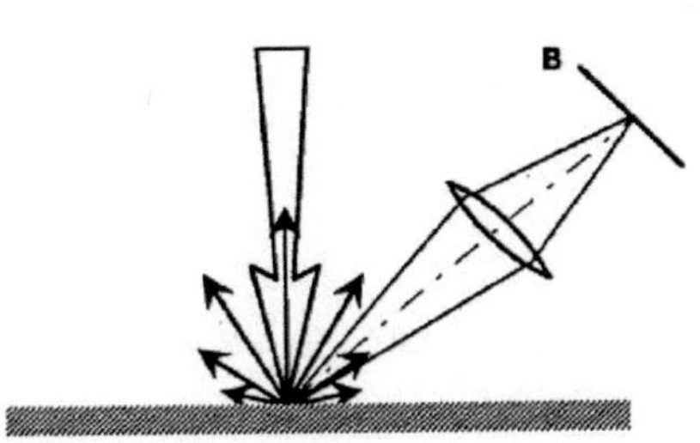

Abbildung 3.4: Strahlverlauf im Triangulationsmesssystem. Bild aus [FH 10].

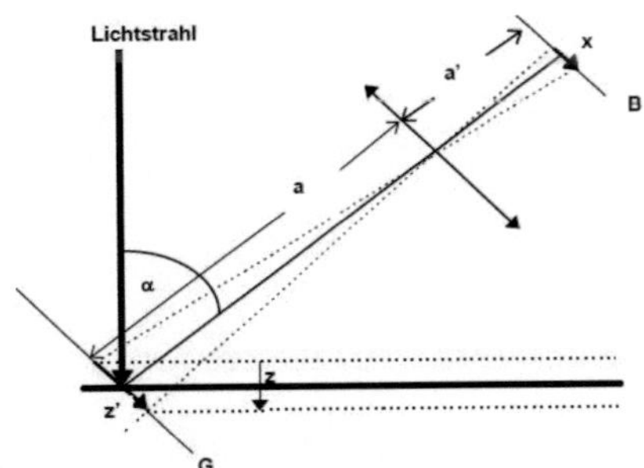

Abbildung 3.5: Abbildungsverhältnisse beim Triangulationssystem. Bild aus [FH 10].

Um Objekte zu vermessen, berechnet man die Winkel in Dreiecken, die bei der Projektion von Licht auf die Oberfläche auftreten. Der Punkt, an dem der reflektierte Lichtstrahl, wie in Abbildung 3.5, auf der Bildebene B auftrifft, wandert auf der Bildebene entsprechend der vertikalen Bewegung des beleuchteten Objektes in Richtung z.

Um eine dreidimensionale Gesamtkontur eines Objektes aufzunehmen, müssen sich entweder die Sensoren oder das Messobjekt bewegen. Alternativ können mehrere Kameras und/oder Laser verwendet werden. In diesem Fall müssen Laser mit unterschiedlichen Wellenlängen betrieben und die Kameras mit Bandpassfiltern ausgerüstet werden, um die Lichtebenen eindeutig zuordnen zu können.

Die verschiedenen Konturlinien der einzelnen Lichtschnitte werden schließlich in ein gemeinsames Koordinatensystem überführt und ergeben die digitalisierte Gesamtkontur. Das Ergebnis sind (x, y, z)-Koordinaten der Oberflächenpunkte, die sogenannte Punktewolke.

Abschattung

Abschattung ist ein Problem des Verfahrens, das an scharfen Kanten, Ecken, Hohlräumen, tiefen Öffnungen und Innenkonturen auftritt. Wenn die Laserlinie für die Kamera nicht sichtbar ist, weil sie vom Objekt verdeckt wird, wird von Kamera-Abschattung gesprochen. Kann der Laser Teile des Objekts nicht beleuchten, wird dies als Laser-Abschattung bezeichnet. Beides führt zu fehlenden Messdaten im Messergebnis. Durch eine Veränderung der Winkel von Kamera und Laser kann der Effekt verringert werden. Wenn dies nicht zufriedenstellend gelingt, kann die Laser-Abschattung durch die Verwendung mehrerer Laser, die das Objekt aus verschiedenen Winkeln beleuchten, vermieden werden. Bei der Kamera-Abschattung kann dies durch den Einsatz mehrerer Kameras erreicht werden.

3.1.2.2 Erfassung von anatomischen Daten

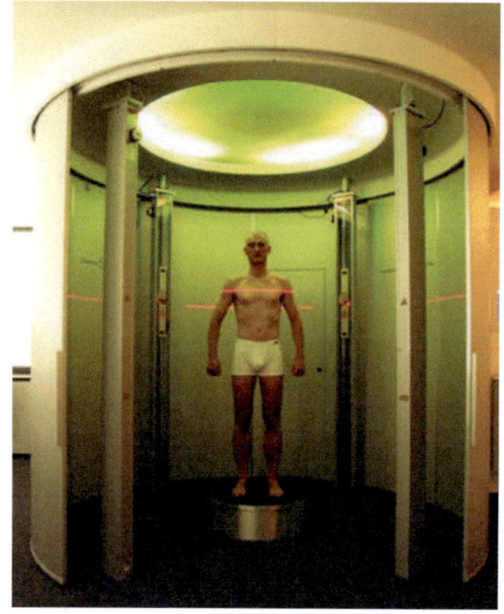

Abbildung 3.6: Laser-Bodyscanner Vitus XXL von Human Solutions. Bild aus [Sol14a].

Die Mehrzahl der kommerziell verfügbaren Bodyscanner arbeiten mit dem Messprinzip der optischen Triangulation. Meist kommen Laserlichtschnitt und Lichtvolumen (Streifenprojektion Weißlicht) zum Einsatz.

Beispielhaft zeigt Abbildung 3.6 den Bodyscanner Vitus XXL der Firma *Human Solutions*.

Hier werden acht Laser-Sensorköpfe und das Laserlichtschnittverfahren zur Ermittlung der dreidimensionalen Körperoberfläche verwendet. Zur Erfassung werden je nach Präzision circa 10-20 Sekunden benötigt.

In obiger Abbildung ist die typische breitbeinige Scanhaltung mit leicht abgespreizten Armen zu sehen. Diese minimiert den Abschattungsfehler, da Arme vom Rumpf und Beine voneinander separiert sind, entspricht aber dennoch annähernd der normalen stehenden Position, und wird meist zur Konstruktion von Bekleidung verwendet.

Mit fortschreitender Leistungsfähigkeit und Verbreitung hochwertiger, aber dennoch preisgünstiger Kameras und Rechner, nehmen die Alternativen zum Laserscanner zu.

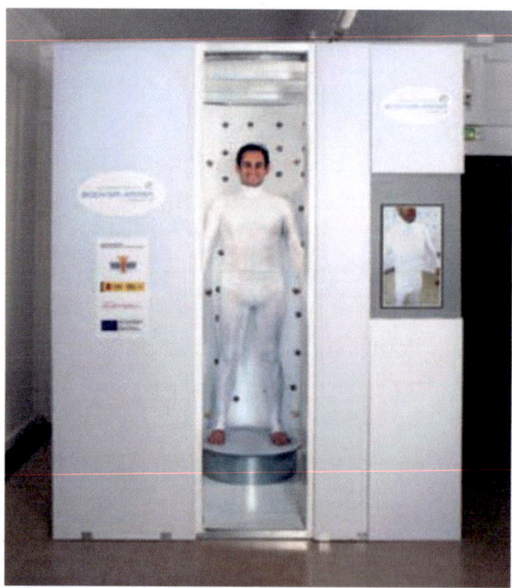

Abbildung 3.7: Alternative zum Laserscanner: Bodygrammer, ein passiver photogrammetrischer Bodyscanner. Bild aus [PMnLV13].

In [PMnLV13] wird beispielsweise der sogenannte *Bodygrammer* vorgestellt, der durch akkurate passive Photogrammetrie ohne Laser und strukturierte Lichtquellen auskommt (siehe Abbildung 3.7). Dieses System verwendet 32 Digitalkameras, die in einer Kabine um ein zylindrisches Podest angeordnet sind. Zur Kalibrierung der Kameras werden aufgedruckte Muster auf den Wänden der Kabine verwendet. Die Prüfperson wird mit einem zweiteiligen elastischen Anzug mit aufgedruckten Rasterpunkten und 14-bit kodierten Symbolen bekleidet. Anhand dieser Informationen kann mittels Software innerhalb weniger Minuten ein dreidimensionaler Körper errechnet werden. Die Aufnahme selbst benötigt nur den Bruchteil einer Sekunde.

Das Kalibrieren mehrerer Kameras kann auch über Referenzplatten erfolgen. Um zum Beispiel zwei oder mehr Kameras und die Aufnahmeposition zu kalibrieren, wird für die kommerzielle Softwarelösung *Scannerkiller* der kanadischen Firma *XYZ RGB* [RGB14] ein Referenzraster aus verschiedenen Richtungen in verschiedenen Winkeln aufgenommen. Standardmäßig besteht die Referenzplatte aus 9x12 quadratischen Feldern mit 2 cm Seitenlänge. Es kann aber auch ein eigenes Raster verwendet werden. Ca. 15 Aufnahmen je Kamera aus verschiedenen Blickwinkeln und die Auflösung je Kamera werden zur Kalibrierung des Versuchsaufbaus verwendet. Anschließend nimmt das aufzunehmende Objekt die Position des Kalibrierfeldes ein.

Werden statische Gegenstände aufgenommen, reichen zwei Kameras, allerdings muss das Prüfobjekt auf einem Drehteller gedreht werden, um ein dreidimensionales Modell errechnen zu können. Für zuverlässige Mensch-Modelle sind mindestens drei Kameras nötig, da eine Körperhaltung nicht exakt über längere Zeit gehalten und nach einem Drehen nicht präzise wieder eingenommen werden kann.

Von der Firma *XYZ RGB* werden weiterhin Softwarelösungen zur Aufnahme von 4D-Scans angeboten, d.h. dreidimensionale Körper mit einer zeitlichen Veränderung zur Aufnahme von Bewegungsabläufen.

Bewegungserfassung

Grundsätzlich kann zwischen zwei Verfahren zur Bewegungserfassung unterschieden werden, die auch kombiniert zum Einsatz kommen können [Bau02]. Beim optischen Tracking wird mit Kameras gearbeitet, welche aktive (also ein Signal emittierende) oder passive Marker an den zu erfassenden Personen oder Gegenständen verfolgen. Anhand der Markerbewegungen in den einzelnen Kamerabildern wird mittels Triangulation die Position im Raum berechnet. Ein markerloses Verfahren ist durch Mustererkennung in der Bildverarbeitung möglich. Nichtoptische Verfahren umfassen beispielsweise magnetisches Tracking, akustisches Tracking, Accelerometrie und Kreiselsensoren [Bau02].

Inzwischen ist die Bewegungserfassung auch bei Videospielen verbreitet, z. B. mit Kinect, PlayStation Move und der Wii-Fernbedienung. Firmen, die Motion-Capture-Anlagen anbieten, sind zum Beispiel *Phoenix Technologies* [Pho15], *Qualisys* [Qua15], *OptiTrack* [Nat15] und *Xsens* [Xse15].

3.1.2.3 Landmarks

Ein anatomischer Markierungspunkt (auch als Landmark bezeichnet) ist ein anthropometrisches Körpermerkmal auf der Oberfläche eines Körpers, z.B. Schulterpunkt, Taille, Hüftknochen. Diese sind zwar genau spezifiziert, aber beruhen auf ungefähren und nicht bei jedem Menschen genau ermittelbaren Angaben schmalste Stelle (Taille).

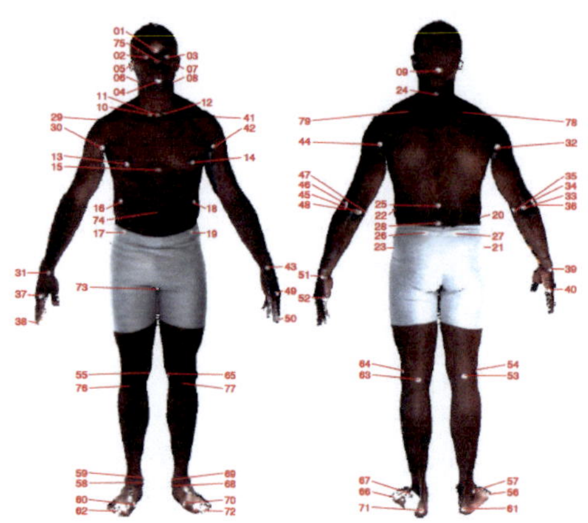

Abbildung 3.8: Markierungspunkte. Bild aus [All05].

Es werden drei Arten von Markierungspunkten unterschieden:

1. reale Markierungspunkte, die auf der Testperson vor dem Scanvorgang angebracht werden (siehe Abbildung 3.8),
2. virtuelle Markierungspunkte, die interaktiv auf dem dreidimensionalen Modell nach dem Scanvorgang positioniert werden und
3. virtuelle Markierungspunkte, die von einer Software aus den dreidimensionalen Daten anhand anthropometrischer Merkmale automatisch berechnet werden.

Da für die im Rahmen dieser Arbeit verfügbaren Testpersonen zum Scan-Zeitpunkt keine Markierungspunkte angebracht wurden, sowie die Berechnungsmodelle für Landmarks zwischen den Softwareanbietern variieren und nicht genau bekannt sind, scheiden die erste und die letzte Variante aus. Im Rahmen dieser Arbeit werden virtuelle Markierungspunkte soweit nötig interaktiv definiert und gesetzt.

3.1.2.4 Reihenmessungen

Anthropometrische Daten, also Maße des menschlichen Körpers, werden in verschiedenen Forschungsbereichen und mit jeweils unterschiedlichem Fokus erhoben. Die Anthropotechnik beispielsweise wendet Körpermaßdaten mit dem Ziel an, Maschinen und technische Einrichtungen hinsichtlich Leistung, Zuverlässigkeit und Wirtschaftlichkeit auf die Eigenschaften, Möglichkeiten und Bedürfnisse des Menschen abzustimmen [SGS08]. In der Textilindustrie liegen die Anforderungen u. a. in der Definition von Standardgrößen (Konfektionsgrößen), um für ein breites Spektrum der Bevölkerung eine gute Passgenauigkeit zu erreichen. Reihenmessungen mit Bodyscannern wurden bereits in vielen Ländern (u. a. Deutschland [3], USA , Brasilien, Korea und fast allen Ländern Westeuropas) durchgeführt. Die Auswertungen der Ergebnisse haben zur Überarbeitung der Größensysteme und Maßtabellen geführt. Derzeit sind die forschungsseitigen Bemühungen in diesen Ländern auf die Entwicklung physischer, teilweise auch virtueller statischer Standardformkörper gerichtet. Das europäische Forschungsprojekt LEAPFROG zeigte bereits 2009 umfangreiche Möglichkeiten zur Einbindung digitaler Mensch-Modelle in künftige Umgebungen zur Produktentwicklung und Visualisierung auf. Die Umsetzung ist bisher durch das Fehlen von digitalen animierbaren Standardformkörpern jedoch deutlich eingeschränkt.

Eine der ersten großen Reihenmessungen und eine der umfangreichsten Datensammlungen wurde in den USA im Rahmen des CAESAR-Projektes[1] durchgeführt. Obwohl die Planungen bereits 1992 starteten, begann die Datenaufnahme selbst erst 1998 und dauerte bis 2000 (aus [RD03]). Für 4.431 Personen wurden 13.000 dreidimensionale Scan-Modelle aufgenommen. Im Rahmen des CAESAR-Projektes arbeiteten mehr als 35 Firmen, verschiedene Regierungsbehörden und Repräsentanten von 6 Ländern zusammen. Daten wurden in Nordamerika, den Niederlanden und Italien mit zwei unter-

---

[1]Civilian American and European Surface Anthropometry Resource Project

schiedlichen Scantechnologien in stehender und sitzender Haltung gesammelt. Für die sitzende Position waren einige Körperteile außerhalb des 3D-Scanners und unsichtbar für die Kameras, was zu Löchern im Netz führte und das Erkennen von Markierungspunkten erschwerte.

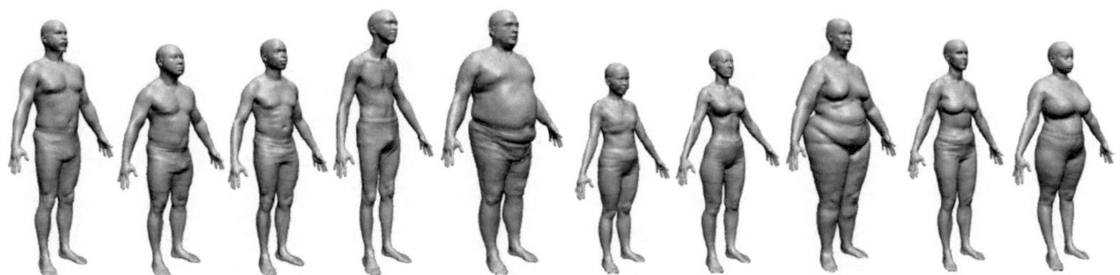

Abbildung 3.9: Die CAESAR Datensammlung stammt aus einer US-Reihenmessung und umfasst Ganzkörperscans von 13.000 Einzelpersonen mit einer großen Bandbreite verschiedener Körpertypen. Etwaige Löcher in den Scandaten wurden geschlossen. Gezeigt wird hier ein Ausschnitt der verfügbaren Modelle. Bild aus [ACP03].

Für fünf weibliche und fünf männliche Testpersonen wurde eine Reihe zusätzlicher Haltungen aufgenommen (siehe Abbildung 3.10). Ziel war es, einen möglichst großen Bereich von Gelenkwinkeln-Varianten abzudecken. In der Abbildung 3.10 sind die Abschattungsprobleme deutlich erkennbar, die auftreten, wenn die Haltung von der klassischen Scanposition abweicht.

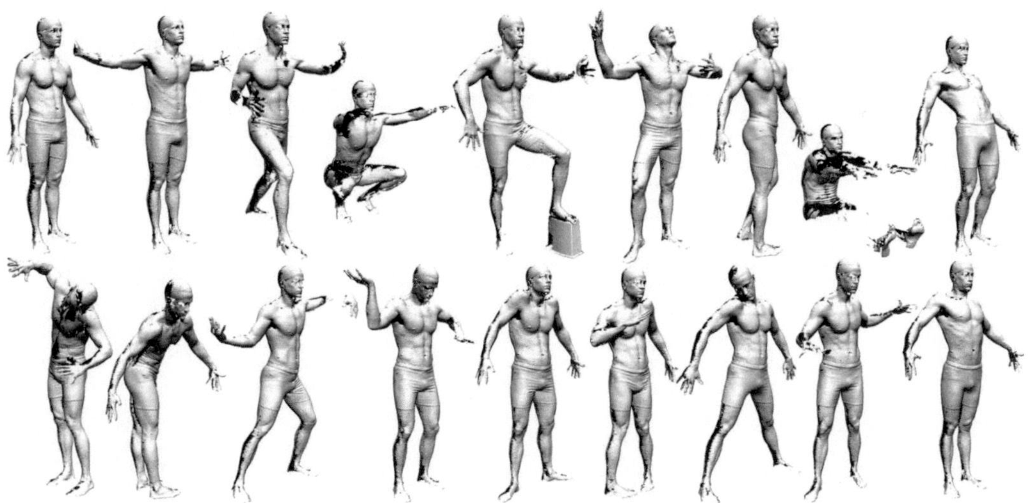

Abbildung 3.10: Für die CAESAR Datensammlung wurden einige Personen in vielen verschiedenen Posturen aufgenommen. Bild aus [ACP03].

Weitere Reihenmessungen waren beispielsweise:

1. SizeUK, britische Reihenmessung, August 2001 bis März 2002, 5.800 Frauen, 5.300 Männer, sitzende und stehende Position,
2. CNM 2006, französische Reihenmessung, 2005 bis 2006, 6.500 Frauen, 5.000 Männer, sitzende und stehende Position,
3. SizeGermany, deutsche Reihenmessung von September 2007 bis Februar 2009, 7.200 Frauen, 4.900 Männer, sitzende und drei stehende Haltungen und

4. Spanische Reihenmessung von 10.141 Frauen in 10 Altersgruppen, sitzende und zwei stehende Positionen.

3.1.2.5 Schließen von Löchern

Durch Abschattungen fehlen in der Punktewolke meist kleine Bereiche im Achsel- und Schrittbereich. Diese Löcher müssen vor jeglicher Weiterverarbeitung geschlossen werden. Dies kann manuell oder automatisch geschehen. Beim automatisierten Prozess bedienen sich viele Verfahren des Segmentierungsprinzipes, d.h. homologe Bereiche werden zu einem Segment zusammengefasst. Letztendlich ist die Segmentierung ein Optimierungsproblem, um in einer unstrukturierten Punktewolke zusammenhängende Körperpartien und damit auch die Position von Gelenken (hier: Schnittflächen von Segmenten) zu detektieren.

Abbildung 3.11 zeigt die einfachste Form der Segmentierung, das sogenannte *Slicing* (aus [CR09]). Hierbei werden waagrechte Schnitte durch das Mensch-Modell gelegt und je nach Topologie einem bestimmten Körpersegment zugeordnet. Die Obergrenze der Oberarme wird bei diesem Verfahren beispielsweise mit Erreichen der Achselhöhle definiert. Alle folgenden Punkte oberhalb werden dem Torso zugeordnet. Problematisch bei dieser Art der Segmentierung ist, dass die Anatomie und Skelettstruktur weitgehend außer acht gelassen wird. Beispielsweise sind die einzelnen Schnittebenen der Arme nicht senkrecht zu den Armknochen.

Abbildung 3.12 zeigt ein verbessertes Verfahren zur automatischen Erkennung von Segmenten. Hier werden für jeden Punkt der Oberfläche Strahlen ins Netzinnere ermittelt und diese mit den gegenüberliegenden Punkten geschnitten, um sogenannte Nachbar-Durchmesserwerte zu berechnen. Mit Hilfe der sogenannten *Shape Diameter Function* können anschließend Segmente gefunden und definiert werden. Dieses Verfahren ist auch auf Objekte mit anderer Topologie übertragbar (aus [SSCO08]).

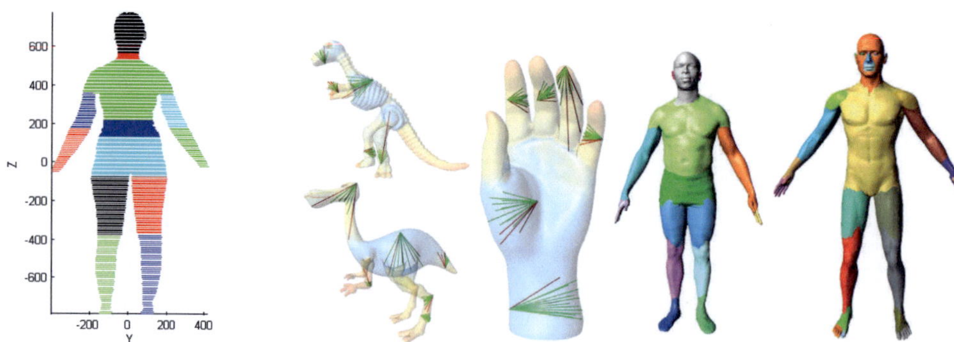

Abbildung 3.11: Segmentierung von Oberflächennetzen. Bild aus [CR09].

Abbildung 3.12: Segmentierung von Oberflächennetzen für verschiedene Körper. Bild aus [SSCO08].

Die einzelnen Schnittebenen können verwendet werden, um eventuell auftretende Löcher im Netz zu schließen. Dabei werden die fehlenden Punkte anhand der benachbarten Schnittebenen und Punkte interpoliert (siehe Abbildung 3.13). Teilweise werden auch Symmetrien ausgenutzt, um den Automatismus zu verbessern.

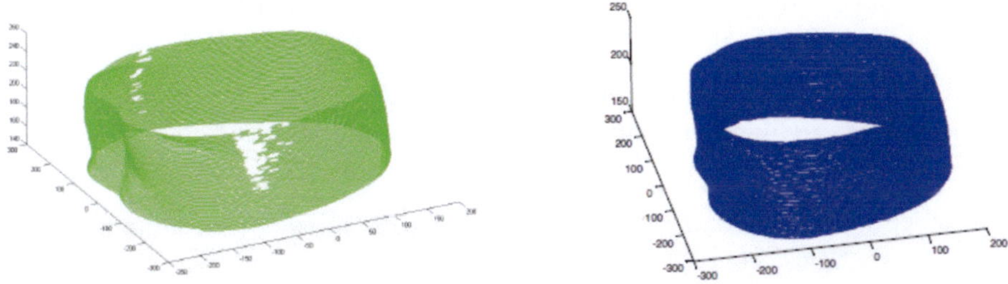

Abbildung 3.13: Schließen von Löchern unter Verwendung von Konturlinien. Bild aus [CR09].

3.1.3 Interpolative Oberflächenmodelle

Im folgenden tauchen einige Begriffe immer wieder auf, die zum besseren Verständnis vorab definiert und erläutert werden sollen.

3.1.3.1 Template

Als *Template* wird ein Modell bezeichnet, das einen definierten Aufbau (Netzstruktur und -topologie) hat und als eine Art dreidimensionale Schablone verwendet werden kann. Im Idealfall sind die Eigenschaften und Parameter, die ein Template charakterisieren, bekannt. Generell werden Templates verwendet, um Eigenschaften auf Zielobjekte zu übertragen. Fehler in Templates, wie z.B. Falten oder Löcher, werden ebenfalls auf die Zielobjekte transferiert. Daher müssen diese unbedingt vermieden werden.

Templates kommen häufig zum Einsatz, um Oberflächenmodelle mit undefinierter Struktur in Oberflächenmodelle mit definierter Topologie zu überführen, d.h. die Position und Bedeutung jedes einzelnen Knotens ist nach diesem Prozess bekannt. Ein Knoten mit einer bekannten ID entspricht beispielsweise immer der Position des rechten Ellbogens, der rechten Schulter, des linken Knies, usw.

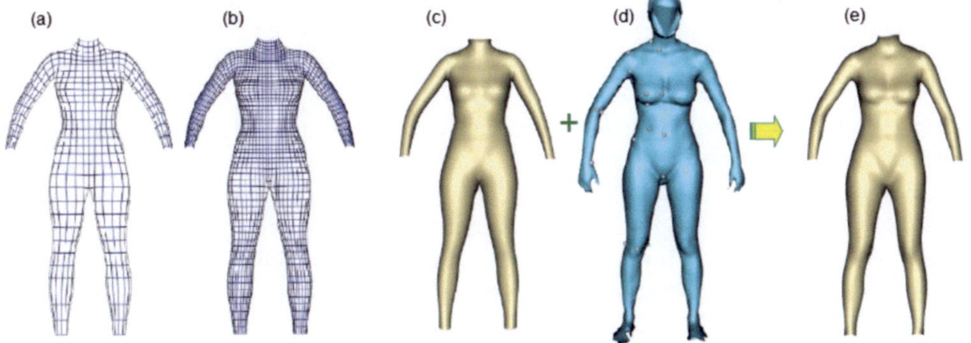

Abbildung 3.14: Weibliches Template-Modell in niedriger a. und höherer b. Netzdichte sowie in 3D-Darstellung c). Assimilation des Template-Modells an gescanntes Oberflächenmodell d. resultiert in einem neuen Template-Modell e. Bild aus [SMT03].

Abbildung 3.14 zeigt ein weibliches Template-Modell, das hier in verschiedenen Detaillierungsgraden mit 861 respektive 3401 Knotenpunkten vorliegt. Die einzelnen Knotenpunkte des Template-Modells werden so verschoben, dass sie sich auf der Oberfläche des Scan-Modells befinden und die neue Oberfläche des Template-Modells weitgehend der

Oberfläche des Scan-Modells entspricht. Auf diese Art können neue Template-Modelle mit anderen Oberflächen, aber identischer Topologie kreiert werden.

Weitere Modelle, z.B. unterschiedlicher Konfektionsgrößen, können anschließend durch Interpolation der einzelnen Knotenwerte zwischen zwei topologisch identischen Templates generiert werden.

Diese beide Verfahren werden unter dem Oberbegriff *Morphen* zusammengefasst und im nächsten Abschnitt erläutert.

3.1.3.2 Morphen

Das Prinzip des Morphens im Zusammenhang mit Mensch-Modellen wurde 2007 in [VB-HK07] vorgestellt. Als Morphen wird hier die Technik zur Überführung einer dreidimensionalen Form in eine andere bezeichnet, wobei die Knoten oder eine Teilmenge der Knoten eine lineare Verschiebung entlang eines Deformationspfades zwischen den beiden Zielpositionen erfahren.

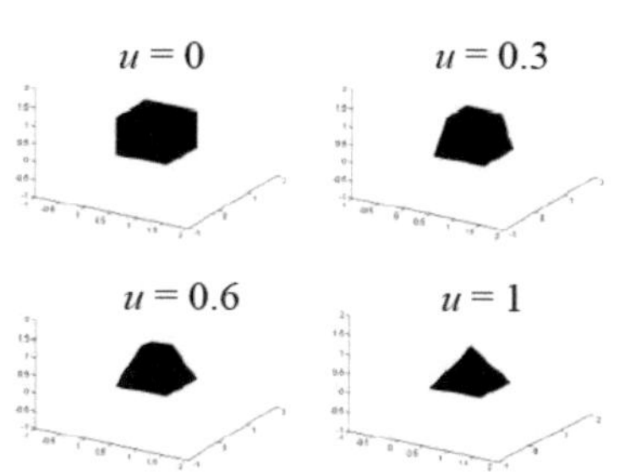

Abbildung 3.15: Morphen - Überführung eines 3-dimensionalen Körpers in einen anderen. Bild aus [MK09].

Abbildung 3.15 zeigt das Prinzip des Morphens anhand von Zielobjekten in Form eines Quaders und einer Pyramide. Die Eckpunkte beider Körper werden je in einer Matrix t_1 (Morphziel Quader) resp. t_2 (Morphziel Pyramide) abgebildet. Eine skalare Größe $u \in [0; 1]$ bestimmt den Einfluss der Knotenverschiebung zwischen den beiden Extremen wie folgt:

$$t(u) = t_1 + u(t_2 - t_1) \tag{3.1}$$

Der Einfluss von u ist in Abbildung 3.15 geometrisch dargestellt.

Dieses Verfahren kann eingesetzt werden, um die Oberfläche eines Template-Modells an die Oberfläche eines anderen Mensch-Modells, die z.B. von einem Bodyscanner ermittelt wird, anzunähern. Abbildung 3.16 zeigt das perpendikulare Verschieben jedes Knotenpunkts der Templateform (gestrichelte Linie in blau) in Richtung der naheliegendsten Zielform (durchgezogene Linie in grau). Liegen beide Oberflächen relativ nah und relativ parallel zueinander (wie in (a)), funktioniert das Verfahren gut. Liegt die Zielfläche etwas entfernt von der Templatefläche und unterscheiden sich die Krümmungsradien, so kann es zu Falten und Hinterschneidungen im neu ermittelten Modell kommen. Bei Verwendung dieser Technik kann der Fehler nur verhindert werden, wenn die Flächen näher beieinander liegen.

Abbildung 3.17 zeigt ein alternatives Verfahren zur Assimilation einer Templateform (M) an ein Morphziel (T). Gesucht ist eine Menge affiner Transformationen T_i, die angewendet auf die Knoten v_i der Template-Oberfläche M in einer neuen Oberfläche M', die mit dem Morphziel D deckungsgleich ist, resultieren. Dieser Prozess ist iterativ, das Bild zeigt einen Zwischenstand der Assimilation von M an D. Das Verfahren verwendet zur Erreichung der Deckungsgleichheit die Minimierung von drei Fehlerarten.

1. Datenfehler, die gewichtete Summe des quadrierten Abstand zwischen der transformierten Template-Oberfläche M' und D, gekennzeichnet durch rote Pfeile. Die

rot gestrichelten Pfeile werden nicht gewertet, da der benachbarte Punkt auf D am Rande eines Loches ist.

2. Glättungsfehler, der umso größer ist, je größer die Unterschiede in den benachbarten T_i-Transformationen sind.

3. Markerfehler, der mit dem Abstand zwischen der errechneten und tatsächlichen Markerposition auf M' und D wächst. Im Bild 3.17 korrespondiert v_3 mit m_0.

Neben der Assimilation von Template-Oberflächen an andere Oberflächenkörper schliesst dieses Verfahren auch Löcher im Morphziel D. Wenn das Template-Modell mit Landmarks versehen ist, können diese mit diesem Verfahren einfach auf das Zielobjekt transferiert werden.

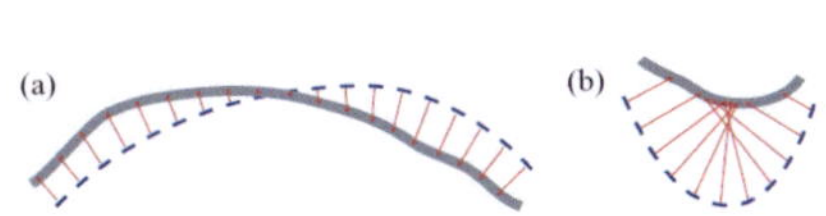

Abbildung 3.16: Morphen - Variante 1 zur Assimilation eines Körpers an einen anderen. Bild aus [All05].

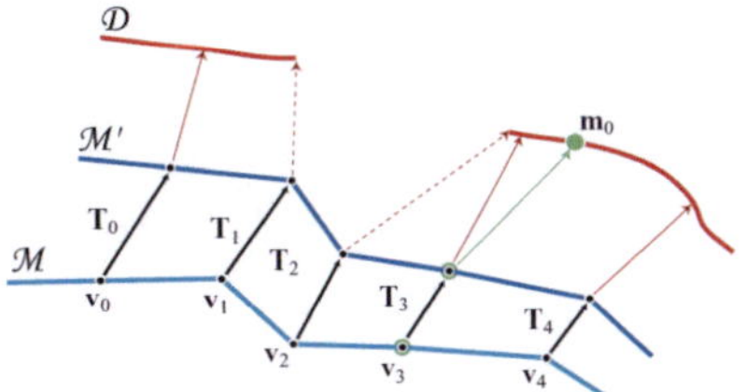

Abbildung 3.17: Morphen - Variante 2 zur Assimilation eines Körpers an einen anderen. Bild aus [All05].

3.1.3.3 Hauptkomponentenanalyse

Die Hauptkomponentenanalyse (auch bekannt als Hauptachsentransformation oder Singulärwertzerlegung) oder englisch Principal Component Analysis (PCA) ist ein Verfahren der multivarianten Statistik. Im folgenden wird die Abkürzung PCA verwendet. Ihr Anwendungszweck ist die Vereinfachung, Strukturierung und Veranschaulichung umfangreicher Datensätze. Die PCA wendet eine orthogonale Transformation auf die ursprünglichen Parameter (Vielzahl statistischer und korrelierter Variablen) an, die so in eine geringere Zahl unkorrelierter Variablen, die Hauptkomponenten, überführt werden. Wenn einige der ursprünglichen Variablen hochkorreliert sind, haben diese im Wesentlichen die gleiche Aussage und sie können zu einer Hauptkomponente kombiniert werden. Die effektive Dimension des Problems kann so durch die Minimierung der Einflussgrößen verringert werden. Eine PCA ist nur sinnvoll, wenn die Originalvariablen Korrelationen aufweisen.

Die Hauptkomponenten werden nacheinander in absteigender Bedeutung konstruiert und sind Linearkombinationen der ursprünglichen Parameter. Die erste Hauptkomponente ist also für den größten Teil der Variation verantwortlich. Je nach Anforderung können unwichtigere Komponenten ohne große Qualitätseinbussen vernachlässigt werden.

Abbildung 3.18.a zeigt den Zusammenhang zwischen einem zweidimensionalen Datensatz, bestehend aus x- und y-Anteil, und dessen Hauptkomponenten u und v, die orthogonal zueinander und nach der Größe des Einflusses sortiert sind. Ist wie in Abbildung 3.18.b die Variation in v gering, so kann diese Komponente vernachlässigt und die Anzahl der Dimensionen um 1 verringert werden.

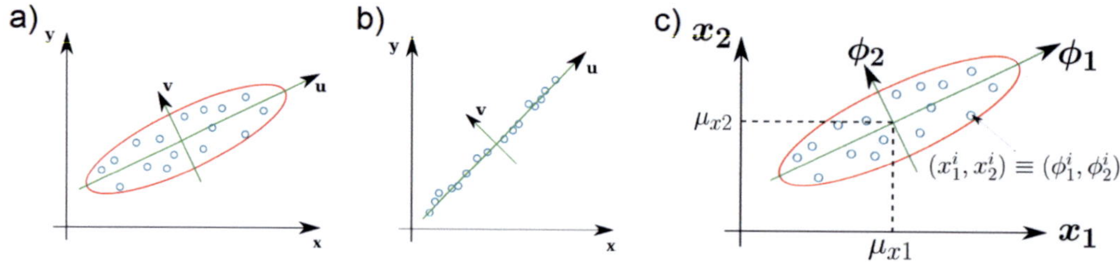

Abbildung 3.18: a. PCA zur Datendarstellung, b. PCA zur Reduktion der Dimension, c. PCA Transformation. Alle Bilder aus [Gil13].

Die Hauptkomponenten werden nun für m Dimensionen hergeleitet. Unter der Annahme, dass $X^t = (X_1, ..., X_m)$ ein m-dimensionaler Zufallsvektor mit Erwartungswertvektor μ und Kovarianzmatrix Σ ist, werden neue Variablen $\Phi_1, \Phi_2, ..., \Phi_m$ gesucht, die nicht korreliert sind und deren Varianzen mit wachsendem Index fallen. Jedes Φ_i ist eine Linearkombination der X_i, so dass

$$\Phi_j = a_{1j}X_1 + a_{2j}X_2 + ... + amjX_m = a_j^t X \tag{3.2}$$

wobei $a_j^t = (a_{1j}, a_{2j}, ..., a_{mj})$ ein Vektor aus Konstanten ist. Zur Vermeidung willkürlicher Skalierung soll der Vektor a_j normiert werden, so dass

$$a_j^t a_j = \sum_{k=1}^{m} a_k j^2 = 1 \tag{3.3}$$

gilt.

Abbildung 3.18.c illustriert den Prozess geometrisch in zwei Dimensionen. Der Mittelwert aller Datenpunkte ist (μ_{x1}, μ_{x2}). Das Einsetzen der beiden Eigenvektoren als Spalten in die Matrix $\Phi = [\Phi_1, \Phi_2]$ führt zu einer Transformationsmatrix, die mittels der Gleichung

$$p_\Phi = (p_x - \mu_x)\dot{\Phi} \tag{3.4}$$

die Datenpunkte aus dem $[x_1, x_2]$-Achsensystem in das $[\Phi_1, \Phi_2]$-Achsensystem überführt. Dabei ist p_x ein beliebiger Punkt im $[x_1, x_2]$-Achsensystem und p_Φ die Koordinate dieses Punktes im $[\Phi_1, \Phi_2]$-Achsensystem.

Die zentrale Aufgabe der Anwendung von PCA auf dreidimensionale anthropometrische Daten ist die Herstellung eines Zusammenhangs zwischen verschiedenen Modellen. Konkret heißt dies, dass die Modelle eine identische Netztopologie, d.h. gleiche Anzahl Knoten und identische Knotennummerierung, aufweisen müssen. Die CAESAR-Modelle bestehen jeweils aus rund 300.000 unsortierten Knotenpunkten, eine direkte Referenz zwischen Modellen ist damit nicht realisierbar. Ein Ansatz zur Herstellung einer einheitlichen Topologie ist, an jedes gescannte Oberflächenmodell die Oberfläche eines Templates mittels Morphing-Technik anzunähern (übersetzt aus [All05]).

3.1.3.4 Entwicklungsansätze zur Mensch-Modellierung

Die Hauptverfahren zur Erstellung interpolativer Oberflächenmodelle (Morphen, Rekonstruktion aus dem Eigenraum, Eigenschaftsbasierte Synthese, Anpassen an Markierungen) gehen fließend ineinander über. Häufig kommen zur Erstellung eines neuen virtuellen Mensch-Modells mehrere Verfahren zum Einsatz, um eine Datenbasis von Mensch-Modellen zu generieren. Startpunkt aller interpolativer Verfahren zur Generierung einer Vielzahl neuer Modelle sind Template-Modelle für verschiedene Körper. Der aufgespannte Raum aus Mensch-Modellen bildet die Grundlage für weitere, berechnete Modelle.

Dazu müssen zunächst verschiedene Oberflächenmodelle (diese können kreativ (siehe Kapitel 3.1.1) oder rekonstruktiv (siehe Kapitel 3.1.2)) erstellt und wie in Kapitel 3.1.3.1 beschrieben in Template-Modelle überführt werden. Dies wurde für einige Hunderte der 6.000 Ganzkörperscans der CAESAR Datensammlung im Rahmen des gleichnamigen Projektes vorgenommen. Diese Modellsammlung dient vielen Forschungs- und Industrieprojekten in den USA als Basis für weitere Analysen ([All05], [Ang05], [CR09], [CCR13], [RD03]).

Morphen

Die einfachste Form zur Berechnung weiterer Mensch-Modelle bildet die lineare Interpolation jedes einzelnen Knotenpunktes von zwei Template-Modellen. Um keine unerwünschten Randeffekte zu erhalten, muss die Topologie zwingend übereinstimmen und die Haltung eine ähnliche sein. Abbildung 3.19 zeigt die Resultate dieses Vorgangs.

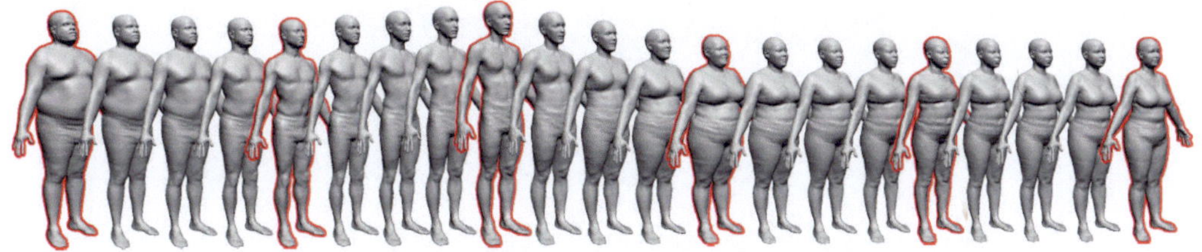

Abbildung 3.19: Jedes der rot umrahmten Modelle ist vorgegeben. Die synthetischen Modelle dazwischen werden durch lineare Interpolation der einzelnen Knotenpunkte erzeugt. Bild aus [ACP03].

PCA-Analyse

Um auf volumetrischen Körpern eine PCA-Analyse durchführen zu können, wird ein Vektor Ψ für jedes Modell gebildet, wobei jedes Element des Vektors dem vorzeichenbehafteten Abstand eines Voxels zur Oberfläche des Modells entspricht. Das weitere Verfahren ist identisch zur Vorgehensweise aus Kapitel 3.1.3.3.

In [BASLR05] wurde auf Basis von 300 männlichen Modellen aus der CAESAR-Datenbank eine Hauptkomponenten-Analyse durchgeführt und festgestellt, dass 95 % der gesamten Varianz durch 64 Eigenvektoren abgedeckt werden. Um die Variationen der Körperformen besser miteinander vergleichen zu können, wurden im ersten Schritt alle Körper auf die gleiche Körperhöhe skaliert.

Sortiert nach dem Einfluss auf die gesamte Variabilität (Wert in Klammern), ergeben sich fünf Hauptkomponenten:

1. Gewicht (33,86 %),
2. Haltung (15,11 %),
3. Muskelausprägung (8,93 %),
4. Abstand Arm-Torso bzw. Längenverteilung zwischen Ober- und Unterkörper (4,0 %) und
5. Kopfposition (von der Seite) (3,64 %).

Auch in [All05] wird auf den CAESAR-Daten eine PCA durchgeführt, als Input werden 125 weibliche und 125 männliche Modelle verwendet. Die ersten drei Hauptkomponenten bilden hier Körpergröße, Haltung und Gewicht.

PCA - Editieren von Attributen

Variiert man nun die Wichtungen dieser Hauptkomponenten, können neue virtuelle Körper generiert werden. Abbildung 3.20 zeigt die unterschiedlichen Auswirkungen der Variation des Einflusses einzelner (b) oder kombinierter (a) Attribute. Besonders groß ist der Unterschied bei der Variation der Kopfbreite, die offensichtlich im Mittel stark mit Gewicht und Bauchumfang korreliert.

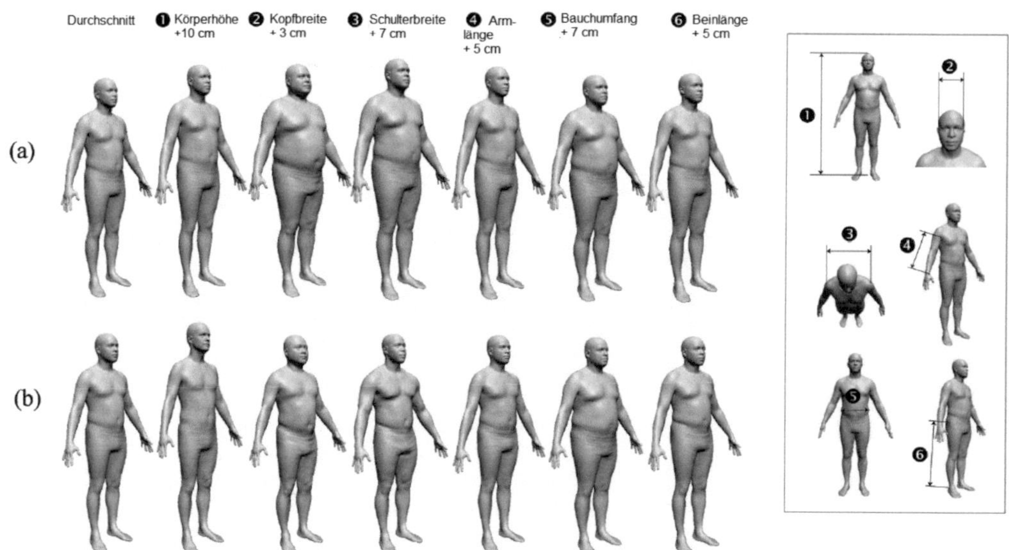

Abbildung 3.20: In der oberen Reihe a. wurden die 6 gezeigten Attribute wie in der Kopfzeile angegeben verändert und die anderen 5 Attribute jeweils relativ dazu angepaßt. In der unteren Reihe b. wurde nur das eine Attribut geändert und alle anderen Attribute beibehalten. Bild aus [ACP04].

PCA - Eigenschaftsbasierte Synthese und eigenschaftsbasiertes Editieren

Die einzelnen PCA-Attribute können zu Eigenschaften, wie z.B. Gewicht, BMI oder Muskelausprägung kombiniert werden. Werden nun Eigenschaften vorgegeben und daraus Modelle generiert, spricht man von eigenschaftsbasierter Synthese (siehe linker Teil von Abbildung 3.21). Wird als Ausgangspunkt ein Modell mit bekannten Eigenschaften verwendet und werden diese Eigenschaften relativ zum Ausgangsmodell variiert, entstehen die neuen Modelle durch eigenschaftsbasiertes Editieren (siehe rechter Teil von Abbildung 3.21). Als Eigenschaften werden in Abbildung 3.21 Körperhöhe und -gewicht verwendet. Körpertyp, Statur, Muskelausprägung, usw. werden nicht vorgegeben, sondern mittels statistischer Häufigkeiten per PCA-Auswertung berechnet. Die Datenbasis spielt eine entscheidende Rolle für das Ergebnismodell.

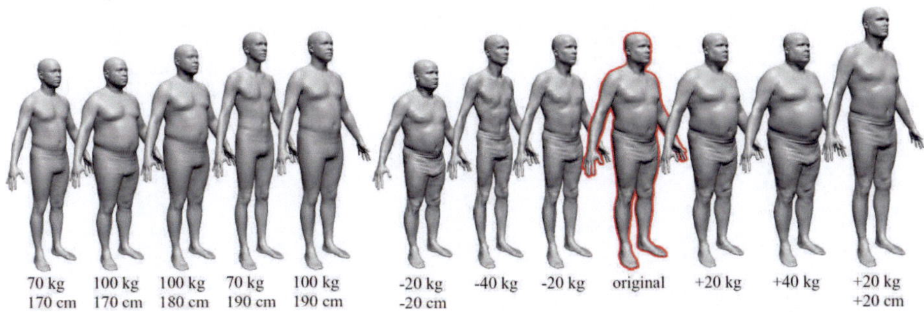

Abbildung 3.21: Der linke Teil des Bildes zeigt die eigenschaftsbasierte Synthese, bei der ein Modell mit vorgegebener Körperhöhe und Gewicht generiert wird. Der rechte Teil demonstriert eigenschaftsbasiertes Editieren. Das Ausgangsmodell ist rot umrahmt, die benachbarten Figuren rechts und links davon zeigen den Einfluss von Veränderungen in Gewicht respektive Körperhöhe. Bild aus [ACP03].

Anstelle von statistisch analysierten anthropometrischen Daten werden in [MTSC04] von Bodyscannern ermittelte Maße und Formen direkt verwendet, um einen Zusammenhang zu Messwerten herzustellen. Die Körpergeometrie wird durch ein Vektorfeld mit fester Größe, also bekannter Topologie, repräsentiert. Dieses dient als Vorgabe für die PCA-Analyse, der Vereinfachung und Parametrierbarkeit. Ein neuer Körper wird anschließend durch direkte Deformation (starr und elastisch) eines Template-Modells konstruiert.

Auch in [SCMT03] werden PCA und das Editieren von Eigenschaften eingesetzt, um neue Körper mit definierten Eigenschaften zu konstruieren. Kontrollparameter sind in dieser Arbeit der Fettanteil, das Verhältnis von Hüftumfang zu Taillenumfang und die Körpergröße.

Generierung eines Oberflächenmodells ausschließlich mit Hilfe von Markierungspunkten

Sind nur Markierungspunkte verfügbar, kann durch iteratives Anwenden der PCA und Auswertung des jeweiligen Fehlers zwischen den berechneten Markierungspunkten für das generierte Modell und den Zielpunkten ein Modell rekonstruiert werden. Abbildung 3.22 (e) zeigt ein solches ermitteltes Modell. Offensichtlich stimmen individuelle Merkmale wie der Bauchansatz, Fingerpositionen, Form des Pos nicht genau überein. Dennoch ist die Grundform sehr gut getroffen.

Dieses Verfahren kommt hauptsächlich dort zum Einsatz, wo teure technische Ausrüstung wie Laserscanner nicht vorhanden ist. Markierungspunkte können wesentlich schneller und einfacher erfasst werden.

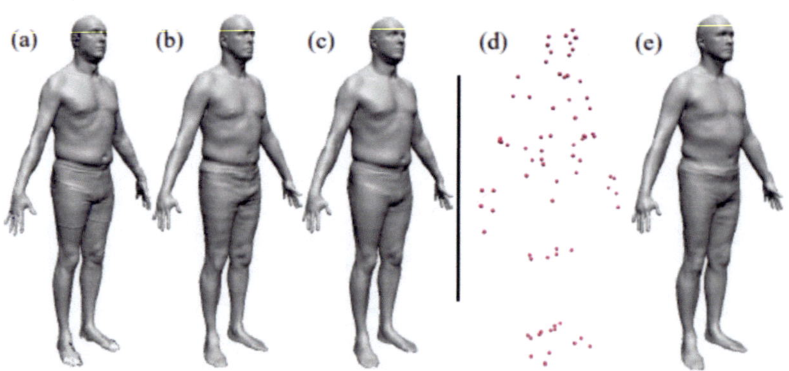

Abbildung 3.22: Anpassung mit Hilfe der Hauptkomponentenanalyse. a. Scandaten einer Einzelperson, die nicht im Datenkatalog enthalten ist und auch mit keinen bisherigen Daten übereinstimmen. b. Generierte Oberfläche unter Verwendung von PCA Wichtungen und ohne Einsatz von Markierungsdaten. c. Unter Verwendung von (b) und durch Verschiebung der einzelnen Knoten (Morphen) wird die Oberfläche an die Scandaten assimiliert (ohne Berücksichtigung der Markierungen). d. 74 Markierungspunkte. e. Oberfläche, die nur unter Verwendung der Markierungspunkte aus (d) und der PCA Wichtungen ermittelt wird (ohne Verwendung von Oberflächendaten). Bild aus [ACP03].

Bewertung von PCA

In [KYM13] wird die Akkuratheit von rekonstruierten Körpern aus Körpermaßen mittels PCA-Analysen bewertet. Drei Umfangsmaße werden betrachtet: Brustumfang, Taillenweite und Hüftumfang. Als Basis dienen 3.000 Bodyscans, die für einen Bademoden-Hersteller aufgenommen wurden. Das Template-Modell wird an die jeweilige Oberfläche von 337 Scandaten assimiliert und für diese Modelle eine PCA-Analyse durchgeführt. Die Qualität der Template-Anpassung wird als sehr gut bewertet, d.h. der Unterschied zwischen Template- und Scan-Modell ist vernachlässigbar gering. Die automatisch ermittelten Werte für den Taillenumfang sind zwar innerhalb der erlaubten Toleranz von 8 mm, aber tendenziell zu groß, da die vertikale Position der Taille von der Software meist zu weit oben ermittelt wird. Der mittlere Fehler beträgt -4,6 mm für den Hüft-, 8,1 mm für den Taillen- und -9,6 mm für den Brustumfang. Der größte Fehler wurde mit 93,2 mm in der Taillenweite registriert. In dem vorliegenden Beispiel liegen Verbesserungsmöglichkeiten vor allem in der Qualitätssteigerung des Scanvorganges bezüglich Kontrolle der Körperhaltung, Positionierung von Landmarks und Bekleidung während des Scanvorganges.

Generell bestimmt die Qualität der Inputdaten neben der Sorgfalt, mit der die PCA-Analyse durchgeführt wird, die Qualität der Ergebnisdaten maßgeblich. Wichtig ist auch, die Datenbasis nicht nur groß genug, sondern auch normalverteilt innerhalb der zu analysierten Datenmenge vorzugeben. Soll zum Beispiel eine Datenpopulation für ein Spiel generiert werden, ist es zweckmäßig, eine möglichst variantenreiche Datenbasis zugrunde zu legen. Soll aber beispielsweise eine spezifische ethnische Gruppe, z.B. aus Asien, generiert werden, ist die Datenbasis dahingehend zu bereinigen, dass nur asiatische Eingangsmodelle verwendet werden.

Bei der Konstruktion von Damenbekleidung ist die Unterscheidung nach Figurtypen, insbesondere in den größeren Größen sinnvoll, um zu vermeiden, dass Figurspezifika durch Mitteln verloren gehen. Das Gleiche gilt für Herrenbekleidung in Bezug auf die Körpergröße. Idealerweise bestimmt das Einsatzgebiet die Basis der PCA-Analyse und damit auch den Wertebereich der entsprechenden Ergebnisse. Es gibt nicht eine allgemeingültige PCA-Analyse zur eindeutigen Lösung aller Problemstellungen.

Durchschnittsmodelle

Konfektionäre haben neben parametrierbaren Modellen die Anforderung von gemittelten virtuellen Körpermodellen, die als Standardmodell für die Konstruktion von Bekleidung verwendet werden können. Hierbei soll aus einer Reihe von gescannten Personen ein mittleres Modell je Konfektionsgröße generiert werden. Die PCA-Analyse verwendet hierzu, wie schon beschrieben, das arithmetische Mittel der Voxel-Punkte.

In [KMEM11] wird ein alternativer Weg zur Ermittlung eines gemittelten Mensch-Modells beschrieben. Zunächst wird für alle Körper je eine Körperhälfte ausgewählt und gespiegelt, um Asymmetrien zu eliminieren. Anschließend werden diese Körper in Torso, Beine und Arme unterteilt und so ausgerichtet, dass alle Teilkörper eine vergleichbare Haltung einnehmen. Für alle diese Körperteile werden Durchschnitts-Teilkörper berechnet und diese anschließend zu einem Durchschnitts-Körper zusammengesetzt. Abbildung 3.23 zeigt Scandaten für Konfektionsgröße 46 auf der linken Seite und den resultierenden Durchschnittskörper auf der rechten Seite.

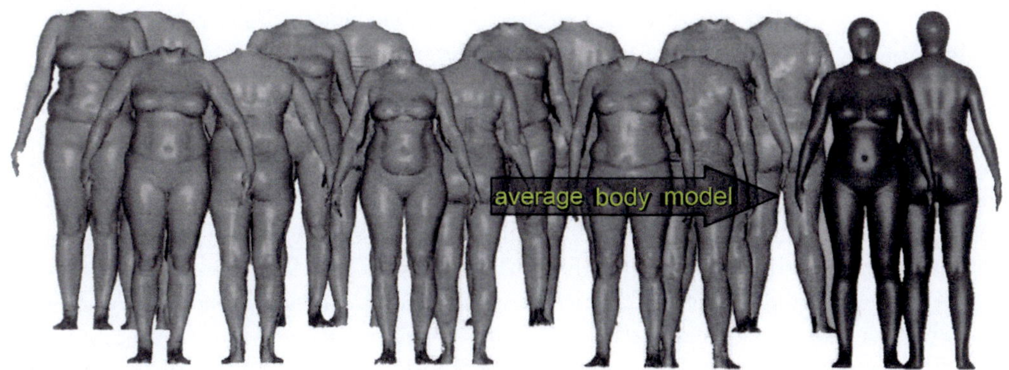

Abbildung 3.23: Generierung eines Durchschnittsmodells für Konfektionsgröße 46 aus Scandaten der Reihenmessung SizeGermany. Bild aus [KMEM11].

Zusammenfassend gibt es drei verschiedene Arten von Oberflächenmodellen:

- *kreativ,*
- *rekonstruktiv und*
- *interpolativ.*

Meist kommen alle drei Formen zum Einsatz: kreative Modelle als Ausgangspunkt, die an rekonstruktive Modelle mit realen Daten angenähert werden. Diese dienen als Template-Modelle für die Generierung interpolativer Modelle zur Erweiterung der Datenbasis.

3.2 Kinematische Systeme

Kinematische Systeme erweitern statische Oberflächenmodelle um die Fähigkeit, virtuell verschiedene Körperhaltungen anzunehmen und Bewegungsabläufe darzustellen. Bewegungsabläufe entstehen durch Überblendung oder auch Interpolation einzelner Posen zu bestimmten Zeitpunkten[2]. Die verschiedenen Systeme unterscheiden sich in ihrer anatomischen Korrektheit, Animationsgeschwindigkeit und Automatisierbarkeit sowie der benötigten Berechnungszeiten.

Die beiden Hauptansätze, die auch in Kombination auftreten, sind:

- anatomisches Animieren und
- beispiel-basiertes Animieren.

Das *anatomische Animieren* wird auch als *Skeleton Driven Deformation* (SDD) oder simulationsgestütztes Animieren bezeichnet und ist in allen gängigen Animationssoftwarepaketen implementiert. SDD ist die Standardtechnik zur Bewegung von Mensch-Modellen und orientiert sich an anatomischen Zusammenhängen. Nach dem Modellieren eines meist vereinfachten Skeletts wird dieses mit der Hautoberfläche verknüpft. Jeder Hautpunkt wird dabei einem oder mehreren Knochen zugeordnet. Zur Änderung der Körperhaltung werden einzelne Knochen und Gelenke des Skeletts einer Transformation unterworfen. Dies löst die Neuberechnung jedes Hautpunktes, der einem bewegten Knochen oder Gelenk zugeordnet ist, aus.

Beim *beispiel-basierten Animieren* wird nur die Körperoberfläche betrachtet und keinerlei Skelett benötigt. Es wird ein direkter Zusammenhang zwischen den Daten eines Template-Modells und einem Zielmodell (meist personenindividuelle Scandaten) hergestellt. Daher wird diese Technik auch als datengetriebenes Animieren bezeichnet. Die beiden Modelle müssen entweder eine identische Netztopologie oder korrespondierende Markierungspunkte besitzen und sich in der gleichen Ausgangspose befinden oder in diese überführen lassen. Mittels Scannen, stereometrischer Aufnahmen in verschiedenen Posen oder der Anwendung von Motion-Capture-Anlagen werden für einen reduzierten Datensatz (z.B. Markierungen am Zielmodell) die dreidimensionalen Transformationen bei Haltungsänderung ermittelt. Diese dienen als Input für das Template-Modell, um die Bewegung nachzuahmen und die Änderung, die jeder einzelne Knotenpunkt beim Übergang von einer Pose zu einer anderen erfährt, zu berechnen und auf das Zielmodell zu übertragen.

3.2.1 Anatomisches Modellieren

3.2.1.1 Rigging und Skinning

Ausgangspunkt des anatomischen Modellierens ist ein Skelett aus starren Knochen und Gelenken mit festgelegten Freiheitsgraden. Oft werden Einzelknochen wie Wirbel, Bandscheiben, Brustkorb zu größeren Einheiten gruppiert und zusammengefasst. Große Knochen, die sich zwischen zwei Gelenken befinden, wie z.B. Ober- oder Unterschenkelknochen, werden als einzelne Knochen nachgebildet. Die Dimension des Skelettes und der einzelnen Knochen orientiert sich ebenso wie die Positionierung der Gelenkpunkte an der Hauthülle des Mensch-Modells. Der Prozess der Definition von Knochen, Gelenken, Freiheitsgraden und der Bewegungsmöglichkeiten werden als *Rigging* bezeichnet. Alternative Ausdrücke für Skelett sind Rig und Bones-System.

---

[2]sogenannte Keyframes

Das Skelett wird anschließend in die Hauthülle eingepasst, ausgerichtet und verknüpft. Für jeden einzelnen Knotenpunkt des Oberflächennetzes wird definiert, welchen Einfluss welcher Knochen und welches Gelenk auf ihn hat. Meist werden die Wichtungen der Knotenpunkte normiert hinterlegt, d.h. alle Wichtungen liegen zwischen 0 und 1, die Summe aller Wichtungen eines Knotenpunktes ist 1. Dieser aufwändige Prozess wird als *Skinning* bezeichnet und in kommerziellen Software-Lösungen mit Hilfsmitteln, wie Hüllen oder Wichtungstabellen, interaktiv unterstützt. Die Standardmethode ist das *Linear Blend Skinning* (LBS).

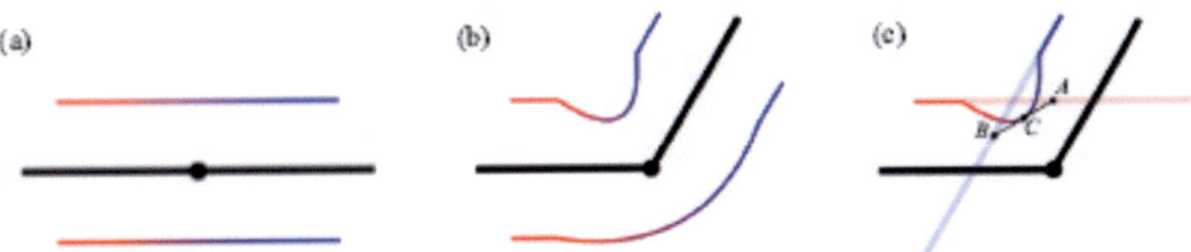

Abbildung 3.24: Funktionsprinzip *Linear Blend Skinning* (LBS). Bild aus [All05].

Abbildung 3.24 zeigt das Funktionsprinzip von LBS anhand von zwei Knochen (schwarze Linie) und einem Gelenk (schwarzer Punkt). Der Winkel zwischen den beiden Knochen wird durch das Drehen des rechten Knochens von 180° auf 120° verändert. Die farbigen Linien stellen das Oberflächennetz dar, die blaue Farbe zeigt den Einfluss des linken Knochens, die rote Farbe analog den des rechten Knochens. Um die neue Position jedes Knotenpunktes bei Bewegung zu berechnen, wird für jeden Knochen ermittelt, wo sich der Punkt für die Wichtung 1 (= alleiniger Einfluss) befinden würde (hellrote bzw. hellblaue Linien in (c)) und der arithmetische Mittelwert entsprechend der hinterlegten Wichtungen berechnet. Bei einer Wichtung von je 0,5 führt dies zu Punkt C, alle theoretisch möglichen Punkte liegen auf der Linie AB.

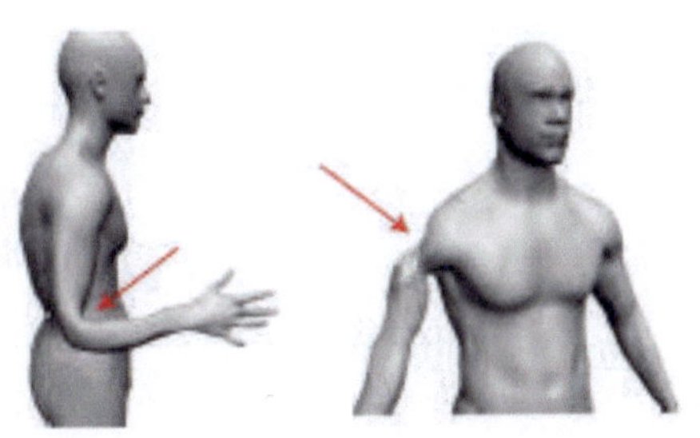

Abbildung 3.25: Artefakte, die bei Anwendung des LBS auftreten. Bild aus [All05].

Bereits hier zeigen sich die Schwierigkeiten dieser Methode: die Haut zieht sich sowohl an der Innen- als auch Außenseite näher als in der Realität an den Gelenkpunkt heran. Werden die beiden Knochen zueinander bewegt, knickt die Haut an den Seiten wie bei einem Gartenschlauch ein, weshalb sich die Bezeichnung *Gartenschlauch*-Effekt eingebürgert hat (siehe Abbildung 3.25 links).

Bei Rotation an einem Drehgelenk um die Längsachse des Knochens kommt es zu Hauteinschnürungen, weil sich nur ein Knochen dreht und der andere in seiner Position verharrt. Da dies an die miteinander verschlungenen weiß-roten Spiralen einer Zuckerstange erinnert, wird das Verhalten oft als *candy-cane*-Effekt bezeichnet (siehe Abbildung 3.25 rechts).

Die Ursache dieser Artefakte liegt darin, dass kein Gewebe berücksichtigt wird. Anatomisch gesehen sorgen die Muskeln und das Fettgewebe dafür, dass die Haut von den Knochen immer einen Mindestabstand hat und somit weder einknicken noch einschnüren kann. Außerdem spannen sich die Muskeln abhängig von der bewegten Last verschieden stark an, der Gelenkwinkel ist somit nicht die einzige Einflussgröße. Da die Hautzellen miteinander verbunden sind, erfolgen alle Hautdeformationen fließend und nicht ruckartig. Um die Muskelarbeit virtuell zu berücksichtigen gibt es zwei Methoden.

1. Korrigieren der Artefakte, um Muskelarbeit zu simulieren. Der Innenaufbau besteht weiterhin ausschließlich aus Knochen und Gelenken. Die am meisten verbreiteten Lösungen sind *Interpolation von Posen*, *käfigbasiertes Skinning* und *Assimilation an der Punktewolke*.
2. Modellierung von virtuellen Muskeln und Berücksichtigung des Einflusses beim Definieren der Wichtungen (Skinning-Prozess). Der Innenaufbau ändert sich signifikant.

Bei der *Interpolation von Posen* werden Körper oder Körperteile in verschiedenen Haltungen aufgenommen und in einen Zusammenhang miteinander gebracht.

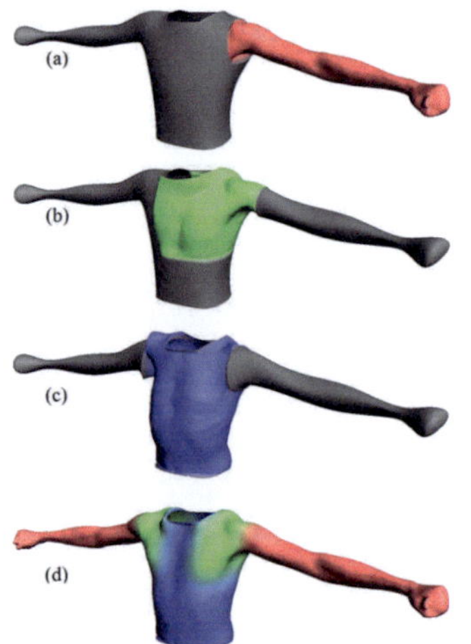

Abbildung 3.26: Überblendung von einzeln aufgenommenen Scandaten. Bild aus [All05].

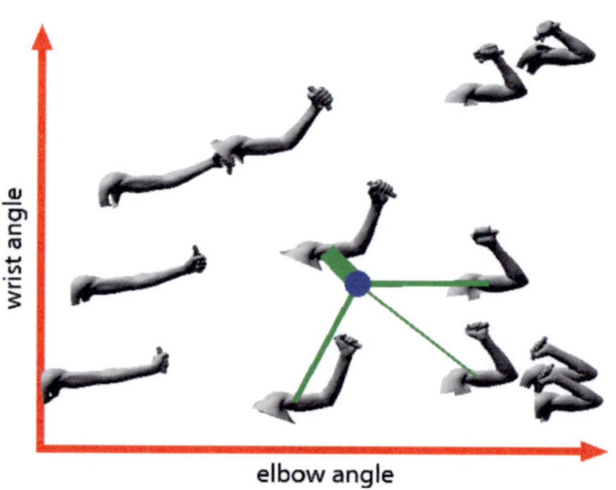

Abbildung 3.27: Interpolationsmatrix für verschiedene Winkel an Ellbogen und Handgelenk. Bild aus [All05].

Für den Oberkörper lassen sich mit drei unabhängigen Körperbereichen (Arm, Schulter, Torso) bereits eine Vielzahl an Haltungen generieren. Durch das Wichten der verschiedenen Bereiche und stetige Übergangsbereiche wird ein kompletter Oberkörper (d) aus drei Einzelbereichen (a)-(c) generiert. Aufgenommen wird nur eine Körperseite, die andere Hälfte wird durch Spiegeln kreiiert (siehe Abbildung 3.26).

Die einzelnen Scanposen werden systematisch aufgenommen und dabei werden nur einzelne Gelenkwinkel verändert. Beispielsweise werden Variationen von Ellbogenwinkel bei gleichbleibenden Haltungen in Schulter und Ellbogen, analog die Oberarmwinkel unter Beibehaltung von Ellbogen- und Handgelenkswinkel aufgenommen und systematisch angeordnet. Für jede Aufnahme werden die Verschiebungen jedes Knotenpunkts zur Nachbildung der Pose ermittelt. Haltungen zwischen aufgenommenen Datensätzen werden durch Interpolation der Translationen berechnet (siehe Abbildung 3.27).

Für neue Kombinationen des Winkelpaares werden benachbarte vorhandene Posen und ihr Abstand zur Zielpose ermittelt. Durch Interpolation können die einzelnen Knotenpunkte der Oberfläche so transformiert werden, dass die neue Haltung eingenommen wird. Alle betrachteten Oberflächen-Modelle müssen zwingend die gleiche Topologie aufweisen. Um einen kompletten Körper zu generieren, werden mit Hilfe der zuvor ermittelten Überblendungswichtungen die einzelnen Körperteile zusammengefügt.

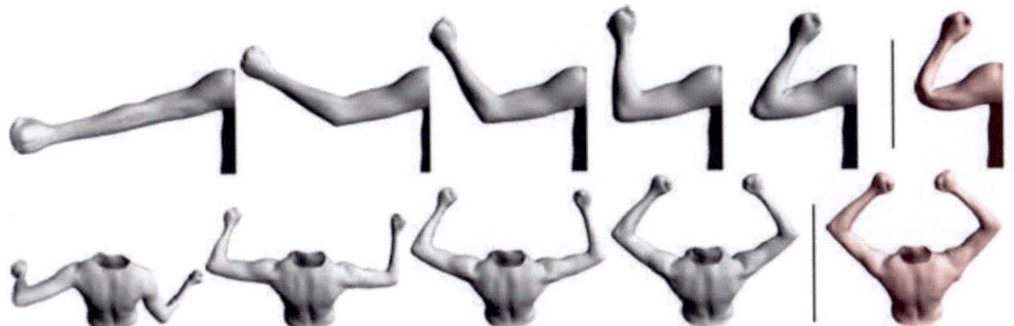

Abbildung 3.28: Vergleich zwischen linearer Interpolation (grau) und LBS (rot). Bild aus [All05].

Besonders im Ellbogen- und Schulterbereich wird der Unterschied zwischen der linearen Interpolation von Posen (graue Modelle) und der Anwendung von LBS, um die ganz linke Haltung direkt in die rechte zu überführen (rote Modelle) deutlich sichtbar (siehe Abbildung 3.28). In der oberen Reihe tritt bei LBS aufgrund der starken Veränderung des Ellbogenwinkels der Gartenschlauch-Effekt (vgl. Abbildung 3.25 links) auf, außerdem bleibt der Bizeps-Muskel unberücksichtigt. In der unteren Reihe bleibt der Ellbogenwinkel in etwa konstant und nur der Schulterwinkel wird verändert. Daher ist der Bereich um den Ellbogen bei dieser Haltungsänderung unproblematisch, im Schulterbereich zeigen sich aber Probleme (Bizeps und Einkerbung fehlen).

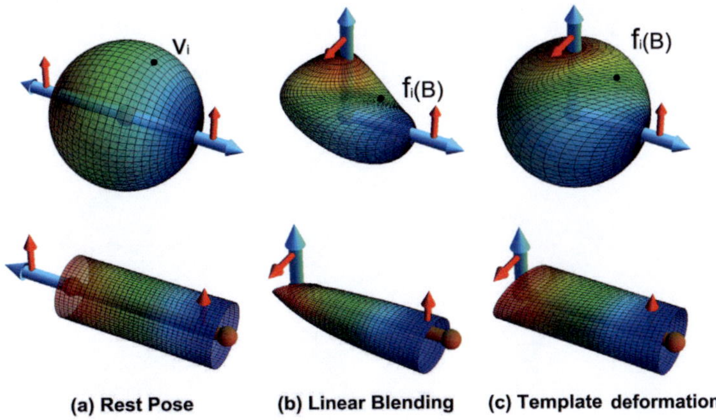

Abbildung 3.29: Vergleich der Deformation einer Kugel resp. Zylinders aus der Ausgangsposition (a) mittels LBS (b) und käfigbasiertem Skinning (c). Bild aus [JZP$^+$08].

Beim käfigbasierten Skinning wird zwischen das Bones-System und die Hauthülle eine zusätzliche Kontrolleinheit eingefügt: der Käfig. Der Hauptunterschied zum LBS liegt in der Beibehaltung der Geometrie der Hauthülle und des Abstands zum relevanten Knochen, d.h. eine Kugel bleibt eine Kugel (Gelenk), ein Zylinder bleibt ein Zylinder (Knochen). Abbildung 3.29 zeigt diesen Zusammenhang bildlich.

Für verschiedene Stellen des Körpers (z.B. Gelenkpunkte, Bizeps) werden Kontrollebenen festgelegt. Diese werden für einige Schlüsselpositionen überprüft und gegebenenfalls korrigiert. Ausdehnung und Ausrichtung der Kontrollebenen für dazwischenliegende Haltungen werden durch Interpolation ermittelt.

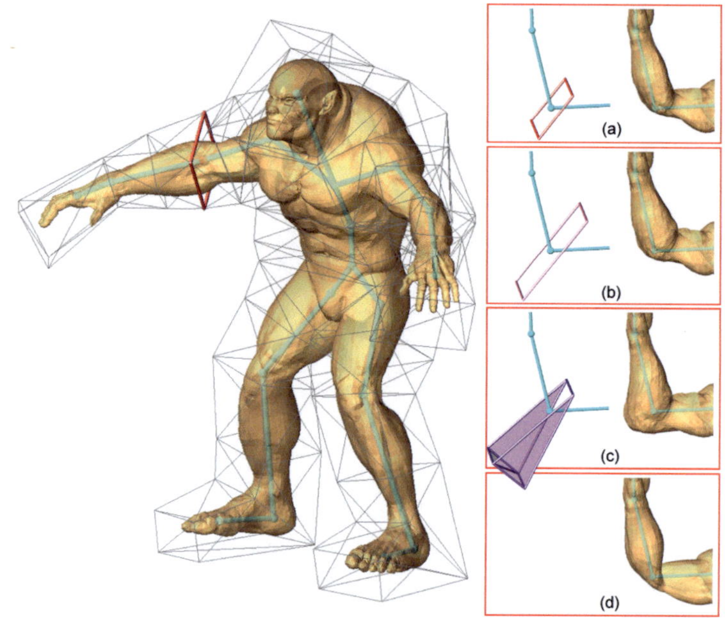

Abbildung 3.30: Käfigbasiertes Rigging. Bild aus [JZP+08].

Abbildung 3.30 zeigt die Auswirkung von verschiedenen Einstellungen der Kontrollebenen am Ellbogen. Ausschnitt (d) zeigt das Verhalten ohne Käfig, also LBS ohne Korrekturmaßnahmen.

Eine weitere Möglichkeit, die durch LBS verursachten Artefakte zu beheben, ist das Assimilieren an Punktewolken.

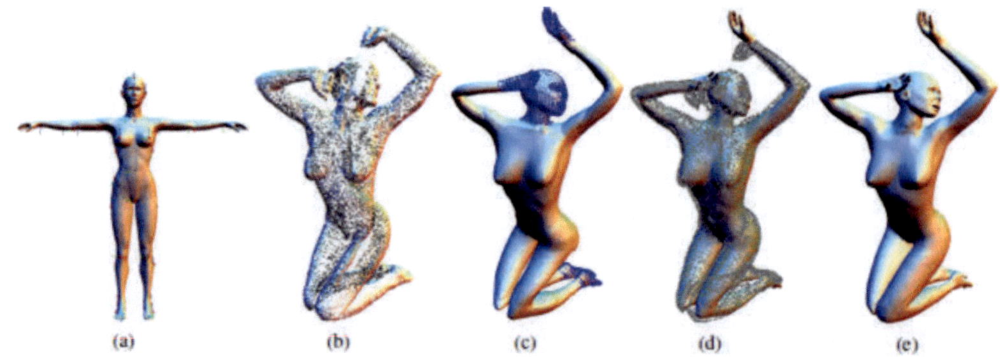

Abbildung 3.31: Assimilieren an Punktewolke, um Haltungen nachzustellen. Bild aus [SKR+06].

Hier wird ein Mensch-Modell mittels Rigging und LBS in die Haltung einer 3-dimensionalen Punktewolke gebracht. In iterativen Schritten werden die einzelnen Knotenpunkte dann solange verschoben, bis der Fehler zwischen Hautoberfläche und Daten der Punktewolke minimiert ist. Fehlende Stellen in der Punktewolke werden durch Interpolation benachbarter Knotenpunkte geschlossen. Ebenso wie das Interpolieren von Posen hat dieses Verfahren den großen Nachteil, dass für jede nachzubildende Körperhaltung Aufnahmen von (Teil-)körpern benötigt werden.

Mit zunehmender Leistungsfähigkeit der Rechner und der Animationssoftware eröffnen sich die Möglichkeiten, Muskelsysteme realitätsgetreu nachzubilden und das LBS damit zu ergänzen, um die Artefakte zu beheben.

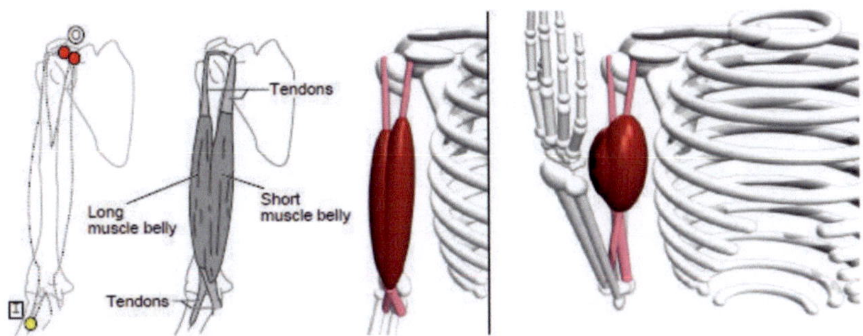

Abbildung 3.32: Muskelmodell am Beispiel des Oberarms (Bizeps). Bild aus [SPCM97].

In [SPCM97] setzen sich Muskelsysteme aus starren (Sehnen) und beweglichen (Muskeln) Anteilen zusammen. Die Sehnen sind an definierten Stellen am Skelett befestigt (entspricht der Stelle, an der sie in Realität angewachsen sind). Die Muskeln können sich zusammenziehen und ausdehnen. Daraus ergibt sich unmittelbar auch die Ausbreitung der Muskeln: je stärker sie gestaucht werden, um so größer ist der Querschnitt. Je mehr sie gedehnt werden, um so langgestreckter ist der Muskel und um so kleiner ist der Querschnitt. Um eine anatomisch korrekte Simulation zu erreichen, muss auch die gegenseitige Beeinflussung der Muskeln untereinander berücksichtigt werden.

Die Auswirkungen der Muskeln und Sehnen werden zusätzlich zu den Knochen und Gelenken im Skinning-Prozess mittels Definition von Wichtungen hinterlegt. Dies verkompliziert den ohnehin schon schwer kontrollierbaren Skinning-Prozess. Ein Standard-Verfahren zur Abbildung und Berücksichtigung von Muskelsystemen hat sich in den gängigen kommerziellen Animationslösungen bisher nicht durchgesetzt. Die meisten Muskelmodelle basieren auf eigenen Spezialentwicklungen (siehe auch [SPCM97], [CIUM13], [SKP08]).

3.2.1.2 Automatisierungsoptionen

Da der Aufbau eines kinematischen Modells sehr zeitaufwändig ist, werden verschiedene Methoden genutzt, um zumindest Teile wiederverwenden zu können. Grundsätzliche Voraussetzung ist ein identischer Skelettaufbau.

Die Techniken sind:

1. Registrieren eines Template-Modells inklusive Skelett,
2. automatisches Ermitteln des Skeletts für ein Template-Modell und Übertragung der Skinning-Wichtungen 1:1 vom Template-Modell zum Zielmodell und
3. anatomischer Transfer.

Registrieren eines Template-Modells inklusive Skelett

Diese Methode geht von einem kinematischen System, bestehend aus einem Template-Modell (siehe Kapitel 3.1.3.1) mit definierter Netztopologie und einem dazu passendem Rigging (Skelett und Bewegungsvorschriften) und Skinning, aus.

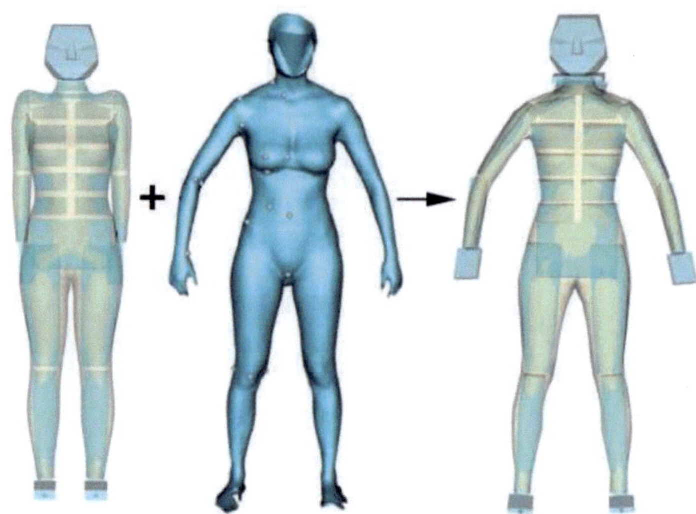

Abbildung 3.33: Registrieren eines Template-Modells. Das rechte Bild zeigt das Ergebnis der ersten Anpassung von Template-Modell inklusive Skelett (links) an die Scandaten (Mitte). Bild aus [MDMt⁺04].

Im ersten Schritt wird das Skelett des Template-Modells grob an die Scandaten in Dimension und Haltung angepasst. Da Rigging und Skinning bereits definiert sind, wird die Haut entsprechend mit skaliert und bewegt. Eventuell sind kleinere interaktive Korrekturen nötig, wenn die Haltung von Template- und Zielmodell sehr stark voneinander abweichen. Im zweiten Schritt erfolgt die iterative Feinanpassung der Hautoberfläche an die Punktewolke der Scandaten. Dieser Vorgang wurde bereits im vorherigen Kapitel 3.1.3 eingehend beschrieben.

Da das ganze kinematische System auf das Zielmodell adaptiert und stattdessen verwendet wird, bleibt es mit allen Randbedingungen, Bewegungsvorschriften und Skinning-Wichtungen in seiner Gesamtheit erhalten und ist daher sofort animierbar.

Automatisches Ermitteln des Skeletts für ein Template-Modell und Übertragung der Skinning-Wichtungen

[All05] beschreibt ein Verfahren, bei dem ebenfalls von einem Template-Modell mit definierter Netztopologie und Körperhaltung ausgegangen wird. Für dieses Template-Modell wird einmalig ein Skelett definiert. Aus definierten Punkten auf der Hautoberfläche in der Nähe der Gelenke werden automatisiert die Gelenkpunkte und Knochen des Skeletts ermittelt. Da die Netztopologie für alle Template-Modelle identisch ist, können die Skinning-Wichtungen 1:1 für jeden Knotenpunkt und Knochen übertragen werden.

Als Template-Modelle kommen sowohl generierte (z.B. mittels PCA) als auch an Punktewolken für reale Körper gemorphte Template-Modelle (siehe Kapitel 3.1.3) in Frage. Wichtig ist die übereinstimmende Netzstruktur und Haltung der betrachteten Modelle.

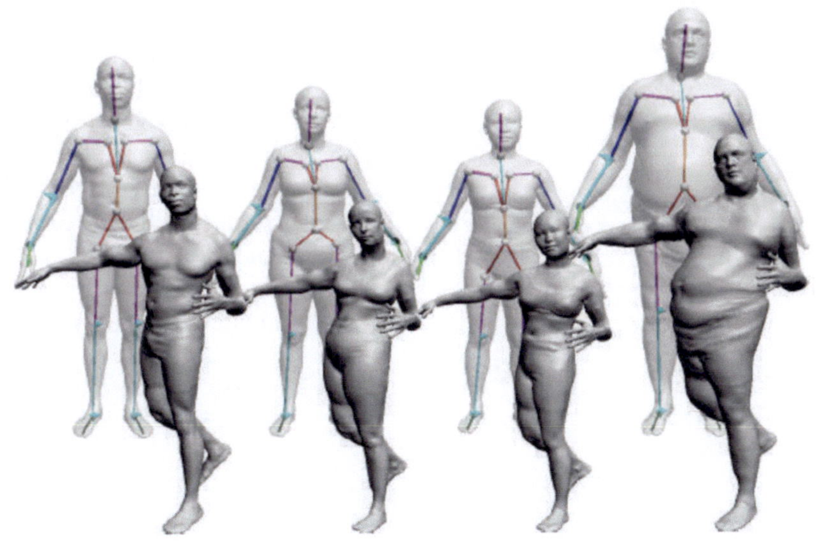

Abbildung 3.34: Übertragung des Skeletts. Für das gescannte Modell einer Einzelperson (ganz links) wurden manuell ein Skelett ermittelt und die Hautdeformationsvorschriften (Skinning) hinterlegt. Die Skelette der 3 anderen Scanmodelle rechts davon wurden automatisch generiert. Die untere Reihe zeigt eine neue Körperhaltung unter Verwendung von Skelett und übertragenen Wichtungen. Bild aus [ACP03].

Anatomischer Transfer

In [AHLG$^+$13] wird eine Methode zum Übertragen anatomischer Elemente und Zusammenhänge vorgestellt. Da sich die einzelnen Bestandteile (Knochen, Muskeln, Sehnen, Fett, Haare, usw.) verschiedener Körper nicht proportional zueinander verhalten, macht ein 1:1 Transfer der Elemente keinen Sinn. Knochen sollten zum Beispiel immer gerade und (weitgehend) symmetrisch sein, während bei Muskeln die relative Position zu Knochen und Haut sowie Ansatzpunkte wichtig sind.

Zunächst wird unter Anwendung der *shape matching deformation* Methode die Hautoberfläche zwischen Ausgangs- und Zielmodell registriert (siehe [MHTG05]). Die initiale Ausrichtung der beiden Körper erfolgt interaktiv. Dabei ist es wichtig, dass die Haupttopologien (gleiche Anzahl und Anordnung der Gliedmaßen) und Haltungen im Wesentlichen übereinstimmen. Dadurch kann ein mathematischer Zusammenhang zwischen beiden Modellen hergestellt werden, so dass die Volumina durch eine Laplace-Transformation ineinander überführt werden können.

Die einzelnen Arbeitsschritte sind in Abbildung 3.35 schematisch dargestellt und umfassen im Einzelnen:

a) Oberfläche (dicke schwarze Linie) des Zielmodells und interaktive Definition der Fettschicht unter der Haut (gelb),

b) Ermittlung des Volumens (dicke schwarze Linie) ohne Berücksichtigung der Fettschicht (gelb),

c) Referenzmodell, bestehend aus Knochen und Muskeln, hat keine Fettschicht,

d) durch Laplace-Transformation wird das Volumen des Referenzmodells in das Zielmodell überführt, diese wird auch auf die Knochen angewendet. Dadurch kann sich die Form der Knochen ändern und es können gebogene Knochen entstehen,

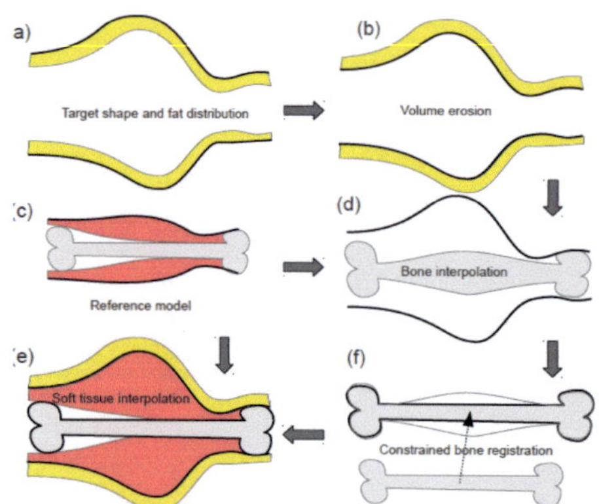

Abbildung 3.35: Funktionsweise des Anatomischen Transfers. Bild aus [AHLG+13].

f) Registrieren der Knochen und Einhaltung der Regeln, die durch lineare Transformation aus den Originalknochen ermittelt werden und als Ansatzpunkte die Endpunkte aus d) verwendet werden,

e) Bereich zwischen Knochen und Innenhülle wird mit Muskeln belegt, wobei die Muskelansatzpunkte vom Referenzmodell erhalten bleiben müssen.

Die gezeigten Modelle wirken auf den ersten Blick ansprechend, aber auch aufwändig. Insbesondere die Verteilung von Fettgewebe und Muskeln erscheint anatomisch nicht realitätsnah zu sein. Wie genau die Muskelarbeit funktioniert, wird leider nicht gezeigt.

Abbildung 3.36: Anatomischer Transfer. Übertragung von Muskel- und Hautanimation. Bild aus [AHLG+13].

Abbildung 3.36 legt aber nahe, dass hier nicht zwischen Sehnen- und Muskelteil unterschieden wird, sondern wie in der schematischen Zeichnung 3.35.e) angedeutet, Muskeln als volumetrische Körper realisiert werden. Die Oberfläche des Oberarmes von David (grau) wirkt besonders im ausgestreckten Zustand sehr unnatürlich.

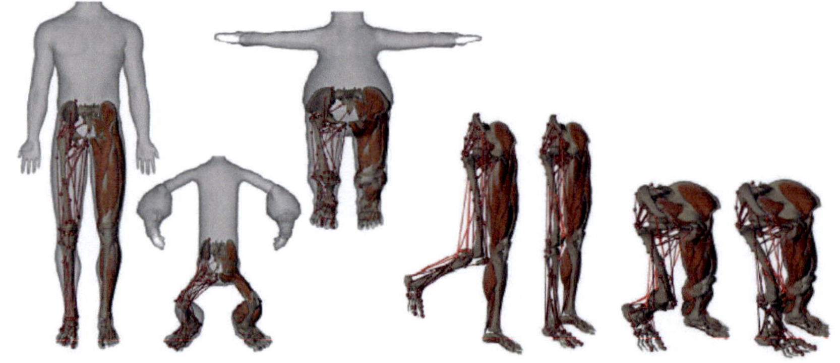

Abbildung 3.37: Anatomischer Transfer anhand von Beispielmodellen. Bild aus [AHLG+13].

Abbildung 3.37 zeigt im oberen Teil den Transfer von Muskelsträngen von einem Mensch-Modell auf Comicfiguren (Popeye und Homer Simpson). Im unteren Teil ist eine Beispielbewegung des Unterschenkels für beide Figuren visualisiert. Die Muskeln folgen

den Knochen und anatomischen Vorgaben. Die Umsetzung erscheint in diesem Punkt
realitätsnah.

3.2.2 Beispielbasiertes Modellieren

Beim beispielbasiertem Modellieren wird auf die Verwendung eines Skelettes zur Kontrolle von Bewegungsabläufen verzichtet. Vielmehr werden datengetrieben Bewegungen realer Menschen im virtuellen Raum nachempfunden. Einsatzfelder hierfür sind hauptsächlich Computerspiele und die Filmindustrie. Für das Thema der vorliegenden Arbeit erscheint die Möglichkeit der Berücksichtigung anatomischer Zusammenhänge als zu gering. Der Vollständigkeit halber wird das Verfahren aber dennoch kurz dargestellt.

Die Eingangsparameter der vorgestellten Methode in [ATSS07] sind ein trianguliertes Netz einer Person und eine Beschreibung der Bewegung, die diese absolvieren soll. Außerdem wird ein einfaches animiertes Template-Modell benötigt. Als erster Schritt werden Template- und Ziel-Modell grob in einer Referenzhaltung ausgerichtet. Dabei wird ein PCA-basiertes Ausrichtungsschema zur Rekonstruktion eines volumetrischen Modells vom Zielmodell angewendet. Interaktiv werden nun Marker (35 - 65 Stück) auf beiden Modellen gesetzt und die Translationsvektoren der realen Marker aufgenommen. Anschließend wird die Pose vom Template-Modell nachgestellt und die lokalen Rotationen aller Markerpunkte für diese Haltung ermittelt. Durch Lösen der Laplace-Gleichung für die Markerpositionen wird das Modell in der Zielpose rekonstruiert.

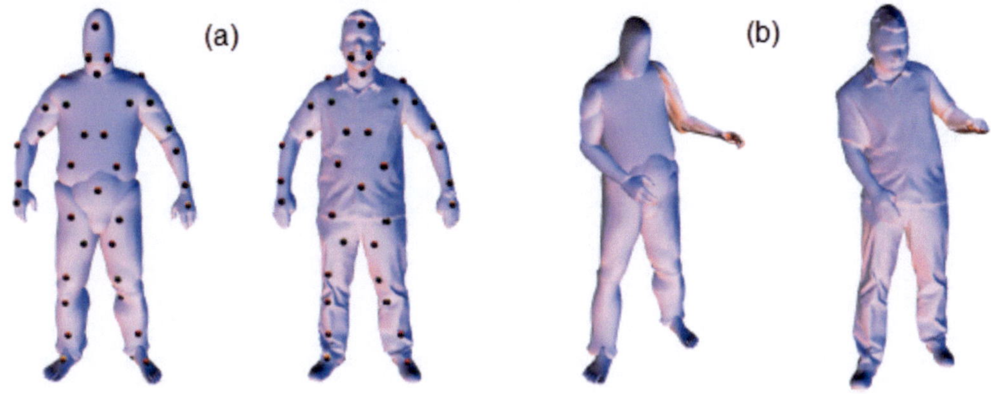

Abbildung 3.38: (a) Template- und Ziel-Modell in ihrer Referenzhaltung. Die Punkte repräsentieren die Markerpunkte. (b) Modelle in einer anderen Haltung. Die Deformationen des Zielmodells werden aus den Verformungen des Template-Modells ermittelt. Bild aus [ATSS07].

Ein ähnliches Verfahren (SCAPE[3]) wird in [Ang05] demonstriert. Hier wird ein lernendes System aufgebaut, das in Matrixform Haltungen und Körperformen von Modellen variiert. Dazu werden von einer Person Scandaten in verschiedenen Haltungen aufgenommen sowie analoge Posen für verschiedene Personen und Figurtypen als Trainingsmodelle verwendet.

---

[3]Shape Completion and Animation of PEople

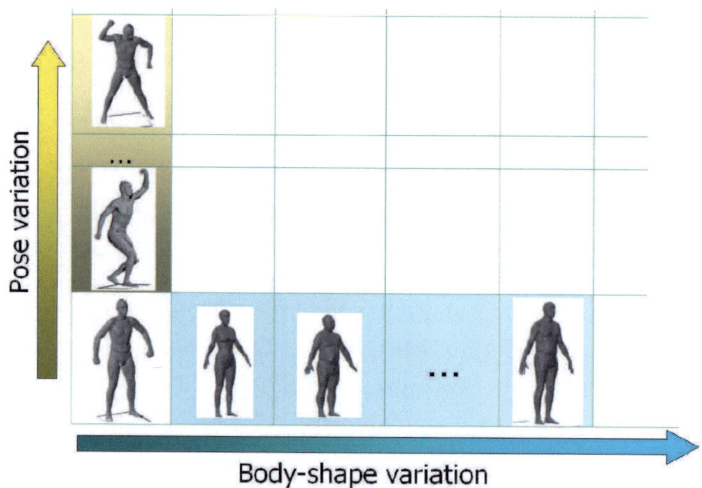

Abbildung 3.39: Variation von Körperformen und -haltungen in Matrixform. Bild aus [Ang05].

Das SCAPE Modell besteht aus einer dreifachen Transformation von Dreiecksflächen.

1. Die nicht starren Deformationen, die aufgrund der erforderlichen Muskelarbeit bei einer Haltungsänderung hervorgerufen werden, werden durch Lineare Regression von benachbarten Gelenkwinkeln bestimmt.
2. Andere Körperformen werden mittels PCA-Unterräumen abgebildet.
3. Die Rotation von Knochen wird als starre Teilrotation durchgeführt.

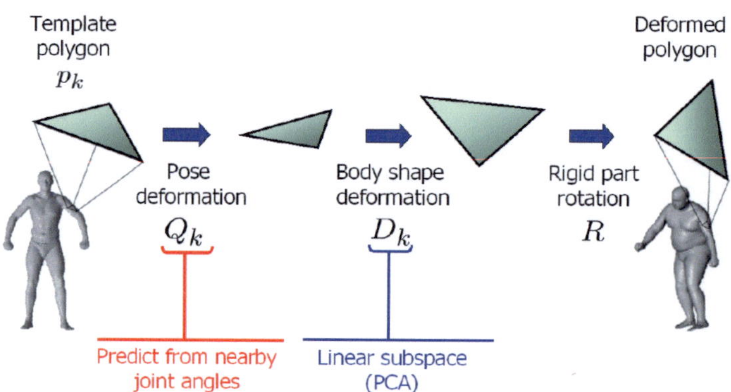

Abbildung 3.40: Übersicht über das SCAPE Modell. Bild aus [Ang05].

Diese Transformationen können als 3x3 Matrizen formuliert und auf verschiedene registrierte Mensch-Modelle angewendet werden.

Abbildung 3.41 zeigt den Transfer der Deformationen laut dem SCAPE Modell für drei verschiedene Probanden, jeweils in vier verschiedenen Körperhaltungen. Jedes Modell wurde nur in einer Referenzpose aufgenommen, die anderen drei wurden berechnet. Die Bilder sind in den Veröffentlichungen meist sehr klein dargestellt, so dass Schwachstellen kaum erkennbar sind.

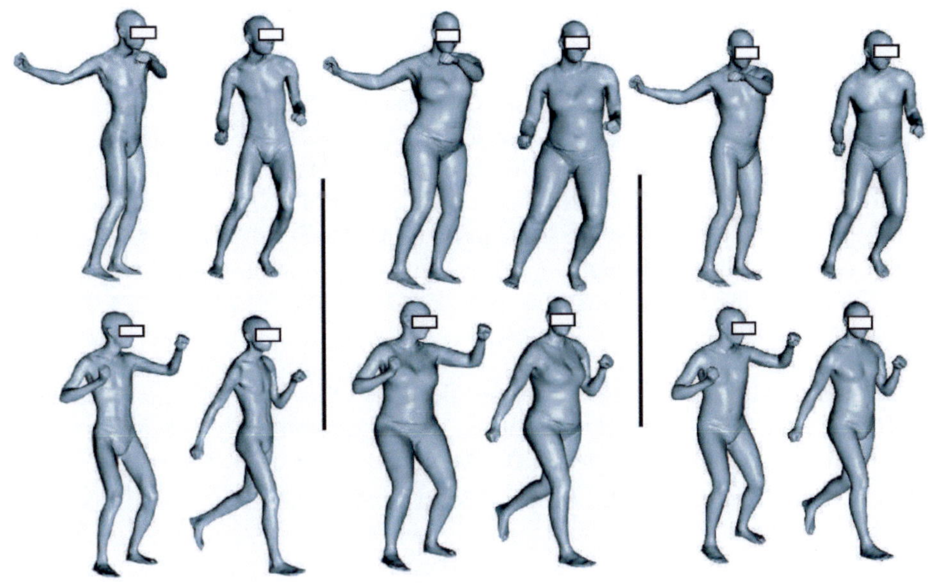

Abbildung 3.41: SCAPE Beispielmodelle. Bild aus [Ang05].

Um die Aufnahmen ohne Marker durchführen zu können, wird meist enganliegende Bekleidung mit fest definierter aufgedruckter Kennzeichnung (zum Beispiel Gitter, verschiedene Symbole an fest definierten Positionen) verwendet.

Zusammenfassend gibt es zwei Arten von kinematischen Systemen:

- *Anatomische Modelle (auch: simulationsgestützt),*
- *beispielbasierte Modelle (auch: datengetrieben).*

Anatomische Modelle erweitern Oberflächemodelle um anatomische Strukturen, die von vereinfachten Skeletten bis zu kompletten Muskel- und Sehnensystemen und Fetteinlagerungen reichen. Die Hautdeformation ist direkt an die Bewegung von Knochen und Gelenken gekoppelt und wird als SDD (Skeleton Driven Deformation) bezeichnet. Damit kann jede anatomisch mögliche Haltung und Bewegung auf das Mensch-Modell aufgebracht werden.

Beispielbasierte Modelle beobachten in Motion-Capture-Anlagen die Veränderung von Markerpunkten an realen Personen und übertragen diese nach vorgegebenen Algorithmen auf virtuelle Modelle. Völlig neue Haltungen können auf diese Art nicht ohne Neu-Aufnahmen abgebildet werden. Mit spezieller Kleidung kann auch markerloses Tracking eingesetzt werden.

Bei beiden Verfahren kommen aus Automatisierungsgründen Template-Modelle zum Einsatz, um Hautdeformationen aufgrund von Haltungsänderungen einfacher ermitteln zu können.

3.3 Animationssoftware

Aufgabe von Animationssoftware ist die Modellierung dreidimensionaler Körper (statisch) und deren Animation. Unter Animation wird in diesem Zusammenhang die Deformation eines 3D Modells durch Bewegung verstanden. Der Verwendungszweck von 3D Modellen ist sehr breitgefächert. Architektur und Fahrzeugindustrie verwenden diese Technik seit Jahrzehnten, meist im Rahmen von 3D-CAD Lösungen. Auch im technischen und naturwissenschaftlichen Bereich kommen 3D-Modelle vermehrt zum Einsatz, z.B. zur Visualisierung von chemischen, physikalischen oder medizinischen Zusammenhängen.

Der Prozess der Abbildung einer dreidimensionalen Oberfläche in eine mathematisch exakte Repräsentation des Objekts wird als 3D-Modellierung bezeichnet. Der Oberbegriff für die entstandenen Objekte ist 3D-Modell. Da derartige Modelle echte dreidimensionale Beschreibungen sind, können sie auch als Input für CNC-Maschinen oder 3D-Drucker verwendet werden.

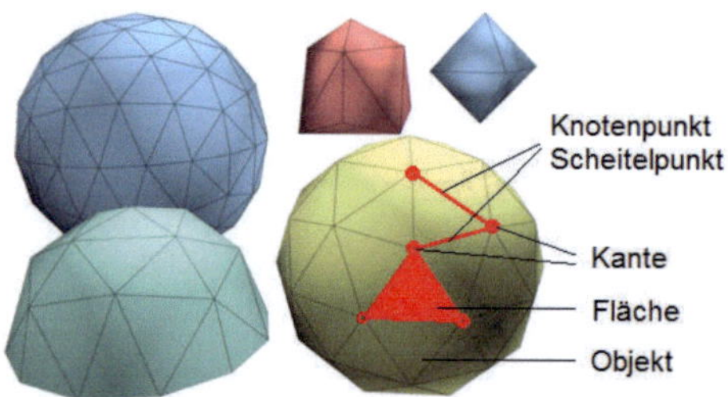

Abbildung 3.42: Bezeichnungen der Bestandteile eines 3D-Netzes. Ausgangsbild aus [Aut14].

Für die Modellbeschreibung werden u.a. dreidimensionale Netze genutzt, die gestreckt, gestaucht, verdreht, zu anderen Objekten hinzugefügt oder auf andere Art deformiert werden können. In der Regel kann auf verschiedene Details des Netzes zugegriffen werden: die einzelnen Teilflächen, die Kanten oder auch auf jeden einzelnen Knotenpunkt (siehe Abbildung 3.42).

Objekte sind oft hierarchisch modelliert, das heisst dass die Randbedingungen bezüglich Verbundenheit oder relativer Platzierung in einer baumartigen Struktur organisiert sind. Skelette von Mensch-Modellen sind aus zusammenhängenden Objekten aufgebaut, die untereinander mit diversen Gelenktypen wie Schub- und Drehgelenken verbunden sind.

Die Generierung eines virtuellen kinematischen Mensch-Modells besteht aber nicht nur aus der Modellierung der Oberfläche eines Körpers, sondern auch dessen Deformation bei Bewegung (Animation). Dabei kommt beim der SDD[4] ein Bones-System (auch kinematische Kette) zum Einsatz. Zur Animation von kinematischen Ketten oder zusammenhängenden Strukturen gibt es zwei verschiedene Lösungsansätze:

- vorwärtsgerichtete Kinematik und
- Inverse Kinematik (IK).

Bei der vorwärtsgerichteten Kinematik (siehe Abbildung 3.43.a) werden alle Transfomationen vom übergeordneten Objekt auf das untergeordnete weitergegeben. Wenn das übergeordnete Objekt verschoben, gedreht oder skaliert wird, wird das untergeordnete Objekt im gleichen Maß verschoben, gedreht oder skaliert. Manipulationen des untergeordneten Objekts haben keinen Einfluß auf das übergeordnete Objekt.

---

[4]Skeleton Driven Deformation

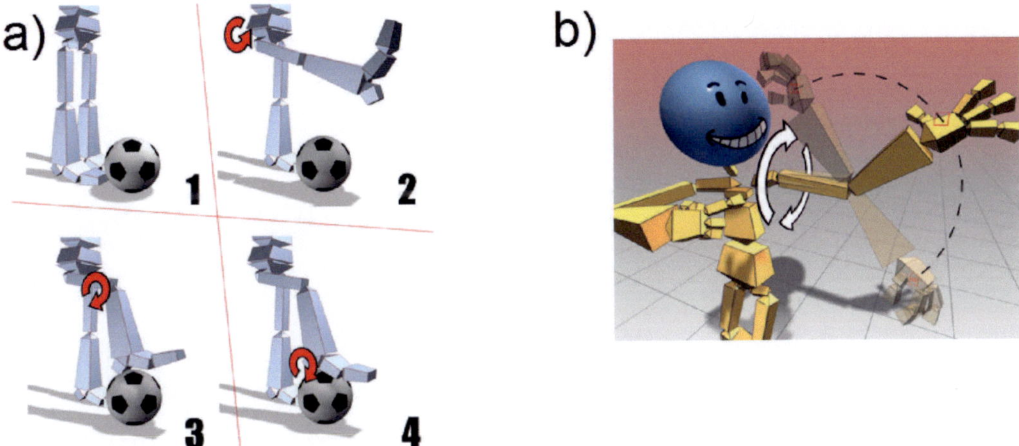

Abbildung 3.43: Animation mittels a. vorwärtsgerichteter oder b. inverser Kinematik. Bilder aus [Aut14].

Bei der Inversen Kinematik (siehe Abbildung 3.43.b) wird ein untergeordnetes Objekt, z.B. ein Fuß, transformiert. Das System selbst berechnet unter Berücksichtigung der zugrundeliegenden Verknüpfungen und Beschränkungen, welche Bewegung die übergeordneten Objekte absolvieren müssen.

Zur Hinterlegung von Bewegungssequenzen wird die Keyframe-Animation verwendet, bei der Werte der zu animierenden Objekteigenschaften zu bestimmten Zeitpunkten (= Keyframes) festgelegt werden. Die Objektwerte für die zwischen den Keyframes liegenden Zeitpunkte werden mit Hilfe mathematischer Interpolation von der Animationssoftware automatisch berechnet.

Diese Technologien sind in allen kommerziell verbreiteten Animationslösungen umgesetzt. Anbieter für Animationssoftware sind zum Beispiel *Autodesk* (*3ds Max*, *Maya*), *Maxon* (*Cinema 4D*), *Smith Micro Software* (*Poser*). *Blender* ist eine inzwischen sehr ausgereifte Open Source Lösung, die beim Start dieser Arbeit aber bei weitem noch nicht in so einem professionellen Zustand verfügbar war. Es gibt auch eigenständige Renderer, die 3D-Modelle, die in anderen Programmen erstellt werden, animieren. Aus Gründen der Durchgängigkeit und Automatisierbarkeit wird aber eine Lösung bevorzugt, die Modellierung und Animation innerhalb eines Softwarepakets erlaubt.

3ds Max und *Maya* von Autodesk sind die beiden Komplettlösungen, die im Bereich der Character Animation am weitesten verbreitet sind. Da die Methodik nicht auf ein spezifisches Tool ausgerichtet ist und für den Anwendungszweck beide ähnlich gut geeignet sind, wird aufgrund der Vorkenntnisse *3ds Max* gewählt.

4

Entwicklungsmethodik

Ausgehend von den im Kapitel 3 vorgestellten Mensch-Modellen und kinematischen Systemen werden verschiedene Ansätze zur Lösung der Aufgabenstellung in Betracht gezogen: direkte Animation der Scandaten auf konventionellem Weg per Rigging und Skinning sowie die Verwendung von Template-Modellen, die Reproduzierbarkeit und Automatisierbarkeit ermöglichen. Als Startpunkt für die Template-Modelle dient ein kreatives Oberflächenmodell, das aufgrund des hohen Initialaufwands wiederverwendet werden soll.

Modelle, die mittels PCA aus Messdaten generiert werden, berechnen aus gegebenen Maßen Oberflächennetze und verwenden die nicht ganz exakten Daten als Ausgangsdaten. Daher scheiden diese Verfahren für gegebene Daten aus. Diese Verfahren können aber auf die im Rahmen der Arbeit erzeugten Mensch-Modelle angewendet werden, um neue Modelle zu generieren.

Um beurteilen zu können, ob der angestrebte Entwicklungsweg realisierbar ist und zu den gewünschten Ergebnissen führt, wird zunächst eine exemplarische Lösung umgesetzt. Dazu werden konkrete Scandaten als Input verwendet und Lösungsansätze beispielhaft anhand eines Beins durchgeführt und bewertet. Betrachtet werden soll auch, in wie weit die Lösung automatisierbar und auf andere Oberflächendaten übertragbar ist.

Als Oberflächenmodell wird die Ausgabedatei eines Bodyscanners in Form eines Polygonmodells verwendet. Außer einem allfälligen Schliessen von Löchern wird das Oberflächennetz nicht weiter bearbeitet. Abbildung 4.1 zeigt die Darstellung dieser Daten für eine Person aus verschiedenen Blickwinkeln.

Es handelt sich um die Aufnahme einer weiblichen Person, die in etwa Konfektionsgröße 38 trägt. Die Haltung entspricht der klassischen Scanhaltung zum Abnehmen von Körpermaßdaten für die weitere Konstruktion von Bekleidung. Das Netz besteht aus 130.672 Knoten und 261.344 Dreiecksflächen. In 4.1.d) sind das rechte Bein und das Knie als Detailaufnahme dargestellt, um einen Eindruck von der Feinheit der Netzstruktur zu vermitteln.

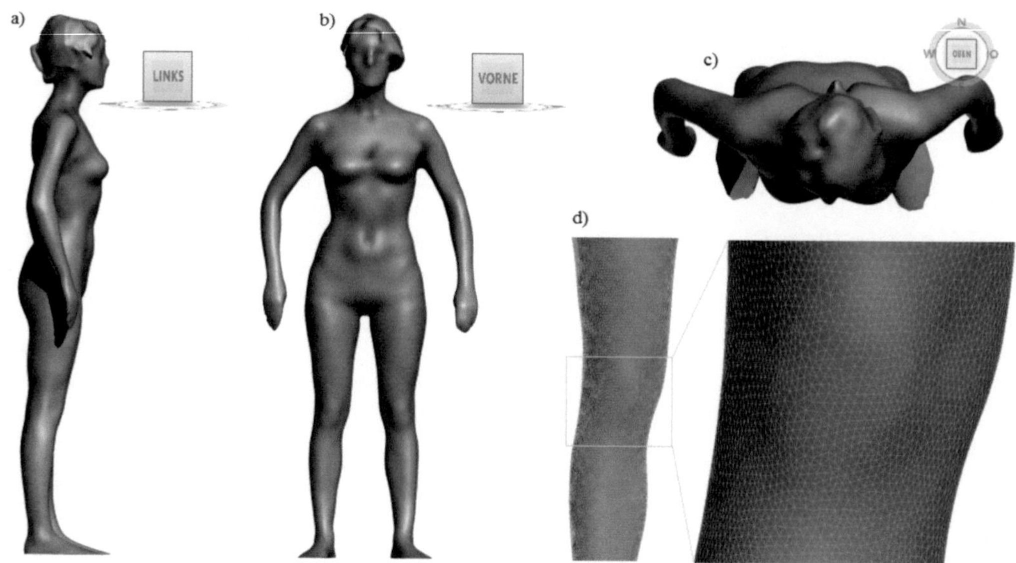

Abbildung 4.1: Oberflächennetz einer weiblichen Person, aufgenommen mit Hilfe eines Bodyscanners. Ansicht von a) links, b) vorn und c) oben. d) rechtes Bein in zwei Zoomstufen.

4.1 Animation der Scandaten

Zunächst wird der konventionelle Weg, das Oberflächennetz direkt ohne weitere Bearbeitung des Netzes zu animieren, unter Verwendung der Prinzipien Rigging und Skinning getestet.

4.1.1 Rigging

Wie in Kapitel 3.2.1.1 erläutert, kommen zur direkten Animation von Oberflächennetzen Bones-Systeme zum Einsatz. Das Skelett oder Bones-System wird auch als Rig aus Bones (Knochen) bezeichnet. Gelegentlich wird es als Zusammenspiel von Joints (Gelenken) statt Bones beschrieben. Ersteres ist aber die geläufigere Form und wird daher auch so im Rahmen dieser Arbeit verwendet. Rigging legt die grundsätzliche Motorik eines Skeletts fest und definiert, welche Bewegungen von Bones möglich sind. Dies geschieht z.B. durch Einschränkungen der erlaubten Gelenkwinkel. Im vorliegenden Fall umfasst das Rigging die Definition des Skeletts sowie dessen Anpassung an die (Teil-)Körperlängen und Haltung der eingescannten Person. *3ds Max* [Aut14] von der Firma *Autodesk* bietet speziell für die Animation von Menschen und menschenähnlichen Charakteren Bipeds an. Biped bedeutet Zweibeiner (BI = zwei, PED = Bein). Als Körpertypen stehen klassisch, Skelett, männlich und weiblich zur Verfügung (siehe Abbildung 4.2). Da die Berücksichtigung der korrekten anatomischen Zusammenhänge und explizit auch der Muskelarbeit gefordert sind, wird die Variante *Skelett* gewählt. Bei allen anderen Varianten entspricht die Form der Bones einer nicht näher definierten Mischung aus Knochen, Skelett und Gewebe. Diese sind zu unspezifisch für die vorliegende Aufgabenstellung und werden daher im Rahmen der Arbeit nicht verwendet. *3ds Max* unterscheidet zwischen Figur- und Bewegungsmodus. Im Bewegungsmodus können Sequenzen definiert werden, um das Bones-System zu bewegen. Diese beziehen sich als Deltawerte auf die im Figurmodus definierte Grundhaltung. Insofern wird das Biped im Figurmodus ausgerichtet und das Oberflächenmodell zur Orientierung durchsichtig eingeblendet.

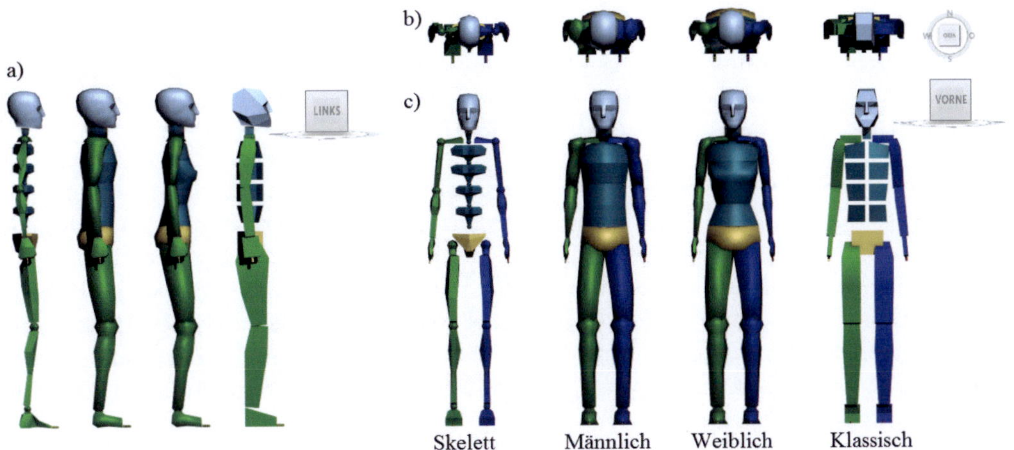

Abbildung 4.2: Bipeds in den vier verfügbaren Körpertypen *Skelett, männlich, weiblich, klassisch*. Ansicht von a) links, b) oben und c) vorn.

Zunächst wird die Höhe des Bipeds skaliert, so dass es mit der vertikalen Ausdehnung des Oberflächenmodells übereinstimmt. Das Biped hat keine Haare, die Position des Schädels muss daher geschätzt werden. Beim Oberflächenmodell sind die Füße teilweise abgeschnitten, so dass das Biped im Vergleich etwas weiter unten ausgerichtet ist. In der seitlichen Ansicht ist die nach vorn gekippte Haltung der Person erkennbar. Das Biped wird so in das Oberflächennetz verschoben, dass das Becken in der Mitte des Körpers liegt. Dabei wird deutlich, dass der Oberkörper etwas zur Seite gekippt ist und die Schultern des Bipeds viel zu hoch positioniert sind (siehe Abbildungen 4.3.a und b).

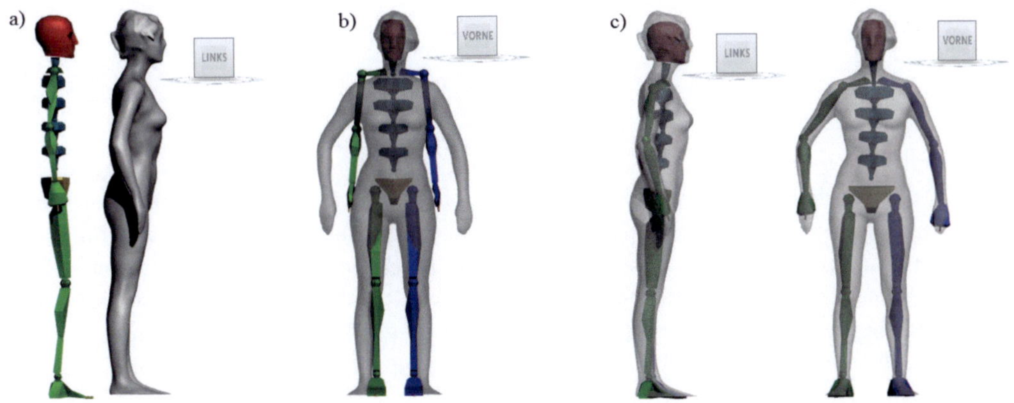

Abbildung 4.3: Ausrichtung des Bipeds am Oberflächenmodell: a. in der Höhe, b. an der vertikalen Körperachse ausgerichtet und c. in Oberflächenmodell eingepasst.

Das Becken ist das zentrale Element und wird als erster Bone nach unten verschoben, verbreitert und nach vorn gekippt. Anschließend wird die Wirbelsäule anhand der Form des Rückens ausgerichtet, ab Taille etwas nach rechts und ab Brust wieder nach links gekippt. Die Knie des Bipeds liegen zu weit oben, daher werden die Oberschenkelknochen verlängert und die Unterschenkelknochen entsprechend verkürzt. Anhand von Knie, Knöchel und Fußsohle werden die drei Bones der beiden Beine ausgerichtet. Da hier nur der prinzipielle Weg am Beispiel des Beins betrachtet werden soll, wird der Oberkörper lediglich grob ausgerichtet, um die Positionierung der Wirbelsäule zu überprüfen. Abbildung 4.3 c) zeigt das Resultat der Anpassung des Bipeds an die Proportionen des Oberflächennetzes. Die Längen von Ober- und Unterarm sowie die Körperhaltung des Oberkörpers werden vorerst ignoriert.

Das Bones-System kann bereits Bewegungen ausführen. Dazu muss in den Bewegungsmodus umgeschaltet und die Bewegungssequenz selbst definiert werden. Als Beispiel wird das Anheben und Anwinkeln, Ausstrecken und wieder Abstellen des rechten Beins gewählt, da es zum einen leicht realisierbar ist, und zum anderen der Winkel im Kniegelenk zwischen Unterschenkel und Oberschenkel sowie der Winkel zwischen Becken und Oberschenkelknochen den möglichen Wertebereich durchlaufen. Damit stellt diese in Abbildung 4.4 gezeigte kurze Sequenz eine gute Grundlage zur Bewertung der Qualität und Eignung einer Lösung dar.

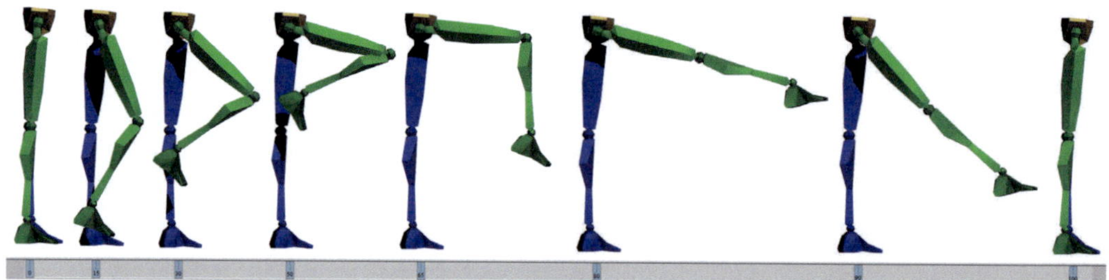

Abbildung 4.4: Bewegungssequenz zur Bewertung der Lösungseignung und -qualität.

Da bei der exemplarischen Lösung nur ein einziger Muskel im Unterschenkel integriert wird, kommt nur der erste Teil der Sequenz, das Anheben und Anziehen des Knies, zum Einsatz.

4.1.2 Skinning

Das Herstellen und Konfigurieren der Verbindung zwischen einem Bewegungsskelett und einem Oberflächenmodell wird als *Skinning* bezeichnet. Die Verformung der Oberfläche folgt im Wesentlichen den Bewegungen des Rigs, kann aber detailliert für jeden einzelnen Knoten des Netzes kontrolliert werden. Jedes Bone hat einen definierten Einfluss auf einen Teil des Oberflächennetzes. An den Gelenkpunkten überschneiden sich die Einflussbereiche, so dass die Bewegungsvorgaben des Rigs hier nicht ausreichen. Es muss definiert werden, in welchem Maß ein Knotenpunkt welchen Bones folgt.

Das Oberflächenmodell wird um einen Skin-Modifikator, dem alle Bones des Rigs zugefügt werden, erweitert. Daraus werden automatisch die Einflüsse der verschiedenen Bones auf die einzelnen Knotenpunkte ermittelt. Im Wesentlichen folgen die inneren Hauthüllen der Form des Bones, die äußeren Hauthüllen sind um einen Offset nach außen versetzt. Alle Scheitelpunkte, die innerhalb der inneren Hülle liegen, erhalten eine Wichtung von 1, werden also alleinig von dem korrespondierenden Bone kontrolliert. Die Wichtung fällt für die Scheitelpunkte innerhalb der äußeren Hülle von 1 bis 0 ab. Die Falloff-Kurve, d.h. die Definition des Wertabfalls, kann interaktiv eingestellt werden.

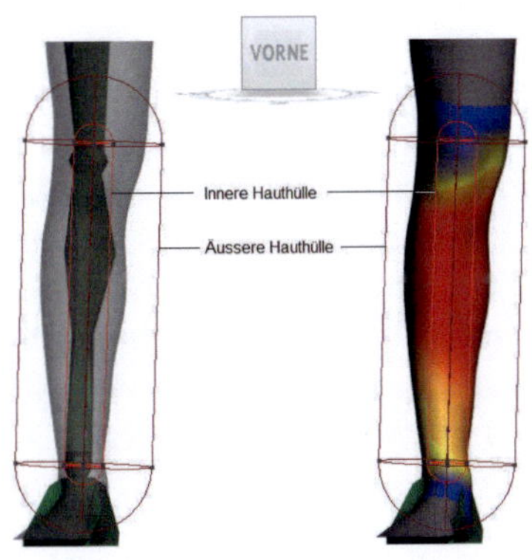

Abbildung 4.5: Innere und äußere Hauthüllen.

Die Hauthüllen visualisieren den Einflussbereich je Bone, die Farben zeigen an, ob ein Knoten von einem Bone allein (rot), hauptsächlich (gelb, prozentual größter Einfluss von allen Bones) oder nur wenig (blau, kleinerer Einfluss als andere Bones) kontrolliert wird. Damit ist definiert, wie die Haut bei Bewegung verformt wird. Die Form der Hauthüllen kann interaktiv über das Verändern der Grundflächen der Hüllen angepasst werden. Allerdings sind diese Möglichkeiten sehr eingeschränkt, üblicherweise werden Wichtungen für die einzelnen Knotenpunkte manuell justiert.

Abbildung 4.6 zeigt das Ergebnis des Anwendens des Haut-Modifikators auf das Oberflächennetz und des anschließenden Hinzufügens aller Bones ohne weitere Anpassungen für das rechte Bein. Die restlichen Hauthüllen sind aus Gründen der Übersichtlichkeit ausgeblendet. Die äußere Hauthülle vom Becken ist zu gross, so dass auch noch ein Teil der rechten Hand beeinflusst wird. Auch der Einflussbereich des Fußes erscheint etwas überdimensioniert.

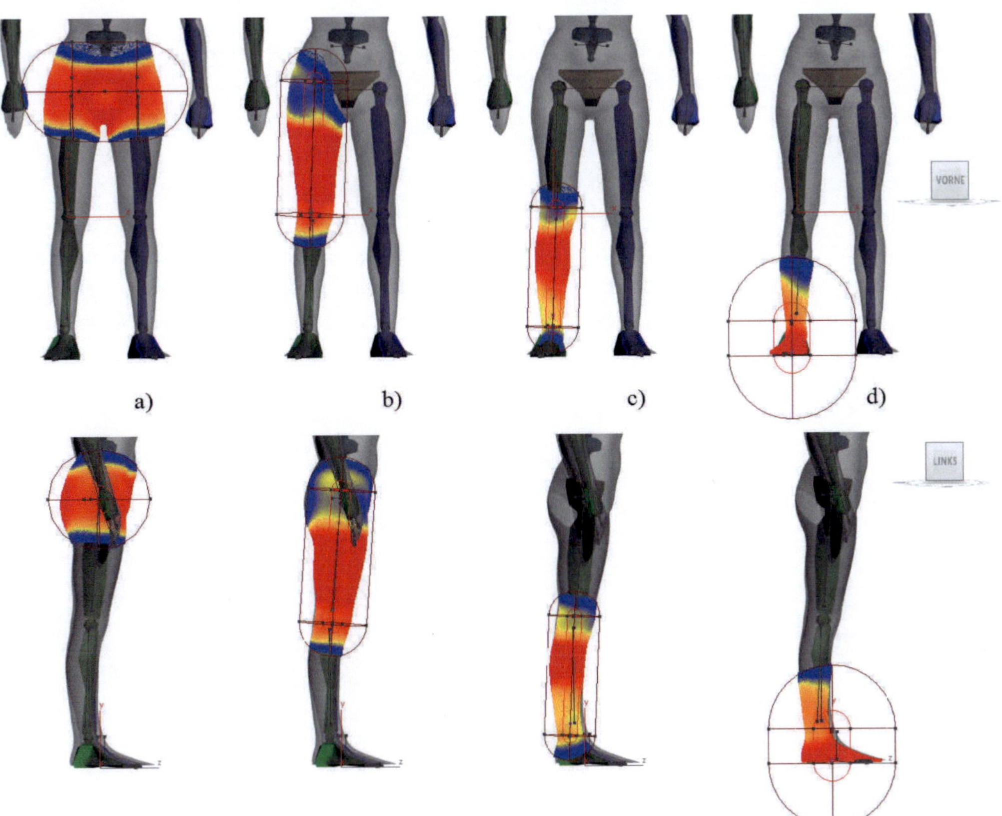

Abbildung 4.6: Hauthüllen und Skinning-Wichtungen für das rechte Bein: a) Becken, b) Oberschenkel, c) Unterschenkel, d) Fuß. Dargestellt von vorn (obere Reihe) und links (untere Reihe).

Wird der Bewegungszyklus ohne Änderung der Wichtunten angewandt, verformt sich die Haut auf sehr unnatürliche Art und Weise. Die Knoten zwischen Becken und Oberschenkel an der Körpervorderseite bleiben stehen, statt sich mit dem Oberschenkel mit zu bewegen, die Knoten auf der Rückseite des Knies sind zu nah an den Bones. Das erstgenannte Problem liegt daran, dass der Einflussbereich des Beckens an der Körpervorderseite zu groß ist, alle rot markierten Knoten in Abbildung 4.7.a) folgen hauptsächlich der Bewegung des Beckens. Da dieses sich bei der gewählten Bewegungssequenz nicht verändert, bleiben die Knoten einfach stehen. Im Bereich des Knies hingegen ist der Einfluss des Oberschenkels so groß, dass die Knoten an der Rückseite des Knies zu stark von der Bewegung des Oberschenkels beeinflusst werden.

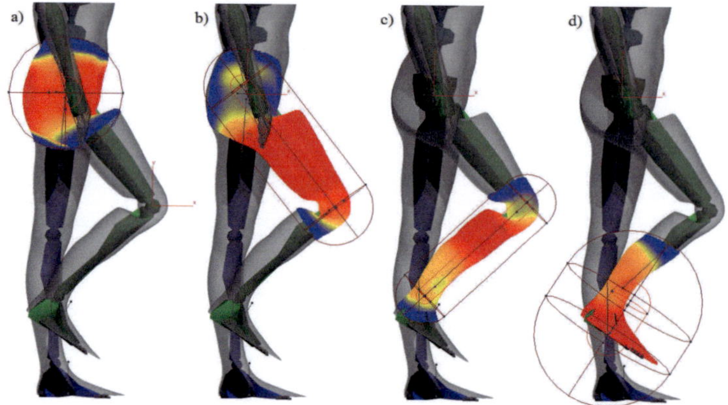

Abbildung 4.7: Deformation des rechten Beins bei Bewegung und Skinning-Wichtungen für a) Becken, b) Oberschenkel, c) Unterschenkel, d) Fuß.

Die Wichtungen können für jeden einzelnen Knotenpunkt eingestellt (direkt) und über Modifikation der Hauthüllen (indirekt) verändert werden. Nach dem Anpassen der Hauthüllen sind die grundsätzlichen Einstellungen vorhanden. Anschließend werden die Scheitelpunkte mit unerwünschtem Verhalten (meist im Bereich von Gelenken) mit der direkten Methode justiert. Nach der Modifikation der Einflussbereiche des Beckens und der Bones des rechten Beins erscheint die Hautdeformation zunächst hinreichend genau (siehe Abbildung 4.8).

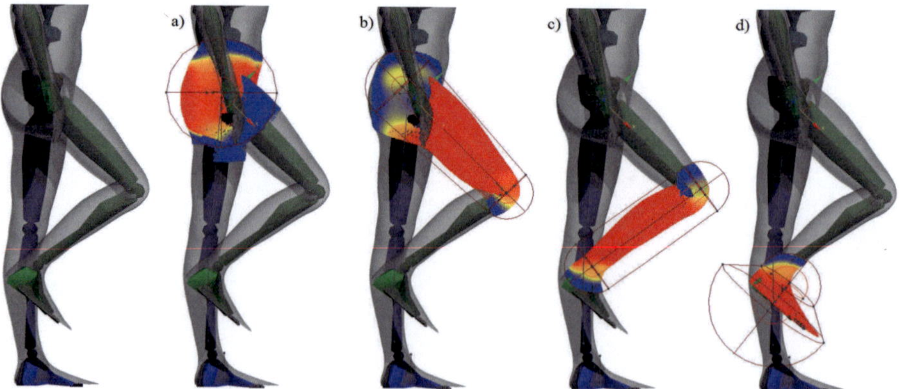

Abbildung 4.8: Deformation des rechten Beins bei Bewegung nach Modifikation der Skinning-Wichtungen für a) Becken, b) Oberschenkel, c) Unterschenkel, d) Fuß.

Nach Veränderung des Blickwinkels auf das Modell werden allerdings neue Probleme sichtbar. Im Bereich der Leiste (siehe Abbildung 4.9.a) und auf der Innenseite des Knies (siehe Abbildung 4.9.b) sind die Übergänge nicht fließend und es treten Netzhinterschneidungen auf. Durch die Feinheit des Netzes ist eine knotenweise Modifizierung der Wichtungen sehr zeitaufwändig und schwierig zu kontrollieren.

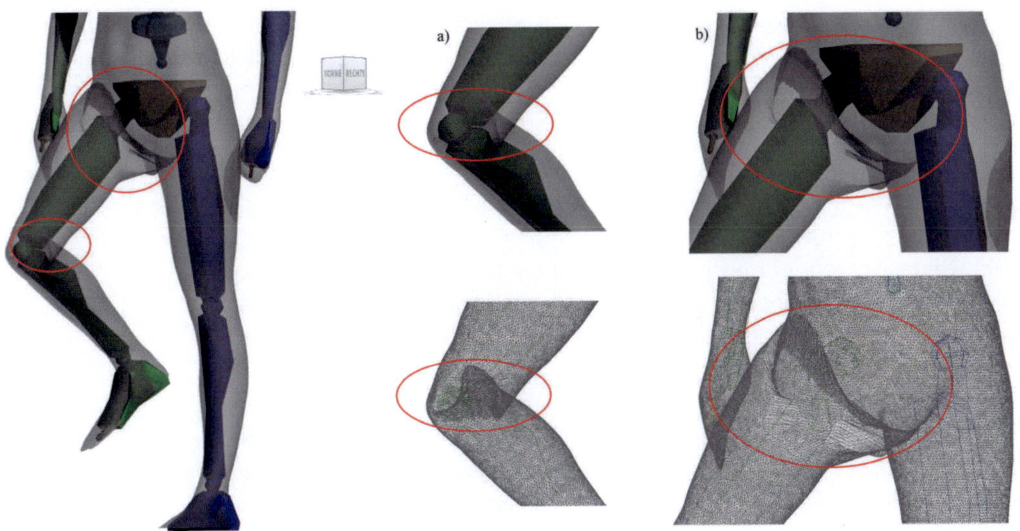

Abbildung 4.9: Deformation des rechten Beins nach Modifikation der Skinning-Wichtungen für a) Becken, b) Oberschenkel, c) Unterschenkel, d) Fuß.

4.1.3 Schwachstellen

Der Skinning-Prozess ist für die große Anzahl an Knotenpunkten des Scanmodells sehr schwierig zu kontrollieren und die Hautverformung wird sehr langsam berechnet. Das manuelle Justieren der Wichtungen wird umso komplexer und die Berechnungsgeschwindigkeit wird umso langsamer, je feiner die Netzstruktur ist. Beim Vergleich der Scandaten mit Netzstrukturen, die in Tutorials und Anleitungen (z.B. [Aut14] [Mak14] [Ste05]) animiert werden, fällt sofort die sehr viel gröbere Struktur der in den Beispielen verwendeten Netze auf (siehe Abbildung 4.10).

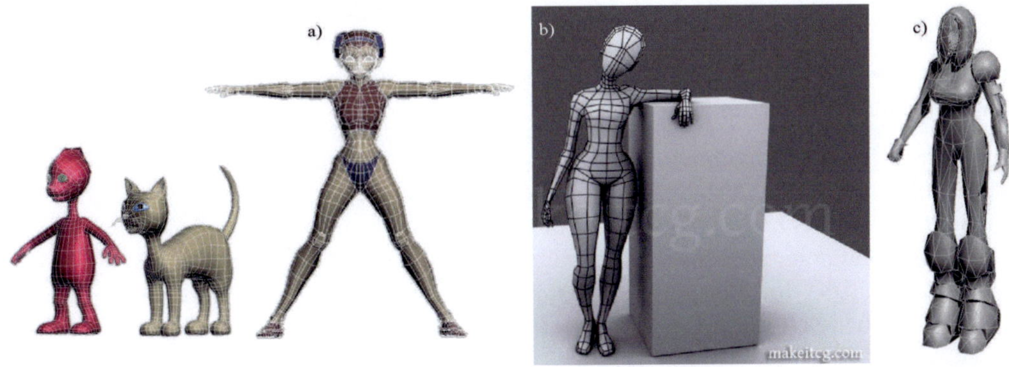

Abbildung 4.10: Vergleich verschiedener Netzstrukturen: a) Autodesk *3ds Max* Hilfe [Aut14], b) Beispielmodell von *MakeItCG* [Mak14], c) Modell Callisto [Ste05].

Die Wichtungen an den Gelenkpunkten müssen manuell angepasst werden. Befinden sich dort wenige Knoten, werden die Übergänge automatisch berechnet und die Hautdeformation ist stetig. Ist der Abstand der benachbarten Knoten sehr klein, führt jeder kleine Fehler in der Anpassung der Wichtungen zu „Löchern" oder „Spitzen" in der Netzoberfläche. Der Skinning-Prozess benötigt mit zunehmender Netzdichte nicht nur sehr viele Zeit- und Hardware-Ressourcen, er wird auch nahezu unbeherrschbar. Da der Aufbau des Oberflächennetzes von Scan zu Scan variiert, sind die ermittelten Wichtungen nicht knotenweise transferierbar. Der gesamte Prozess lässt sich daher nicht automatisieren.

Damit ist die Anforderung, dass das kinematische Geometriemodell mit vertretbarem Zeitaufwand und ohne Spezialkenntnisse erstellt werden kann, nicht erfüllt, so dass dieser Lösungsansatz nicht weiter verfolgt wird. Da der Skinning-Prozess generell sehr zeitintensiv ist und dafür Wissen in Animationstechniken benötigt wird, sollte dieser Teil wiederverwendbar oder übertragbar sein. Dies führt zu dem in den Kapiteln 3.1.3.1 und 3.2.1.2 beschriebenen Ansatz des Template-basierten Modellierens.

4.2 Einsatz von Templates

Um aufwändige Arbeiten nicht wiederholt durchführen zu müssen und vergleichbare Ergebnisse zu erhalten, werden Templates eingesetzt. Diese sind hier in sich geschlossene kinematische Modelle, die (teil-)automatisiert auf verschiedene Scandaten übertragbar sind. Damit ergibt sich die Notwendigkeit, dass das Template-Modell in der Lage ist, die Proportionen, Körperhaltung und Oberfläche des 3D-Modells der gescannten Person einzunehmen. Zur Haltungsänderung und Anpassung der Proportionen wird zwingend ein kinematisches „Innenleben" benötigt.

Das Template besteht folglich aus einem geeigneten Skelett, Muskelsystem und Oberflächennetz und muss in der Lage sein,

- Körperproportionen,
- Haltung und
- Hautoberfläche

weitgehend automatisiert an ein Oberflächenmodell zu adaptieren. Dieses Vorgehen rechtfertigt durch die nur einmalige Investition von Zeit und Ressourcen aufwändige Lösung unter der Bedingung, dass die Ergebnisse auf einfache Art und Weise übertragbar oder reproduzierbar sind.

Die Ausgangsdaten eines Bodyscanners sind hinsichtlich Netzgröße und Speicherumfang ungeeignet, um direkt animiert werden zu können. Da die Netze ungeordnet sind, ist die Knotenverteilung und -nummerierung nicht reproduzierbar und somit nicht zur Automatisierung geeignet.

In kommerziellen Anwendungen der Film- und Sportindustrie ist die Netzstruktur relativ grob (siehe auch Abbildung 4.10), eine realitätsnah aussehende Oberfläche wird durch Rendering simuliert. Dieses Verfahren ist jedoch nicht ausreichend, um anatomische Zusammenhänge korrekt abzubilden. Laut [ACPH06], [MTSC04], [Ang05] muss die Netztopologie des Templates mit dem Zielmodell zwingend 1:1 übereinstimmen. Diese Forderung soll hinterfragt werden, da eine nachträgliche Änderung der Netzfeinheit des Templates, die Animation und Automatisierung erleichtert und gleichzeitig die Netzstruktur des Zielmodells verbessert.

4.2.1 Auswirkungen von Netztopologie-Änderungen

Ob und wie die Änderung der Netztopologie nach dem Skinningprozess möglich ist, wird anhand eines Zylinders mit 10 Segmenten im Umfang und 10 Reihen in der Höhe untersucht, der von einem zweiteiligen Bones-System deformiert wird. Exemplarisch stehen der Zylinder für ein Bein und die beiden Bones für Oberschenkel- bzw. Unterschenkelknochen. Die Vorgehensweise ist analog zu dem im vorherigen Kapitel beschriebenen Skinningprozess. Abbildung 4.11 zeigt eine einfache Bewegungsabfolge. Als Programmiersprache wird wieder die in *3ds Max* integrierte Skriptsprache *MAXScript* verwendet.

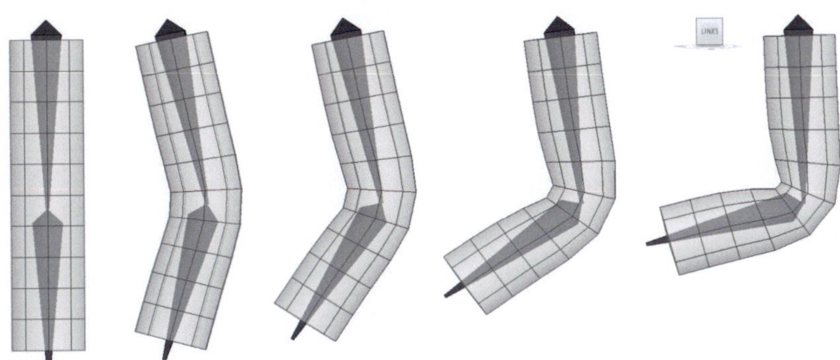

Abbildung 4.11: Deformation eines Zylinders mit grober Netzstruktur durch zwei Bones.

Die Wichtungen der beiden Bones werden für jeden Knotenpunkt des Netzes zeilenweise per Skript herausgeschrieben (siehe Abbildung 4.12).

```
 1   -- Name der Ausgabedatei definieren
 2   out_name = ("./weights/Weights_Zylinder.dat")
 3
 4   -- Ausgabedatei anlegen
 5   out_file = createfile out_name
 6
 7   -- Anzahl Knoten ermitteln
 8   num_verts = skinOps.GetNumberVertices $Zylinder001.modifiers[#Skin]
 9
10   -- Loop über alle Knoten
11   for v = 1 to num_verts do
12   (
13       -- 2-dimensionales Array für Wichtungen von Bone 1 und Bone 2 anlegen und mit 0 vorbelegen
14       weights_array = #(0,0)
15
16       -- Array füllen mit den Wichtungen von Bone 1 und 2
17       weights_array[1] = skinOps.GetVertexWeight $Zylinder001.modifiers[#Skin] v 1
18       weights_array[2] = skinOps.GetVertexWeight $Zylinder001.modifiers[#Skin] v 2
19
20       -- Knotennummer und beide Wichtungen zeilenweise in Ausgabedatei schreiben
21       format "%, %\n" v weights_array to:out_file
22   )
23
24   -- Ausgabedatei schliessen
25   close out_file
```

Abbildung 4.12: Skript zum Schreiben der Wichtungen jedes Knotenpunktes in eine Datei.

Dabei kommt der Befehl *skinOps.GetVertexWeight $Zylinder001.modifiers[#Skin] v 1*
zum Einsatz. Dieser ermittelt die Wichtung des Knotens mit Index v für den Bone mit
der Nummer *1* bezogen auf den Modifikator *Skin* vom Objekt *Zylinder001*. Zur Laufzeit
des Programms muss der Skin-Modifikator selektiert sein.[1]

Die ersten Zeilen der Ausgabedatei lauten:

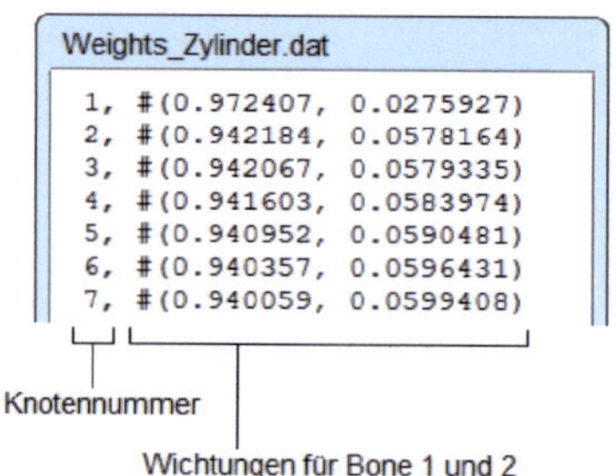

Abbildung 4.13: Ausgabedatei *Weights_Zylinder.dat*.

Die erste Zahl entspricht der Knotennummer, danach folgt ein zweidimensionales Array
(markiert durch #(zu Beginn und) am Ende) mit den Wichtungen für das erste und
das zweite Bone.

In *3ds Max* bestehen Polygonnetze aus Dreiecksflächen. Die hier gezeigten Rechteck-
flächen werden aus zwei Dreiecken zusammengesetzt. Die gemeinsame diagonale Kante
ist zum Teil aus Gründen der Übersichtlichkeit ausgeblendet. Die Netztopologie wird
exemplarisch in eine viermal feinere Struktur unterteilt. Jede Dreieckfläche wird somit
zu vier jeweils identisch großen Teilflächen. Dazu müssen alle Kanten halbiert werden.
In Abbildung 4.14 werden diese beiden Flächen als Ausgangs- und Zielnetz bezeichnet
und deren Einzelflächen (Dreiecke) dargestellt. In *3ds Max* steht für diesen Zweck der
Modifikator *Facettieren* zur Verfügung. Allerdings werden hierbei die Knoten und Kanten in einer nicht nachvollziehbaren Weise neu nummeriert, so dass nicht erkenntlich
ist, welcher Knoten welche Kante halbiert. Dieser Zusammenhang ist aber nötig, um die
Wichtungen der neu eingefügten Knoten ermitteln zu können. Daher wird ein Verfahren
zur schrittweisen Teilung der Kanten gesucht.

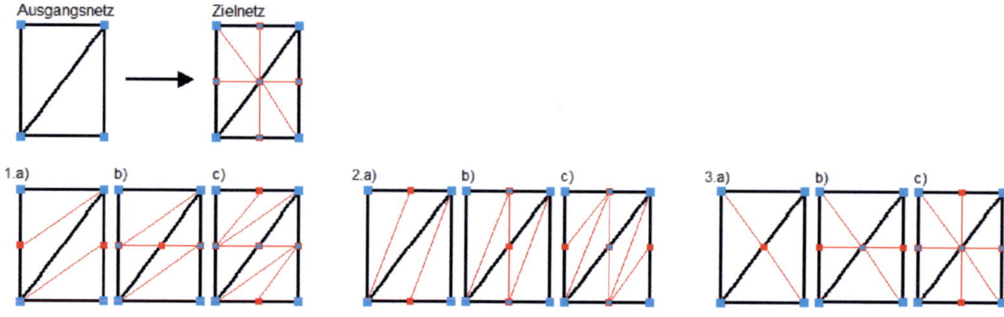

Abbildung 4.14: Varianten zur Verfeinerung der Netztopologie.

Werden zunächst die vertikalen oder horizontalen Kanten geteilt (siehe Abbildung 4.14,

---

[1]Dies könnte auch per Skript erfolgen. Hier wird darauf verzichtet, um sich auf die wesentlichen
Aspekte zu beschränken.

1.a bzw. 2.a), so ergeben sich unerwünschte neue Kanten, die die Rechteckstruktur des Netzes durchbrechen. Die Halbierung der verbleibenden Kanten (Schritte b) und c) ändert daran nichts. Nur wenn im ersten Schritt die diagonale Kante (siehe Abbildung 4.14, 3.a) in zwei Hälften unterteilt wird, ergibt sich nach Wiederholung dieses Prozesses für die vertikalen (3.b) und horizontalen (3.c) Kanten die gewünschte Netztopologie.

Die diagonalen Kanten werden markiert und in *3ds Max* als Auswahlsatz mit dem Namen *diagonal* hinterlegt. Zur Ermittlung der Mittelpunkte dieser Kanten wird ein Skript geschrieben:

```
1   -- Pfad der Ausgabedatei definieren und Datei anlegen
2   out_name = ("./weights/edges_diagonal_zylinder.dat")
3   out_file = createfile out_name
4
5   -- Schleife über alle diagonalen Kanten. Auswahlsatz heisst "diagonal"
6   for n in $Zylinder001.edges[#diagonal] do
7   (
8       -- Index der aktuellen Kante ermitteln
9       v = n.index
10
11      -- Knotenpunkte, die zu aktueller Kante v gehören, ermitteln
12      vertsOfEdge = (meshop.getVertsUsingEdge $Zylinder001 v) as array
13
14      -- aktuelle Kante v in 2 Hälften unterteilen
15      meshop.divideEdge $Zylinder001 v 0.5
16
17      -- Anzahl der Knoten entspricht dem Index des neu eingefügten Knotenpunkts
18      curIndex = meshop.getNumVerts $Zylinder001
19
20      -- Indizes des eingefügten Knotens und der beiden Endpunkte der geteilten Kante zeilenweise in Ausgabedatei schreiben
21      format "%, %, %\n" curIndex vertsOfEdge[1] vertsOfEdge[2] to:out_file
22  )
23
24  -- Ausgabedatei schliessen
25  close out_file
26
27  -- Zylindernetz aktualisieren
28  update $Zylinder001
```

Abbildung 4.15: Skript zur Halbierung der diagonalen Kanten.

Unter Verwendung des Befehls *meshop.divideEdge $Zylinder001 v 0.5* halbiert das Programm alle Kanten des Auswahlsatzes *diagonal* (Abbildung 4.15, Zeile 15). *Zylinder001* ist der Name des Objektes, auf das der Befehl angewendet wird, *v* ist der Index der zu teilenden Kante und *0.5* entspricht dem Verhältnis, in das die Strecke unterteilt wird.[2] Anschließend werden die Indizes des neu erstellten Knotens und der beiden benachbarten Knoten zeilenweise in die Ausgabedatei *edges_diagonal_zylinder.dat* im Unterverzeichnis *weights* geschrieben (Zeile 21). Nachdem alle Mittelpunkte der diagonalen Kanten ermittelt wurden, wird die Ausgabedatei geschlossen und das Netz des Zylinders aktualisiert.

Für das vorliegende Beispiel ergeben sich damit folgende Zusammenhänge zwischen den Knotennummern:

---

[2]Analog wird für ein Verhältnis der beiden neuen Strecken von beispielsweise 1:3 oder 1:4 als Zahlenwert 0.33 bzw. 0.25 eingesetzt.

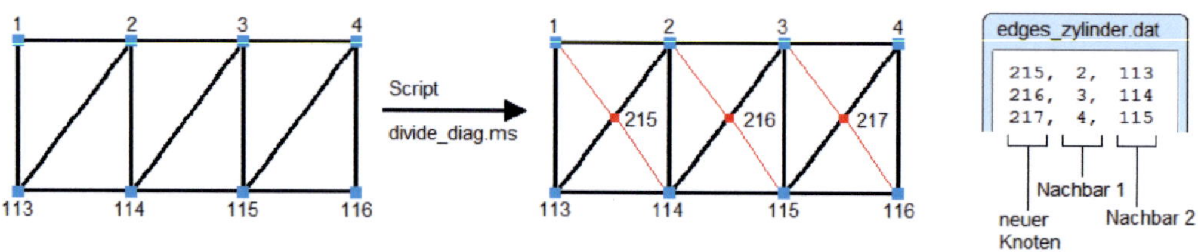

Abbildung 4.16: Beipiel mit Knotennummern zur Halbierung der diagonalen Kanten.

Analog dazu werden Auswahlsätze für die vertikalen und horizontalen Kanten definiert und jeweils ein entsprechendes Skript angewendet. Der einzige Unterschied zum Skript aus Abbildung 4.15 besteht im Namen der Ausgabedatei und des Auswahlsatzes. Abbildung 4.17 zeigt Zwischenschritte und Ergebnis dieses Prozesses.

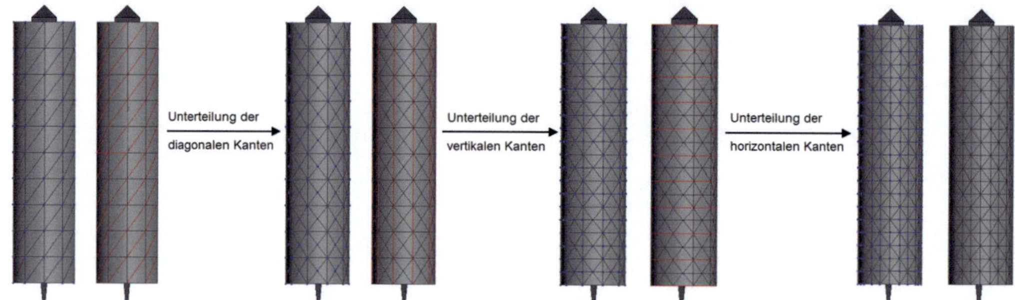

Abbildung 4.17: Prozess zur Viertelung der Rechtecksflächen des Zylindernetzes.

Für alle neu eingefügten Knoten werden nun die Wichtungen durch Interpolation ermittelt.

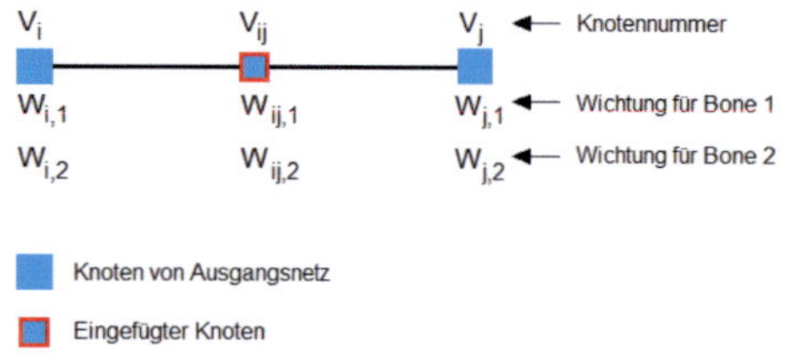

Abbildung 4.18: Berechnung der Wichtungen der neu eingefügten Knotenpunkte.

Mit V_i und V_j werden die benachbarten Knotenpunkte des groben Ausgangsnetzes bezeichnet. $W_{i,b}$ und $W_{j,b}$ beschreiben die entsprechenden Wichtungen von Bone b für diese Knotenpunkte. V_{ij} wird als der Mittelpunkt der Verbindungsstrecke zwischen den beiden Punkten V_i und V_j definiert.

Die Wichtungen des neu eingefügten Knotens ergeben sich somit zu

$$\begin{aligned}
W_{ij,1} &= 0.5 * (W_{i,1} + W_{j,1}) \\
W_{ij,2} &= 0.5 * (W_{i,2} + W_{j,2})
\end{aligned} \tag{4.1}$$

Da die Kantenlängen jeweils halbiert werden, werden zur Ermittlung der Wichtungen ebenfalls die Mittelwerte gebildet. Bei Unterteilung der Kanten in einem anderen Verhältnis $1 : \eta$ sind die Wichtungen analog zu berechnen. Damit ergibt sich:

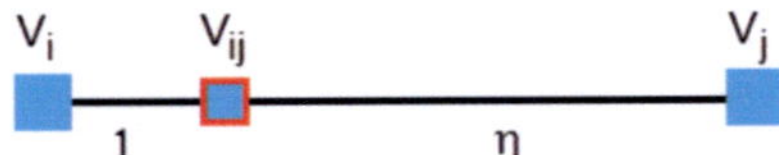

Abbildung 4.19: Interpolation der Wichtungen.

$$
\begin{aligned}
V_{ij} &= V_i + \frac{1}{\eta+1} * V_j \\
W_{ij,1} &= \frac{W_{i,1}+\eta*W_{j,1}}{1+\eta} \\
W_{ij,2} &= \frac{W_{i,2}+\eta*W_{j,2}}{1+\eta}
\end{aligned}
\tag{4.2}
$$

Zur Berechnung der einzelnen Wichtungen der neu eingefügten Knotenpunkte werden zunächst die drei Dateien *edges_diagonal_zylinder.dat*, *edges_vertikal_zylinder.dat* und *edges_horizontal_zylinder.dat* zu einer Datei *edges_zylinder.dat* zusammengefügt. Anschließend werden alle Werte dieser Datei zeilenweise als Tripel (je ein Wert für den Mittelpunkt und die Endpunkte der zugehörigen Kante) eingelesen. Daraus werden für jeden neuen Knotenpunkt die Wichtungen für Bone 1 und 2 ermittelt und gespeichert. Abbildung 4.20 zeigt das dazugehörige Skript.

```
 1   -- Datei mit den neuen Knotennummern und den zugehörigen Nummern der Nachbarknoten öffnen
 2   in_name = ("./weights/edges_zylinder.dat")
 3   in_file = openFile in_name
 4
 5   if in_file != undefined then
 6   (
 7       -- bis zum Dateiende zeilenweise einlesen
 8       while not eof in_file do
 9       (
10           -- Indizes des neuen Mittelpunktes vM und der beiden Endpunkte v1 und v2 aus Datei lesen
11           vM = readValue in_file
12           v1 = readValue in_file
13           v2 = readValue in_file
14
15           -- Initialisieren der zweidimensionalen Arrays für die Bones und der zugehörigen Wichtungen
16           bones_array = #(1,2)
17           weights_array = #(0,0)
18
19           -- Wichtungen des neuen Knotenpunkts vM durch Interpolation aus den Wichtungen der beiden Nachbarknoten ermitteln
20           weights_array[1] = 0.5 * (skinOps.GetVertexWeight $Zylinder001.modifiers[#Skin] v1 1
21                           + skinOps.GetVertexWeight $Zylinder001.modifiers[#Skin] v2 1)
22           weights_array[2] = 0.5 * (skinOps.GetVertexWeight $Zylinder001.modifiers[#Skin] v1 2
23                           + skinOps.GetVertexWeight $Zylinder001.modifiers[#Skin] v2 2)
24
25           -- Wichtungen für vM speichern
26           skinOps.ReplaceVertexWeights $Zylinder001.modifiers[#Skin] vM bones_array weights_array
27       )
28
29       -- Datei schliessen
30       close in_file
31   ) else (
32       -- Fehlerausgabe, falls das Öffnen der Datei fehlschlägt
33       format "Datei './weights/edges_zylinder.dat' konnte nicht gefunden oder nicht geöffnet werden! \n"
34   )
```

Abbildung 4.20: Skript zur Berechnung und Speicherung der Wichtungen für die neu eingefügten Knotenpunkte.

Zur besseren Vergleichbarkeit und aus Gründen der Übersichtlichkeit werden die diagonalen Kanten ausgeblendet. Beim Ausführen der Bewegungssequenz ergeben sich die in Abbildung 4.21 dargestellten Deformationen der Oberfläche.

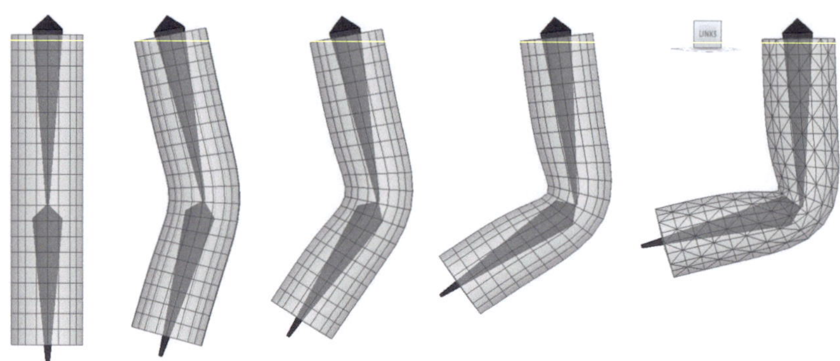

Abbildung 4.21: Deformation eines Zylinders mit feiner Netzstruktur durch zwei Bones nach Interpolation der Wichtungen.

Durch die eingefügten Knotenpunkte und die Interpolation der Wichtungen wird die Oberfläche sichtbar geglättet und die bisher eckigen Übergänge werden abgerundet (vgl. Abbildung 4.21). Wie viele Knotenpunkte in welchen Abschnitt eingefügt werden, kann auf diese Art und Weise lokal und nachträglich definiert werden. Beispielsweise kann die Unterteilung in der Umgebung der Kniescheibe feiner vorgenommen werden als auf der Rückseite des Knies, um die Hautdehnung bzw. -stauchung bei Bewegung in diesen beiden Bereichen entsprechend berechnen und visualisieren zu können.

Um alle Kanten zu vierteln, wird der Vorgang des Halbierens zweimal nacheinander angewendet. Als Hilfsschritt werden die neu entstandenen Kanten zwischengespeichert.

Um alle Kanten zu dritteln, wird das Verfahren etwas angepasst:

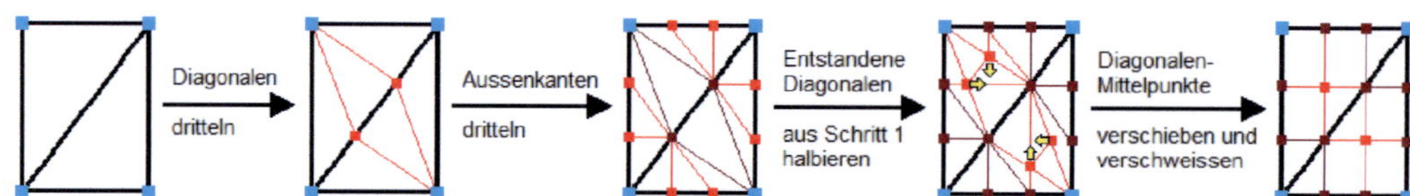

Abbildung 4.22: Dritteln aller Kanten, um eine Fläche in 9 gleich große Teilflächen zu unterteilen.

Sollen bestimmte Bereiche eines Netzes anders unterteilt werden, spielt die Reihenfolge der Unterteilungen eine große Rolle. Das Verfahren für Kanten, die in zwei, drei oder vier gleich große Abschnitte geteilt werden, ist in Abbildung 4.23 schematisch dargestellt. Noch größere Variationen der Flächenunterteilung sind im Rahmen dieser Arbeit nicht erforderlich und werden deshalb nicht weiter betrachtet. Sollte ein insgesamt feineres Netz benötigt werden, werden alle Kanten der Netzes so oft halbiert, bis die gewünschte Feinheit erreicht ist.

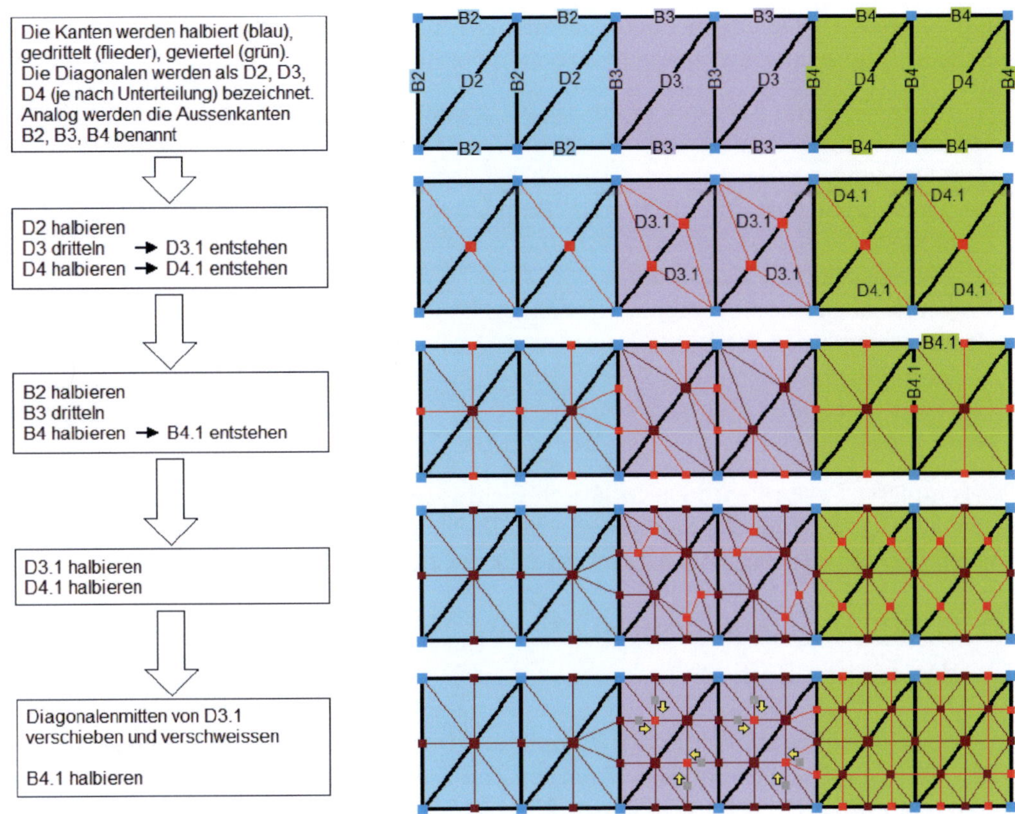

Abbildung 4.23: Bearbeitungsreihenfolge bei Unterteilung der Kanten in zwei, drei und vier gleich große Teilkanten.

4.2.2 Bearbeitungsreihenfolge

Mit Hilfe des vorgestellten Verfahrens können die Netztopologie eines Template-Modells kontrolliert für einzelne Bereiche geändert und der Einfluss der Knochen und Muskeln durch Interpolation aus dem Ausgangsnetz errechnet werden. Damit kann für das Template-Modell ein relativ grobes Netz verwendet werden, um den Skinningprozess so kontrollierbar wie möglich zu gestalten.

Die Bearbeitungsreihenfolge teilt sich in zwei große Blöcke auf:

- Erstellung des kinematischen Templates
- Adaption des Templates an gegebene Oberflächennetze

Der Prozess zum Aufbau des kinematischen Templates erfolgt in den Schritten:

1. Erstellen eines geeigneten Oberflächennetzes (kreatives Oberflächenmodell),
2. Definition eines anatomisch sinnvollen Bones-Systems,
3. Festlegen einer Test-Bewegungssequenz,
4. Justieren der Skinning-Parameter,
5. Erweiterung des Bones-Systems um ein Muskel-System und
6. Berücksichtigung der Muskeldeformation durch Anpassung der Skinning-Parameter.

Zur späteren Verwendung werden die ermittelten Wichtungen in eine Datei exportiert, die die zu unterteilenden Kanten und Kontrollpunkte definiert.

Um ein gegebenes Oberflächennetz (Zielmodell) indirekt über ein Template-Modell zu animieren, sind folgende Anpassungsarbeiten vorzunehmen:

1. Ermittlung von Landmarks für das Zielmodell,
2. Anpassen der Proportionen des Template-Modells mit Hilfe der Landmarks,
3. Abbildung der Haltung des Zielmodells,
4. Assimilation der Oberfläche des Template-Modells an die Oberfläche des Zielmodells,
5. Verfeinerung der Netzstruktur,
6. Verschieben der eingefügten Knoten an die Oberfläche des Zielmodells,
7. Berechnung der Wichtungen an den zusätzlichen Knotenpunkten durch Interpolation,
8. Importieren aller Wichtungen und
9. Überprüfung mittels der Test-Bewegungssequenz.

Der komplette Prozess wird exemplarisch für das rechte Bein durchgeführt. Durch die Vereinfachung des Modells kann so die Methodik verständlich erläutert werden. Das generelle Lösungsprinzip ist der Schwerpunkt der beiden sich anschließenden Kapitel.

4.3 Erstellung eines exemplarischen kinematischen Templates für das rechte Bein

Die Entwicklung des kinematischen Templates wird am Beispiel eines Zylinders, zweier Bones und eines Muskels erklärt. Anatomische Zusammenhänge werden nur in einer sehr vereinfachten Form berücksichtigt. Es geht hier um das Vorgehen an sich.

4.3.1 Definition des Oberflächenmodells, des Skeletts und einer Bewegungssequenz

Als Oberflächenmodell kommt der schon in Kapitel 4.2.1 vorgestellte Zylinder zum Einsatz. Auch die Bones und die Bewegungssequenz werden ohne weitere Veränderung übernommen.

4.3.2 Festlegung der Skinningparameter

Als Skinning-Modifikator stehen in *3ds Max* drei verschiedene Varianten zur Verfügung:

- Haut,
- Physique und
- BonesPro.

Der Haut-Modifikator wurde in Kapitel 4.1.2 verwendet, die Hauthüllen werden automatisch von *3ds Max* berechnet. Mit Hilfe der Kontroll-Bewegungssequenz werden die Wichtungen der Netzknoten so angepasst, dass die Haut besonders auch an den Gelenkstellen mit guten Übergängen stetig verformt wird. Werden jedoch die Winkelbewegungen groß, werden Probleme offensichtlich. An den Stellen mit einem spitzen Winkel kleiner als 45°, wölbt sich die Haut zu stark nach innen, da der Einfluss des Knochens hier zu groß ist. Dieser Fall tritt zum Beispiel an der Leiste (vgl. Abbildung 4.9.b) und auf der Rückseite des Knies (vgl. Abbildung 4.9.a) auf. Bei Stellen mit einem stumpfen Winkel von mehr als ca. 225°, wird die Haut zu flach, weil entweder die Netzlinien zu stark auseinander gezogen werden oder zugrunde liegende Muskeln (z.B. am Po, vgl. Abbildung 4.8.b) oder Knochen nicht modelliert sind.

Der Modifikator *Physique* funktioniert auf ähnliche Art und Weise, hat Hilfssysteme zur Simulation von Muskeln und Sehnen, lässt aber keine Kontrolle über die Wichtungen einzelner Knotenpunkte zu. Die Abbildung anatomischer Zusammenhänge ist damit in den Skinning-Prozess integriert und nicht per einzelner Muskeln steuerbar. Der Modifikator *Physique* war ursprünglich im kommerziellen Plugin *Character Studio* enthalten und ist seit Version 8 in *3ds Max* integriert. Die Weiterentwicklung dieses Modifikators wurde bis auf Anpassung an neue Versionen von *3ds Max* und Bugfixing eingestellt ([Bou06]). Daher ist dieser sehr instabil, technisch überholt und wird hier nicht weiter betrachtet.

Das Plugin *Bones Pro* ist ein kommerzielles Softwarepaket der Firma *3D-IO Games & Video Production GmbH* in Wiesbaden. Es liefert die besten Ergebnisse - insbesondere weil die Wichtungen fließender über alle Bones interpoliert werden. Außerdem steht eine Vielzahl von Anpassungsmöglichkeiten zur Verfügung, so dass die Kontrolle über einzelne Wichtungen hier am größten ist. Darüber hinaus können alle Wichtungen per Skript abgefragt und gesetzt werden. Da die Daten verlustfrei in den Standard-Modifikator *Haut* transferiert werden können, sind die Ergebnisse auch ohne vorhandenes Plugin *Bones Pro* und Zusatzinstallationen nutzbar.

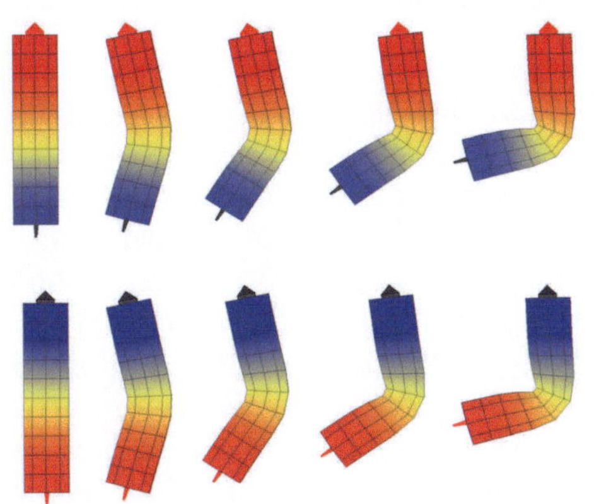

Nach Anwendung des *BonesPro*-Modifikators auf den Zylinder und Hinzufügen der beiden Bones werden die Werte für den *Falloff* auf 50 % und *Strength* auf 1.0 gesetzt. Weitere Anpassungen sind bei einem solch einfachen System nicht erforderlich. Die Farbwerte von *BonesPro* unterscheiden sich in der Standardeinstellung von denen des Haut-Modifikators. Diese wurden so abgeändert, dass die Farbcodes übereinstimmen. Abbildung 4.24 zeigt die Wichtungen für beide Bones, die sanft ineinander überfließen.

Abbildung 4.24: Wichtungen der Knotenpunkte des Zylinders für Bone 1 (entspricht Oberschenkelknochen, obere Reihe) und Bone 2 (analog Unterschenkelknochen, untere Reihe) und Durchlaufen der Bewegungssequenz.

Diese Einstellungen funktionieren für ein derartig simples Netz und klare Zuordnungen der Bones zu den Hautabschnitten auch mit einem feineren Netz. Allerdings sind auch bei dem *BonesPro*-Modifikator manuelle Anpassungen erforderlich, wenn mehrere Knochen (wie z.B. am Becken oder der Schulter) zusammentreffen. Außerdem sind händische Eingriffe beim Integrieren von Muskeln zu erwarten. Die nachträgliche Änderung der Netztopologie ist also auch beim Einsatz dieses Plugins erforderlich.

4.3.3 Erweiterung des Bones-Systems um einen Muskel

Bei allen drei Modifikatoren wirkt das virtuell bewegte Modell wenig realitätsnah und besonders dort, wo in der Realität Muskeln das Einwölben der Haut verhindern. Auch im Kniebereich treten Probleme auf. Da aber weder die Muskeln noch die Kniescheibe modelliert sind, kann der Bereich nicht anatomisch korrekt kontrolliert werden. Es ist also zwingend nötig, zumindest die wichtigsten Muskeln zu modellieren und zu berücksichtigen. Wichtig sind alle Muskeln, die bei Bewegung grosse Veränderungen erfahren - entweder durch ihre Position zwischen zwei Knochen oder durch ihre Grösse. Aufgrund ihres Einflusses auf die Hautdeformation sind für die Animation generell Muskeln direkt unter der Haut wichtiger als tiefliegende Muskeln. Auch die Kniescheibe sollte später als zusätzlicher Knochen hinzugefügt werden.

Im Rahmen dieses Kapitels wird deshalb exemplarisch ein Muskel im Bereich der Wade (M. gastrocnemius) betrachtet. Zur Modellierung von Muskeln stehen verschiedene Verfahren zur Verfügung, die aber jeweils in eine zusätzliche Kontrolleinheit für die Wichtungen der Knotenpunkte im Bereich des Muskels münden. Für den generellen Prozess spielt die Wahl der Muskelmodellierung keine Rolle und es wird auf Bekanntes zurückgegriffen: ein Bone, das gedehnt und gestaucht werden kann. Dieses wird auch als *Stretchy Bone* bezeichnet.

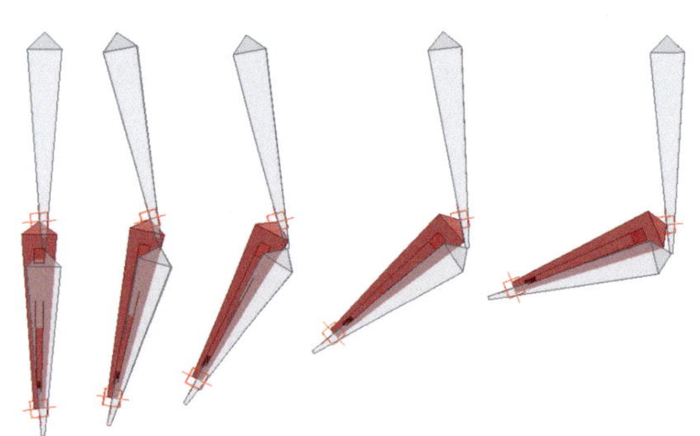

Abbildung 4.25: Definition des Muskel-Bones und Verhalten bei Bewegung.

In den Standardeinstellungen für Bones ist eine Beschränkung auf eine fixe Länge vorausgewählt. Diese wird für den Muskel aufgehoben und Anfangs- und Endpunkt des Muskels durch Hilfspunkte, die jeweils mit Bone 1 und 2 fest verknüpft sind, vorgegeben. Im gewählten Beispiel reduziert sich die Länge des Muskel-Bones am Ende der Bewegungssequenz auf 86,5 % der ursprünglichen Länge. Die Querschnitte und der Umfang des Muskels werden automatisch gleichmäßig so vergrößert, dass das Volumen des Muskels konstant bleibt.

Das Durchlaufen der Test-Bewegungssequenz zeigt, wie sich der Muskel bei der Änderung des Gelenkwinkels zwischen Bone 1 und 2 verhält. Die Umfangsvergrößerung der Muskeln in Abhängigkeit des Gelenkwinkels ist in der Realität abhängig davon, ob der Muskel unter Last steht oder angespannt wird. Einen eindeutigen Zusammenhang rein aus der Stellung von zwei Knochen zueinander gibt es nicht.

4.3.4 Auswirkung der Muskelbewegung auf die Hautoberfläche

Um die Muskelbewegung auch an der Hautoberfläche sichtbar zu machen, muss der Skinning-Prozess um den modellierten Muskel erweitert werden. Dazu wird das Oberflächennetz wieder eingeblendet und der *BonesPro*-Modifikator, der Muskeln und Bones nicht unterscheidet, um den Muskel-Bone erweitert. Da der Deformationseinfluss des Muskels lokal begrenzt ist, wird für den *Falloff*-Wert nur 30 % eingestellt, d.h. der Abfall von der maximalen zur minimalen Wichtung ist steiler. Der Standardwert 1.0 für *Strength* wird auch hier übernommen.

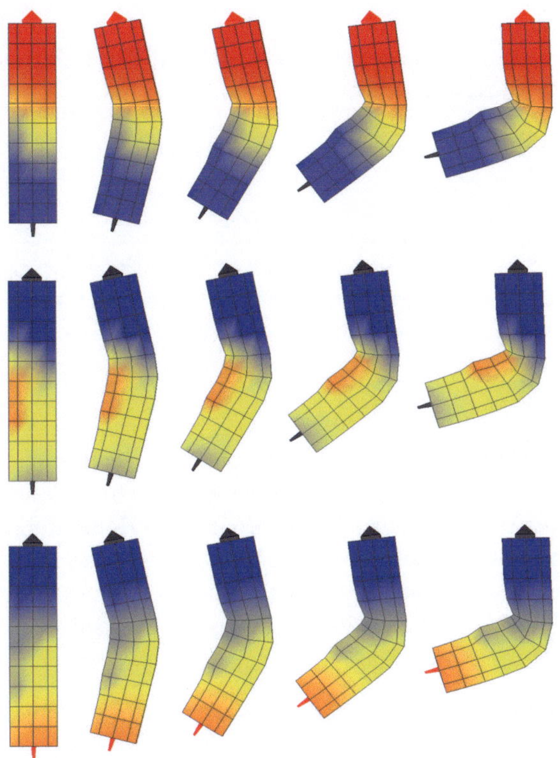

Abbildung 4.26: Wichtungen der Knotenpunkte des Zylinders für Bone 1 (entspricht Oberschenkelknochen, obere Reihe), Muskel (mittlere Reihe) und Bone 2 (analog Unterschenkelknochen, untere Reihe) und Durchlaufen der Bewegungssequenz.

Die Haut folgt nun der Form des Muskels. Damit knickt die Oberfläche im hinteren Kniebereich nicht mehr so stark ein und die Haut wird dort deutlich deformiert. Dies entspricht nicht ganz der Realität, macht den Effekt aber besser sichtbar und soll für das exemplarische Template so verwendet werden.

Die Einstellungen für Bone 1 und 2 bleiben unverändert. An der Einfärbung ist erkennbar, dass die bisherigen Wichtungen von Bone 1 und 2 automatisch geändert wurden. Die Summe aller Wichtungen eines Knotenpunktes ist immer 1.0. Wird die Anzahl der beeinflussenden Knochen resp. Muskeln erhöht, so werden die Werte der bisherigen Wichtungen relativ auf den verbleibenden Rest aufgeteilt. Ein analoger Zusammenhang gilt für das Entfernen eines Bones oder das Verändern der Wichtung eines Bones.

Mathematisch können die Wichtungen wie folgt berechnet werden:

Es sei j der Index eines Bones, n die Anzahl aller Bones, V_i der Knotenpunkt an der Stelle i und $W_{i,j}$ die Wichtung von Bone j für Knotenpunkt V_i. Dann gilt für jeden Knotenpunkt V_i:

$$\sum_{j=0}^{n} W_{i,j} = 1.0 \tag{4.3}$$

Wird nun ein Bone $n+1$ hinzugefügt, berechnen sich die neuen Werte für die Wichtungen zu:

$$W_{i,j} = \frac{W_{i,j}}{1 - W_{i,n+1}} * W_{i,j} \tag{4.4}$$

Wird der Einfluss eines Bones um δ verändert, so ergeben sich die Wichtungen aller anderen Bones zu:

$$W_{i,j} = \frac{W_{i,j}}{1 - \delta} * W_{i,j} \tag{4.5}$$

Diese Anpassungen werden vom Modifikator *BonesPro* automatisch im Hintergrund durchgeführt. Beim Hinzufügen von zusätzlichen Muskeln in ein bestehendes animiertes Modell kann dieser Prozess automatisiert durchgeführt werden.

Das exemplarische Template ist damit komplett.

4.3.5 Automatisierte Datenausgabe

Zur Erleichterung des nachfolgenden Schrittes *Adaption an ein Oberflächenmodell* werden die Wichtungen exportiert und die zu unterteilenden Kanten klassifiziert sowie Kontrollpunkte definiert.

4.3.5.1 Export der Wichtungen

Beim bisherigen Skript (siehe Abbildung 4.12) wurden die Wichtungen in der Reihenfolge der Indices der Bones in eine Datei geschrieben. Mit zunehmender Anzahl an Knochen und Muskeln besteht die Gefahr, dass sich im Bearbeitungsprozess die Reihenfolge ändert und Wichtungen von Bones versehentlich beim Ex-/Import vertauscht werden. Daher wird bereits jetzt das Skript so angepasst, dass die Wichtung einem Namen eines Bones zugeordnet wird. Zur besseren Kontrolle werden die Bones zu *B_ Oberschenkel*, *B_ Unterschenkel* und *M_ Gastrocnemius* umbenannt.

Die Zuordnung von Index zu Bones-Namen wird via Skript in einer separaten Datei gespeichert:

```
 1    -- Namen der Ausgabedatei definieren
 2    out_name = ("./weights/bone_names.dat")
 3
 4    -- Ausgabedatei anlegen
 5    out_file = createfile out_name
 6
 7    -- Anzahl Bones ermitteln
 8    num_bones = skinOps.GetNumberBones $Zylinder001.modifiers[#Skin]
 9
10    -- Loop über alle Bones
11    for b = 1 to num_bones do
12    (
13        -- Namen jedes Bones ermitteln
14        bone_name = skinOps.GetBoneName $Zylinder001.modifiers[#Skin] b 0
15
16        -- Namen zeilenweise in Ausgabedatei schreiben
17        format "%\n" bone_name to:out_file
18    )
19
20    -- Ausgabedatei schliessen
21    close out_file
```

Abbildung 4.27: Skript zum Schreiben der Namen der Bones in eine Datei.

Die Datei *bone_ names.dat* enthält im vorliegenden Beispiel:

B_Oberschenkel
B_Unterschenkel
M_Gastrocnemius

Das Skript aus Abbildung 4.12 wird dahingehend erweitert, dass zusätzlich zu den Wichtungen auch die IDs der beeinflussenden Bones ermittelt und in die Datei geschrieben werden:

```
1   -- Namen der Ausgabedatei definieren
2   out_name = ("./weights/weight_data.dat")
3
4   -- Ausgabedatei anlegen
5   out_file = createfile out_name
6
7   -- Anzahl Knoten ermitteln
8   num_verts = skinOps.GetNumberVertices $Zylinder001.modifiers[#Skin]
9
10  -- Loop über alle Knoten
11  for v = 1 to num_verts do
12  (
13      -- Anzahl der beeinflussenden Bones ermitteln
14      num_influence_bones = skinOps.GetVertexWeightCount $Zylinder001.modifiers[#Skin] v
15
16      -- Je einen Array für die Bone-IDs und Wichtungen anlegen
17      boneIds_array = #()
18      weights_array = #()
19
20      -- Grösse der Arrays auf Anzahl der beeinflussenden Bones setzen
21      boneIds_array.count = num_influence_bones
22      weights_array.count = num_influence_bones
23
24      -- Loop über alle Bones
25      for b = 1 to num_influence_bones do
26      (
27          -- Bone-ID und Wichtung für den aktuellen Knoten und Bone ermitteln
28          bone_id = skinOps.GetVertexWeightBoneID $Zylinder001.modifiers[#Skin] v b
29          weight = skinOps.GetVertexWeight $Zylinder001.modifiers[#Skin] v b
30
31          -- Werte an die entsprechende Stelle im Array schreiben
32          boneIds_array[b] = bone_id
33          weights_array[b] = weight
34      )
35
36      -- Knotennummer, Array mit den Bone_IDs und Array mit den Wichtungen zeilenweise in Ausgabedatei schreiben
37      format "%, %, %\n" v boneIds_array weights_array to:out_file
38  )
39
40  -- Ausgabedatei schliessen
41  close out_file
```

Abbildung 4.28: Skript zum Schreiben der Bone-IDs und Wichtungen jedes Knotenpunktes in eine Datei.

4.3.5.2 Festlegen der zu unterteilenden Kanten

Welche Kanten diagonal, welche horizontal und welche vertikal verlaufen, kann nicht auf einfache Art und Weise automatisch ermittelt werden, vor allem nicht bei einer komplexeren Oberfläche wie einem Mensch-Modell. Entscheidend ist die Definition, welche der Kanten diagonal verläuft. Diese werden manuell bestimmt und gespeichert. Dazu wird jede diagonale Kante einmalig angeklickt und zu einem Auswahlsatz hinzugefügt. Je gröber das Netz ist, um so geringer ist der Aufwand hierfür und um so leichter kann die Zugehörigkeit der Kante bestimmt werden.

Werden in *3ds Max* Kanten in zwei Teile unterteilt, behält eine Kante die bisherige Nummer der Kante und die andere Kante erhält eine neue Nummer. Diese ist abhängig davon, wie viele Kanten zusätzlich als Verbindungsstrecken benachbarter Knotenpunkte automatisch eingefügt werden und ist nicht auf einfache Weise vorhersagbar. Allerdings wird bei diesem Vorgang nur ein neuer Knotenpunkt eingefügt, dem als ID die um 1 erhöhte Anzahl der Knotenpunkte zugewiesen wird. Aus zwei Knotenpunkten kann über den Befehl *meshop.getEdgesUsingVert* die Kante, die zwischen den beiden Punkten liegt, ermittelt werden. Über die Knotenpunkte kann vor allem die mehrfache Unterteilung von Kanten einfacher kontrolliert werden.

4.3.5.3 Definition von Kontrollpunkten

Als Kontrollpunkte sollen Gelenkpunkte und Muskelansatzpunkte als auch Punkte auf der Oberfläche des Zylinders als Beispiel-Landmarks definiert werden.

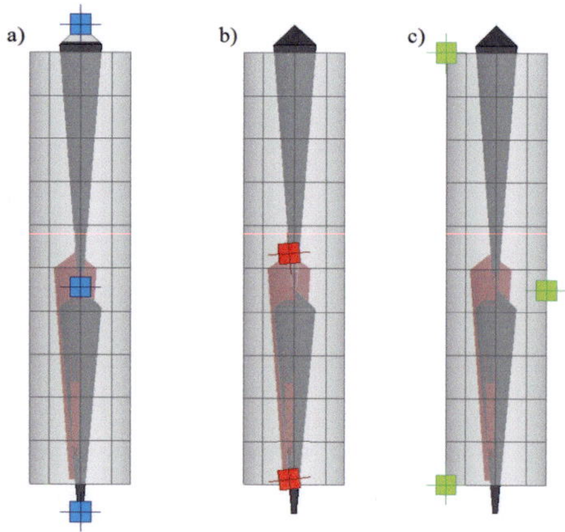

Abbildung 4.29: Gelenkpunkte (blau), Muskelansatzpunkte (rot) und Landmarks (grün) für den Zylinder.

Für die Gelenkpunkte (blau) werden die Drehpunkte von Unter- und Oberschenkel-Bone zur Festlegung der Position verwendet und mit dem zugehörigen Bone verknüpft (siehe Abbildung 4.29.a)). Analog dienen die Endpunkte des Muskels (rot) zur Bestimmung der Position der Muskelansatzpunkte (siehe Abbildung 4.29.b)), die anschließend mit dem Muskel verknüpft werden. Alle diese Punkte werden mit den Bones bewegt.

Für die Beispiel-Landmarks (grün) werden drei Punkte gewählt: Das Maximum und das Minimum des Zylinders in Längsrichtung linksseitig und in Höhe des Drehpunkts zwischen Ober- und Unterschenkel-Bone rechtsseitig (siehe Abbildung 4.29.c)). Diese Landmarks werden mittels einer Anhängebeschränkung an die dort befindliche Fläche des Zylinders angebunden, so dass sie jeder Bewegung des Zylinders folgen.

In Abbildung 4.30 ist der Prozess zusammenfassend dargestellt.

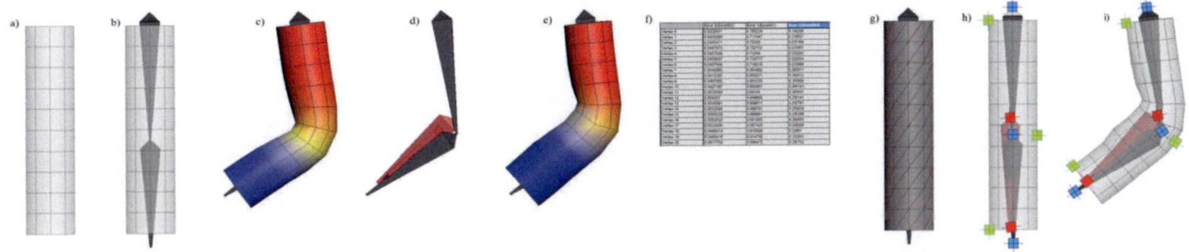

Abbildung 4.30: Entwicklungsprozess eines Templates am Beispiel des rechten Beins: a) Oberflächenmodell, b) Bones-System, c) Skinning-Prozess für beide Bones, d) Hinzufügen eines Muskels, e) Erweiterung des Skinning-Prozesses um den Einfluss des Muskels, f) Export der Wichtungen, g) Definition der zu unterteilenden Kanten, h) Definition von Gelenk- und Muskelansatzpunkten sowie Landmarks, i) Verhalten der Kontrollpunkte bei Bewegung.

4.4 Anwendung des kinematischen Templates auf Scandaten

Als Beispiel-Oberflächenmodell kommt das rechte Bein des in Kapitel 4 vorgestellten Scanmodells zum Einsatz. Die Adaption des kinematischen Templates an das Oberflächenmodell bezüglich Körpergröße, Proportionen, Haltung und Oberfläche kann in die Einzelaufgaben

- Skalieren des gesamten Modells,
- Skalieren in Knochen-Längsrichtung,
- Verschieben von Gelenkpunkten und
- Verschieben von Knotenpunkten

zerlegt werden. Als Unterstützung der Anpassungen kommen Landmarks zum Einsatz.

Sobald die Adaption abgeschlossen ist, wird die Netzstruktur verfeinert. Anschließend werden die Wichtungen übertragen resp. interpoliert.

4.4.1 Definition von Landmarks

Analog zum Template-Modell werden drei Landmarks definiert (siehe Abbildung 4.31.a):

- Oberkante auf der Rückseite des Oberschenkels (L1),
- Unterkante auf der Rückseite des Unterschenkels (L2) und
- Mitte Knie auf der Vorderseite des Beins (L3).

Diese dienen zum jetzigen Zeitpunkt nur als Beispiel. Die exakten Positionen der Landmarks für ein Mensch-Modell werden später unter Berücksichtigung anatomischer Zusammenhänge definiert.

Da das Zielmodell selbst nur als Vorlage verwendet und nicht direkt animiert und damit auch nicht bewegt wird, sind keine Verknüpfungen zwischen den Landmarks und der Oberfläche erforderlich.

4.4.2 Proportionale Anpassung an Körpergröße

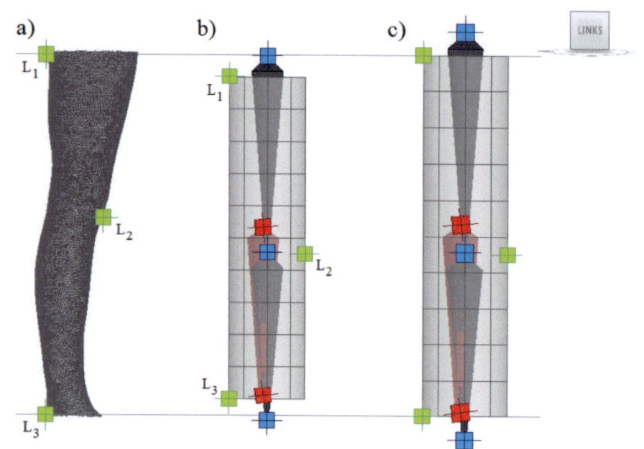

Abbildung 4.31: Ziel- und Template-Modell mit Kontrollpunkten vor und nach der Skalierung: a) Landmarks für das Oberflächenmodell des rechten Beines, b) Template-Modell mit Kontrollpunkten, c) skaliertes Template-Modell mit angepassten Kontrollpunkten.

Das proportionale Skalieren des gesamten Template-Modells inklusive Knochen, Muskeln und Oberfläche geschieht über das Skalieren der drei Bones und die Standardfunktion *gleichmäßiges Skalieren in allen Ebenen*. Da die Gelenkpunkte und die Muskelansatzpunkte selbst mit den Bones verknüpft sind, werden diese entsprechend automatisch angepasst. Die Oberfläche des Zylinders folgt allen Veränderungen der Bones und wird entsprechend mit vergrößert resp. verkleinert.

Als Skalierungsfaktor S wird das Verhältnis zwischen der Höhendifferenz der Landmarks L1 und L3 für das Bein und den Zylinder verwendet. Die z-Achse entspricht der Längsachse des Zylinders.

S berechnet sich also zu

$$S = \frac{L1_{z,Bein} - L3_{z,Bein}}{L1_{z,Zyl} - L3_{z,Zyl}} = \frac{7,336 - (-34,822)}{10,091 - (-36,979)} = 1,12 \tag{4.6}$$

4.4.3 Skalieren von Körpersegmenten in Knochen-Längsrichtung

Die Bones werden nun so skaliert, dass die Positionen der jeweiligen Landmarks in der z-Achse für das Bein und den Zylinder übereinstimmen, d.h. der Oberschenkel-Bone muss verkürzt, der Unterschenkel-Bone verlängert werden.

Wird der Oberschenkel-Bone verkürzt (siehe Abbildung 4.32.b), so wird der Muskel gestaucht und dessen Durchmesser vergrößert sich, die Oberfläche des Zylinders wölbt sich entsprechend nach außen. Bei Verlängerung des Unterschenkel-Bones (siehe Abbildung 4.32.c) wird der Muskel gestreckt, dessen Durchmesser verkleinert sich und die Zylinder-Oberfläche wölbt sich nach innen.

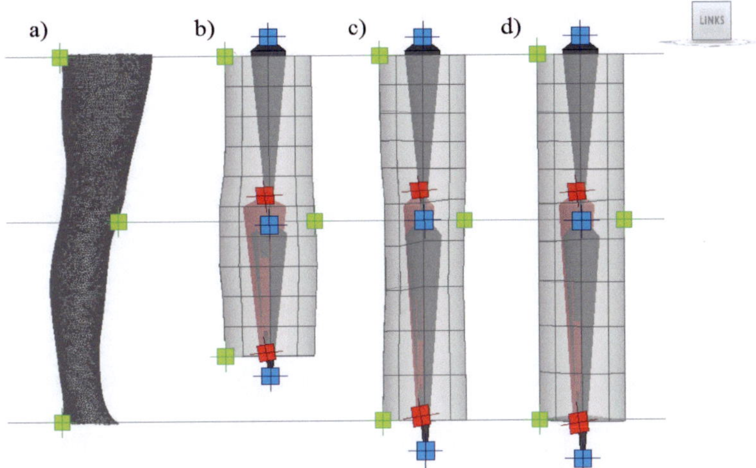

Abbildung 4.32: Justierung der Gelenkpunkte: a) Skalierung Oberschenkel-Bone, b) Skalierung Unterschenkel-Bone, c) Zurücksetzen der Dehnung für den Muskel.

Die Landmarks beider Objekte befinden sich auf gleicher Höhe. Nach dem Zurücksetzen der Dehnung des Muskels, d.h. der neue Zustand des Muskels wird als ungedehnter Zustand definiert, erhält der Muskel wieder den ursprünglichen Durchmesser und der Zylinder seine zylindrische Oberfläche (siehe Abbildung 4.32.d).

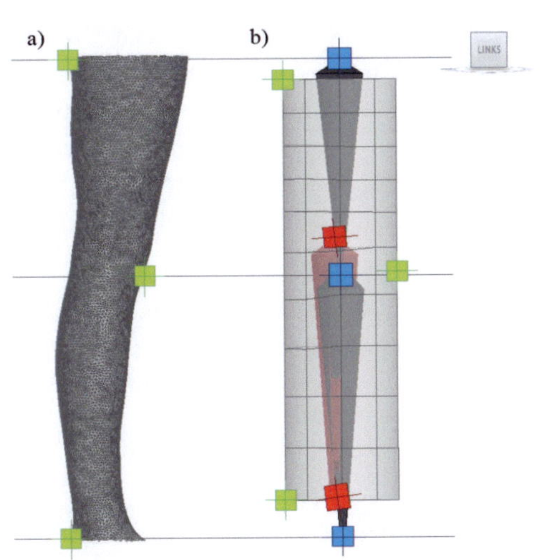

Abbildung 4.33: Skalierung der Bones, so dass Landmarks des Beins (grün) und Gelenkpunkte des Zylinders (blau) auf gleicher Höhe liegen.

Bei Betrachtung der Gelenkpunkte (blau) fällt auf, dass insbesondere der unterste Punkt, der dem Knöchel entspricht, im Vergleich zum Bein viel zu weit unten liegt. Der unterste Landmark (L_3, grün) des Beines sollte in etwa auf der Höhe des Knöchels, also in Höhe des untersten Gelenkpunktes (blau) des Zylinders liegen. Dies wird ebenso wie die Lage der beiden anderen Gelenkpunkte korrigiert (siehe Abbildung 4.33), so dass nun die vertikalen Positionen der Landmarks des Beins und der Gelenkpunkte des Zylinders übereinstimmen. Für eine anatomisch korrekte Abbildung muss später ein Zusammenhang zwischen den Landmarks des Zielmodells und den Gelenkpunkten des Template-Modells hergestellt werden.

Durch das Skalieren der Bones hat sich die Netzstruktur des Zylinders verändert: die Rechtecksflächen im Bereich des Oberschenkel-Bones sind etwas gestaucht, diejenigen im Bereich des Unterschenkel-Bones sind um ca. 50 % gedehnt. Im Normalfall sollte die Verschiebung der Gelenkpunkte nicht so extrem ausfallen wie in diesem Beispiel. Falls doch, kann an dieser Stelle die Netztopologie durch das Einfügen zusätzlicher Knotenpunkte entsprechend angepasst werden.

4.4.4 Einnehmen der Scanhaltung

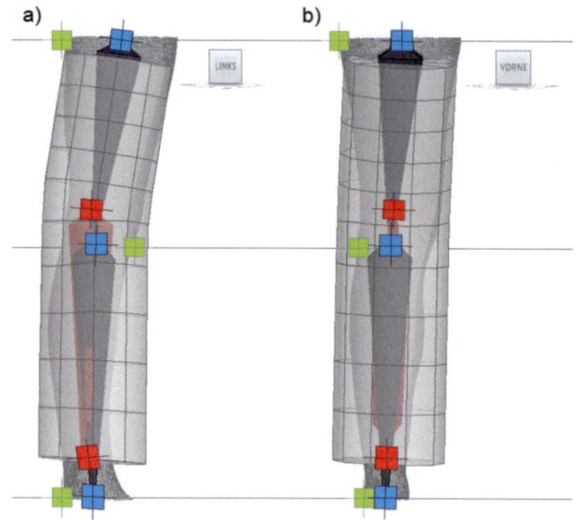

Abbildung 4.34: Durch das Verschieben der Gelenk-punkte (blau) nehmen die Bones die vermutete Position der Knochen des Beins ein. Die Landmarks (grün) sind die des Beines. Die Landmarks des Zylinders sind ausgeblendet. Ansicht von a) links und b) vorn.

Ober- und Unterschenkel-Bone werden so gedreht und verschoben, dass die Position der vermuteten Anordnung der tatsächlichen Knochen entspricht. Bei diesem Vorgang werden die Gelenkpunkte nur verschoben, die Länge der Bones bleibt unverändert. Die Oberfläche des Zylinders wird entsprechend verformt, die Muskelansatzpunkte sind mit den Bones verknüpft und werden automatisch angepasst. Der Zusammenhang zwischen den Gelenkpunkten des Zylinders und den Landmarks des Beins bleibt weitgehend erhalten (siehe Abbildung 4.34).

4.4.5 Annäherung an Hautoberfläche

Nachdem das Innenleben des Template-Modells (Bones und Muskel) an die Proportionen und die Haltung des Zielmodells angepasst ist, kann nun das Oberflächennetz entsprechend adaptiert werden. Dazu muss temporär die Verbindung zwischen dem kinematischen Bones-System und dem Oberflächennetz des Template-Modells aufgelöst werden. In *3ds Max* geschieht das durch das Konvertieren des Zylinders in ein bearbeitbares Netz. Dadurch wird der Haut-Modifikator entfernt und der Zylinder ist nicht mehr bewegbar.

Durch jeden einzelnen Scheitelpunkt des Zylinders werden Schnittebenen senkrecht zum entsprechenden Knochen gelegt und in den nächst gelegenen Schnittpunkt mit dem Oberflächennetz des Beines verschoben. Abbildung 4.35 zeigt einige dieser Schnittebenen exemplarisch:

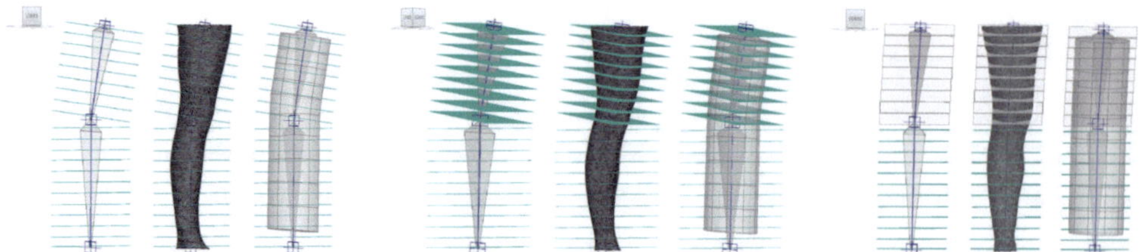

Abbildung 4.35: Schnittebenen senkrecht zu den Bones. Ansicht für Bones-System, Bein und Zylinder von der Seite, perspektivisch und vorn.

Anschaulich gesprochen ist ein Strahl in der Geometrie eine gerade orientierte Linie, die sich von einem Anfangspunkt aus ins Unendliche erstreckt. Jeder Knotenpunkt wird in der Schnittebene in Richtung der Zylinderachse verschoben, bis er die Oberfläche des Beins schneidet. Der Strahl vom Knotenpunkt in Richtung Zylinderachse wird als Schnittstrahl bezeichnet.

Das Verfahren zur Ermittlung des Schnittstrahls wird am Beispiel des Unterschenkels erläutert (siehe Abbildung 4.36).

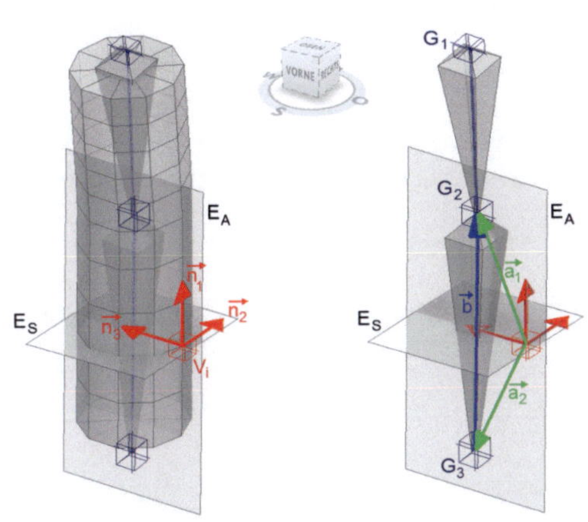

Abbildung 4.36: Axiale Ebene E_A, Schnittebene E_S und Normalenvektoren $\vec{v_1}$, $\vec{v_2}$, $\vec{v_3}$ am Beispiel eines Scheitelpunkts des Unterschenkels.

Da die Schnittebene E_S senkrecht zum Unterschenkelknochen verläuft, entspricht der Normalenvektor $\vec{n_1}$ der Ebene E_S dem normalisierten Vektor von $\vec{b} = \overrightarrow{G_3 - G_2}$. Für jeden einzelnen Scheitelpunkt V_i des Zylinders und die zugehörigen Gelenkpunkte G_2 und G_3 wird eine Ebene E_A aufgespannt. Der Normalenvektor dieser Ebene wird als $\vec{n_2}$ bezeichnet, berechnet sich aus dem Kreuzprodukt $\vec{a_2} \times \vec{a_1}$ und verläuft tangential zur Zylinderoberfläche im Punkt V_i. Der Schnittstrahl steht senkrecht auf dem tangential verlaufenden Vektor $\vec{n_2}$ und $\vec{n_1}$, dem Normalenvektor von E_S (da er in der Schnittebene liegen soll) und kann somit als Kreuzprodukt aus $\vec{n_1}$ und $\vec{n_2}$ ermittelt werden.

Das Triple der Normalenvektoren $\vec{v_1}$, $\vec{v_2}$ und $\vec{v_3}$ wird für jeden der Scheitelpunkte V_i des Zylinders ermittelt. Beispielhaft zeigt Abbildung 4.37 diese für zwei weitere Scheitelpunkte im Bereich des Ober- und Unterschenkels.

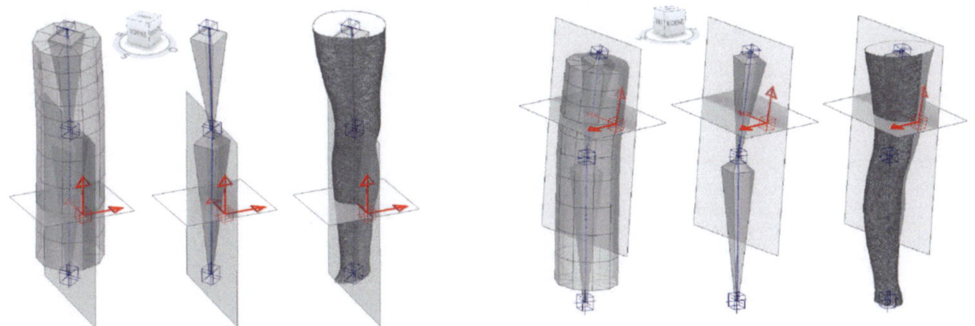

Abbildung 4.37: Normalenvektoren für zwei exemplarische Scheitelpunkte an Unterschenkel (links) und Oberschenkel (rechts).

Abbildung 4.38 veranschaulicht den Vorgang projiziert auf die Schnittebene des Oberschenkels aus dem rechten Teil der Abbildung 4.37. Im linken Teil der Abbildung (a) sind der Zylinder, das Bein und der Oberschenkelknochen im Querschnitt (von außen nach innen) dargestellt. Rechts daneben sind die Ebenen E_A in der Draufsicht und die Schnittstrahlen in grün dargestellt. Die einzelnen Scheitelpunkte verschoben an die Oberfläche des Beins resultieren in der Darstellung c).

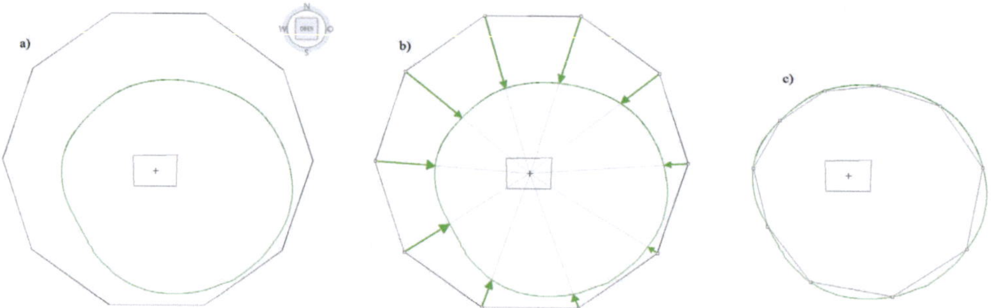

Abbildung 4.38: Anpassung des Zylinders an das Bein in der Schnittebene aus Abbildung 4.37, rechts. Dabei zeigen a) Zylinder, Bein, Oberschenkel-Bone, b) Schnittstrahlen (grün), c) verschobene Scheitelpunkte des Zylinders.

Die Aufgabe der Verschiebung der Scheitelpunkte wird automatisch per Skript gelöst.

```
1    -- Initialisieren des Zielobjekts rm
2    rm = RayMeshGridIntersect()
3    -- Setzen der Voxelgrösse auf 1x1x1
4    rm.Initialize 1
5    -- Hinzufügen des Oberflächennetzes mit dem Namen "Bein" zum Grid
6    rm.addNode $Bein
7    -- Aufbau der Griddaten (Zusammenstellen aller Flächendaten in Gridvoxels)
8    rm.buildGrid()
9
10   -- Loop über alle Scheitelpunkte des Auswahlsatzes "unterschenkel"
11   for n in $Zylinder002.verts[#unterschenkel] do
12   (
13       -- Index v des Scheitelpunkts
14       v = n.index
15       -- Position des aktuellen Scheitelpunkts
16       pt_V = getVert $Zylinder002 v
17
18       -- Ebenenvektoren a1 und a2, die Ebene E_A aufspannen
19       vec_a1 = normalize ($Pt_G2.position - pt_V)
20       vec_a2 = normalize ($Pt_G3.position - pt_V)
21
22       -- Normalisierter Vektor b (G2 - G3) entspricht Normalenvektor n1
23       vec_n1 = normalize ($Pt_G2.position - $Pt_G3.position)
24
25       -- Normalisiertes Kreuzprodukt a2 x a1 entspricht Normalenvektor n2 der Ebene E_A
26       vec_n2 = normalize (cross vec_a2 vec_a1)
27
28       -- Normalisiertes Kreuzprodukt n1 x n2 entspricht Normalenvektor n3 in Richtung Bone
29       vec_n3 = normalize (cross vec_n1 vec_n2)
30
31       -- Anzahl Treffer zwischen dem Bein und dem Schnittstrahl von Punkt V ausgehend in Richtung n3
32       hitsCount = rm.intersectRay pt_V vec_n3 true
33
34       -- Variable distanceHit mit 0 initialisieren
35       distanceHit = 0
36       -- Falls Schnittpunkte gefunden wurden,
37       if hitsCount > 0 then
38       (
39           -- Abstand der Schnittfläche mit der kürzesten Distanz ermitteln
40           distanceHit = rm.getHitDist rm.getClosestHit()
41       )
42
43       -- Anzahl Treffer zwischen dem Bein und dem Schnittstrahl von Punkt V ausgehend entgegen Richtung n3
44       hitsCount = rm.intersectRay pt_V -vec_n3 true
45
```

```
46    -- Falls Schnittpunkte gefunden wurden,
47    if hitsCount > 0 then
48    (
49        -- Abstand der Schnittfläche mit der kürzesten Distanz ermitteln
50        distanceHit2 = rm.getHitDist rm.getClosestHit()
51
52        -- Falls distanceHit2 kürzer als Variable distanceHit ist, diese überschreiben und Vorzeichen von n3 umdrehen
53        if (distanceHit == 0  or distanceHit2 < distanceHit) then
54        (
55            distanceHit = distanceHit2
56            vec_n3 = -vec_n3
57        )
58    )
59
60    -- Falls der Abstand grösser als 0 ist, Schnittpunkt berechnen und neu setzen
61    if distanceHit > 0 then
62    (
63        -- Koordinaten des Schnittpunktes berechnen
64        pt_Schnittpunkt = pt_V + distanceHit * vec_n3
65
66        -- Koordinaten des aktuellen Scheitelpunkts auf den ermittelten Schnittpunkt setzen
67        setVert $Zylinder002 v pt_Schnittpunkt
68    ) else (
69        -- Fehlerausgabe, falls kein Schnittpunkt gefunden werden kann
70        format "The Ray % Missed\n" v
71    )
72    )
73
74    -- Oberflächennetz des Zylinders aktualisieren
75    update $Zylinder002
```

Abbildung 4.39: Skript zur automatisierten Verschiebung der Knotenpunkte des Zylinders auf die Oberfläche des Beins.

Das Skript aus Abbildung 4.39 führt die einzelnen Schritte für den Unterschenkel durch. Als Input werden dabei das Oberflächennetz der Scandaten mit dem Namen *Bein*, der Zylinder mit dem Namen *Zylinder*, der Auswahlsatz *unterschenkel* für die Scheitelpunkte des Unterschenkels, die Gelenkpunkte *Pt_G2* und *Pt_G3* vorausgesetzt. Für jeden Scheitelpunkt des Auswahlsatzes werden die Normalvektoren und die kürzeste Distanz zur Oberfläche des Beins in beide Richtungen des Schnittstrahls berechnet. Falls in beiden Richtungen Schnittpunkte ermittelt werden können, wird die kürzere der beiden Distanzen verwendet, um den Schnittpunkt zu berechnen. Dieser wird zur Definition der neuen Koordinaten des Scheitelpunkts verwendet.

Abbildung 4.40.a) visualisiert das Resultat der Adaption des Zylindernetzes an das Oberflächennetz des gescannten Beins.

4.4.6 Verfeinerung der Netzstruktur und Interpolation der Skinningparameter

Nach der erfolgreichen Adaption des Zylinders an das Bein wird die Netzstruktur verfeinert. Dabei werden die einzelnen Flächen lt. Abbildung 4.40.b unterteilt: im Bereich des Oberschenkels und auf der Rückseite des Knies halbiert (rote Flächen links), im Bereich des Unterschenkels gedrittelt (rote Flächen mittig), vorn am Knie geviertelt (rote Flächen rechts). Als Algorithmus kommen die in Kapitel 4.2.1 beschriebenen zum Einsatz. Als Output des Skripts werden für jeden neu eingefügten Scheitelpunkt die Nachbarknoten und ihr jeweiliger Anteil in eine Datei geschrieben.

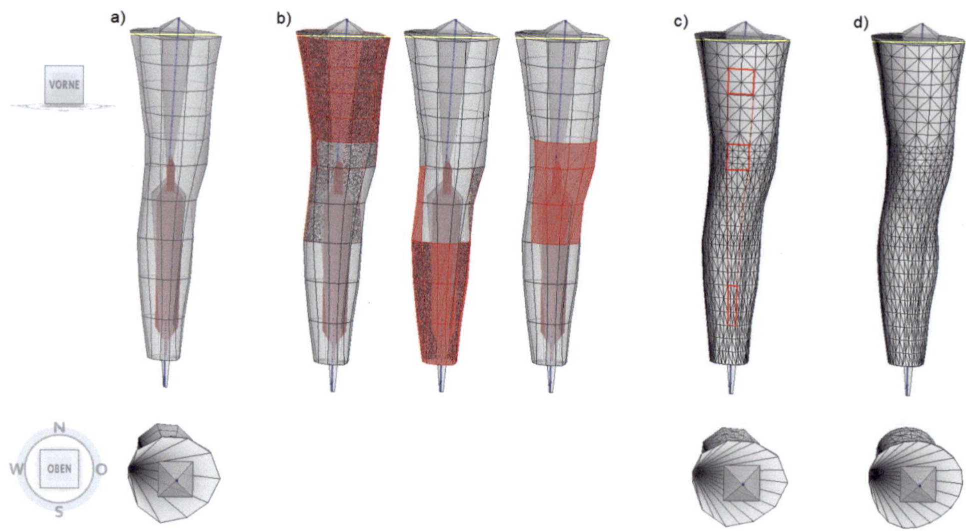

Abbildung 4.40: Verfeinerung der Netzstruktur des a) adaptierten Zylinders. Die Unterteilung in Hälften (b, links), Drittel (b, mittig), Viertel (b, rechts) resultiert in c). Anschließend werden die neu eingefügten Scheitelpunkte per Skript auf die Hautoberfläche verschoben. Rot umrandet ist für jeden Bereich beispielhaft eine ursprüngliche Fläche markiert. d) zeigt das komplett adaptierte Netz.

Die eingefügten Scheitelpunkte (Abbildung 4.40.c) werden mittels Anwendung des im vorigen Kapitel vorgestellten Skripts auf die Oberfläche des Beinnetzes verschoben (Abbildung 4.40.d). In der Draufsicht sind die nur kleinen Verschiebungen leichter zu erkennen als in der Ansicht von vorn (untere Reihe und Abbildung 4.41).

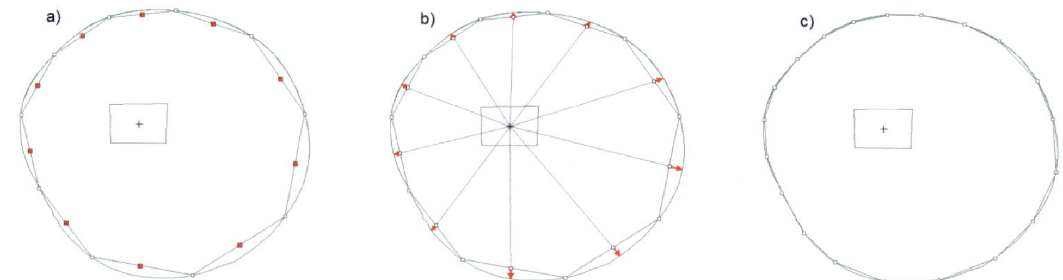

Abbildung 4.41: Anpassung der neu eingefügten Scheitelpunkte des Zylinders an das Bein in der Schnittebene aus Abbildung 4.37, rechts: a) Unterteilung der Kanten, b) Schnittstrahlen der neu eingefügten Scheitelpunkte, c) Resultat nach Verschiebung der neu eingefügten Scheitelpunkte auf die Oberfläche des Beins.

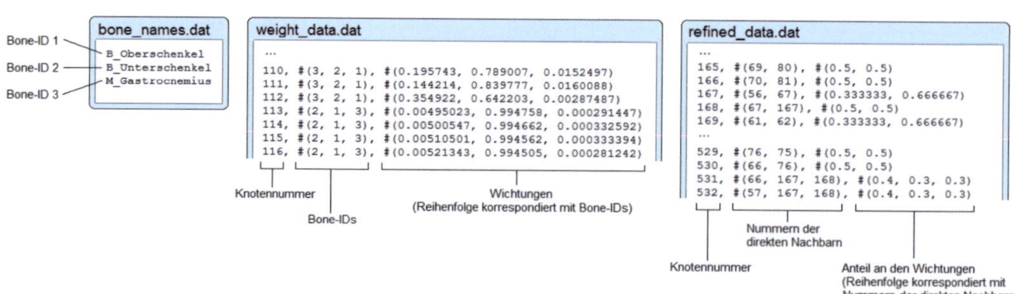

Abbildung 4.42: Inputdateien zur Interpolation der Wichtungen.

Nachdem die Oberfläche des Zylinders nun verfeinert und an die Beinoberfläche angenähert ist, wird der Haut-Modifikator erneut angewendet und die beiden Bones und der Muskel werden wieder hinzugefügt. Mittels Skript werden die Wichtungen der Scheitelpunkte des groben Netzes eingelesen. In Kombination dieser Informationen mit den Daten der Datei, die beim Verfeinerungsprozess geschrieben wurde, werden die Wichtungen der neu eingefügten Punkte für jeden Bone gemäß seinem Anteil per Skript interpoliert.

Die in Abbildung 4.42 dargestellten Dateien werden vom Programm benötigt und wie folgt weiter verarbeitet:

- Einlesen der Datei *weight_data.dat*. Diese beinhaltet für jeden Knotenpunkt des Ausgangszylinders (grobes Netz) die Wichtungen und deren Zuordnung zum jeweiligen Bone.
- Speichern dieser Wichtungen in ein mehrdimensionales Array (Anzahl Spalten $\hat{=}$ Anzahl Bones, Anzahl Reihen $\hat{=}$ Anzahl Wichtungen). Dabei muss die Reihenfolge der Bone-IDs in *weight_data.dat* entsprechend berücksichtigt werden. Im Wichtungs-Array werden die Bones aufsteigend nach ihrer ID sortiert abgelegt.
- Schließen der Datei *weight_data.dat*.
- Zeilenweises Einlesen der Datei *refined_data.dat*. Diese enthält die Information, welcher bei der Verfeinerung neu eingefügte Knotenpunkt welche Nachbarknoten hat und welchen relativen Abstand diese auf diesen Scheitelpunkt haben.
- Für jeden eingelesenen Knotenpunkt wird anhand des prozentualen Anteils die Wichtung für jedes Bone berechnet und an das Wichtungs-Array angefügt.
- Nach dem kompletten Abarbeiten der Datei *refined_data.dat* enthält das Wichtungs-Array *weights_arr* für jeden Scheitelpunkt (feines Netz) die Wichtung für jedes Bone. Die Datei wird geschlossen.
- Einlesen der Namen der Bones zum Zeitpunkt des Exports der Wichtungen aus der Datei *bone_names.dat*. Mittels der Funktion `skinOps.GetBoneName` kann ermittelt werden, welchem Index diese drei Bezeichnungen für die Bones im aktuellen Modell entsprechen. Dies wird in einem dreidimensionalem Array *b_order* gespeichert. Bei gleichbleibender Reihenfolge enthält dieser also #(1,2,3). Da die Reihenfolge aber von der Reihenfolge des manuellen Hinzufügens der Bones abhängt und bei steigender Anzahl auch relativ schwierig zu kontrollieren wird, kann diese auch abweichen.
- Schließen der Datei *bone_names.dat*.
- Der Parameter *numVerts* entspricht der Gesamtanzahl der Scheitelpunkte und wird mit dem Ergebnis der Funktion
  `skinOps.GetNumberVertices obj.modifiers[#Skin]` belegt. Mittels des Befehls

```
for w=1 to numVerts do (
     skinOps.ReplaceVertexWeights obj.modifiers[#Skin] w b_order weights_arr[w]
)
```

  werden die Wichtungen an den Hautmodifikator (*modifiers[#Skin]*) des Oberflächennetzes (*obj*) übertragen.

Die resultierende Verteilung der Wichtungen (siehe Abbildung 4.43) entspricht der beim Zylinder (siehe Abbildung 4.26).

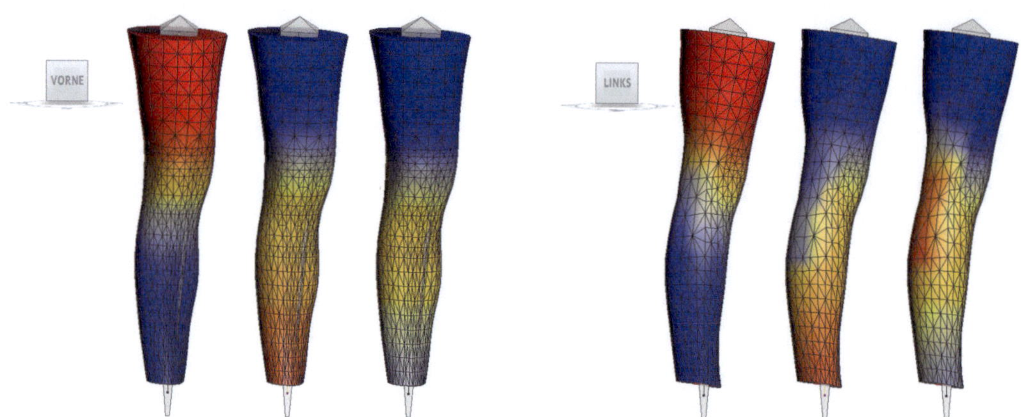

Abbildung 4.43: Interpolierte Wichtungen für das Bein. a) Oberschenkel-Bone, b) Unterschenkel-Bone, c) Muskel.

4.4.7 Bewegungstest

Auch das abschließende Ausführen der Bewegungssequenz zeigt das analoge Verhalten zum Zylinder: in der Mitte des Unterschenkels bildet sich auf der Rückseite eine Spitze, das Knie knickt auf der Hinterseite ein und ist auf der Vorderseite gerundet. Die Eigenschaften der Skinningparameter bleiben also grundsätzlich erhalten. Je mehr das Netz verfeinert wird, umso gerundeter erscheint die resultierende Oberfläche bei Bewegung.

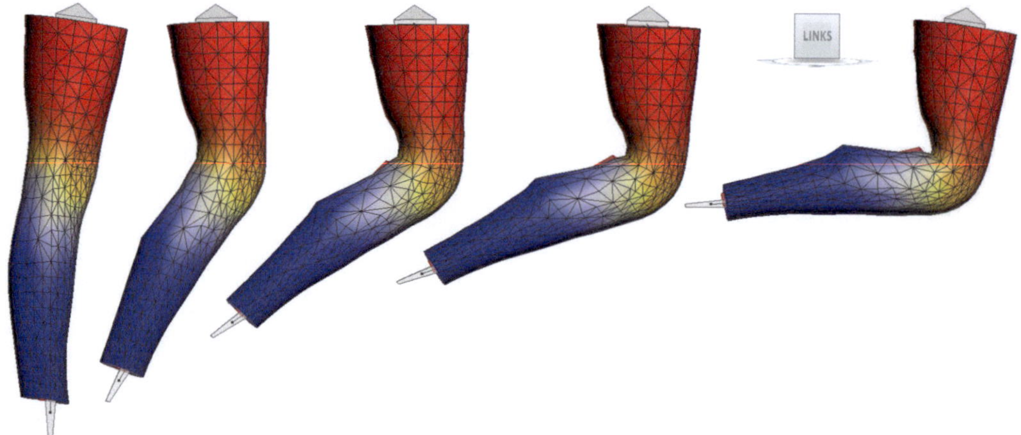

Abbildung 4.44: Bewegungssequenz für das verfeinerte Bein mit interpolierten Skinningparametern. Ansicht von links.

Abbildung 4.45 zeigt den kompletten Vorgang der Adaption des Template-Modells an die Scan-Oberfläche.

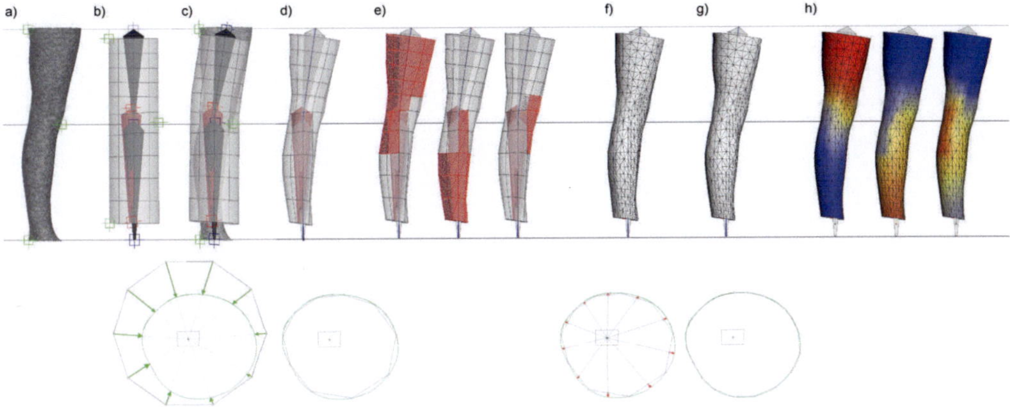

Abbildung 4.45: Adaptionsprozess eines Templates an ein Oberflächenmodell am Beispiel des rechten Beins: a) Scandaten des Beins, b) Skalieren der Bones des Zylinders anhand von Gelenkpunkten und Landmarks, c) Ausrichten der Haltung, d) Anpassen der Zylinderoberfläche an die Oberfläche des Beins, e) Definition der Flächen, die halbiert, gedrittelt, geviertelt werden sollen, f) Unterteilung der Kanten, g) Verschiebung der neu eingefügten Scheitelpunkte auf die Oberfläche des Beins, h) Übertragung und Interpolation der Skinning-Wichtungen.

4.4.8 Schlussfolgerungen

Prinzipiell ist das vorgestellte Verfahren zur Lösung der Aufgabenstellung geeignet: die Oberfläche des Template-Modells ist automatisiert anpassbar auf gescannte Netzdaten, die Vorschriften zur Hautdeformation sind automatisiert übertragbar. Die anatomischen Zusammenhänge sind bisher zu wenig fundiert berücksichtigt.

Um anatomisch korrekte Gelenkpunkte definieren und den Zusammenhang zwischen Landmarks (äußerlich erkennbaren Körpermarkierungen) und Gelenkpunkten realitätsnah herstellen zu können, werden die bisher schematischen Bones durch realistische Knochen und Muskeln ersetzt und validiert. Die Oberfläche des kinematischen Templates bezieht sich direkt auf das Skelett und das Muskelsystem und wird daher ebenfalls durch ein passendes Netz ersetzt. Die Netzeinteilung des Template-Modells orientiert sich am Körper und wird bereits so vorgenommen, dass eine weitgehend gleichmäßige Struktur entsteht.

Zusammenfassung

Das kinematische Template wird nur einmalig aufgebaut und kommt für alle Scandaten zum Einsatz. Es besteht aus

- *einem Bones-System,*
- *einem Muskel-System,*
- *einem Hautsystem, das beiden Systemen folgt und*
- *Landmarks sowie Klassifikationen von Kanten und Scheitelpunkten, die die Automatisierung erleichtern.*

Zur Animation verschiedener Scandaten wird das kinematische Modell jeweils den folgenden Schritten unterworfen:

1. *Anpassung an die Größe und Proportionen des Scanmodells,*
2. *Überführung in die Haltung des Scanmodells,*
3. *Assimilation an die Oberfläche des Scanmodells,*
4. *Verfeinerung der Netzstruktur,*
5. *Verschiebung der neu eingefügten Scheitelpunkte auf die Oberfläche des Scanmodells und*
6. *Übertragung der kinematischen Parameter zur Hautdeformation.*

Zur besseren Berücksichtigung anatomischer Zusammenhänge wird das Template-Modell so überarbeitet, dass Knochen, Muskeln und Oberflächennetz und ihre Beziehung zueinander realitätsnah modelliert werden.

5

Kinematisches Mensch-Modell für weibliche Unterkörper

Nach der Festlegung der generellen Entwicklungsmethodik wird diese nun für den Unterkörper unter Berücksichtigung anatomischer Zusammenhänge umgesetzt. Dabei wird besonderes Augenmerk auf eine korrekte Abbildung von Position und Form der Knochen, Gelenke und Muskeln sowie deren Beziehung und Bewegung zueinander gelegt. Sich wiederholende Arbeitsschritte für verschiedene Körperpartien werden an einem oder mehreren aussagekräftigen Beispielen erklärt. Sind Arbeitsschritte analog auf andere Körperbereiche übertragbar, werden diese Arbeiten einmalig beschrieben und die entsprechenden Ergebnisse präsentiert.

Die Umsetzung erfolgt wiederum in zwei Schritten: Nach dem weitgehend manuellen Erstellen eines anatomisch plausiblen Template-Modells (einmaliger Prozess) wird dieses zur automatisierten Animation personenindividueller weiblicher Oberflächenmodelle unterschiedlicher Größe verwendet.

5.1 Anatomiebasierter Aufbau des kinematischen Template-Modells

Um das kinematische Template-Modell anatomisch hinreichend genau aufbauen zu können, werden MRI-Daten einer Frau sowie Grundlagen aus medizinischer Literatur als Basis verwendet. Das kommerzielle *3ds Max*-Plugin *ACT*[1] erleichtert die Modellierung von Knochen und Muskeln, wird aber nur in Teilen verwendet und nach Überprüfung mit MRI-Daten und anatomischen Vorgaben noch entsprechend überarbeitet.

---

[1] Absolute Character Tool

5.1.1 Kinematisches Mensch-Modell *ACT*

Nach einer eingehenden Recherche kommerziell verfügbarer Lösungen zu Beginn der Promotion wurde das kinematische Mensch-Modell *ACT* als das funktionell am besten geeignete Produkt eingestuft und beschafft.

ACT besteht aus einem Skelett-, Muskel- und Hautmodell sowie einem sogenannten Subskin-Hilfsmodell zur Modellierung des Gewebes. Das Plugin wird nicht mehr für aktuelle *3ds Max*-Versionen aktualisiert und ist damit nicht mehr lauffähig. Ohne ein in *3ds Max* installiertes Plugin können das Modell nicht bewegt und die daraus resultierende Hautdeformation nicht ermittelt werden. Die Objekte (Knochen, Muskeln, Subskins, Haut) lassen sich aber in Polygonflächen konvertieren und somit weiterverwenden.

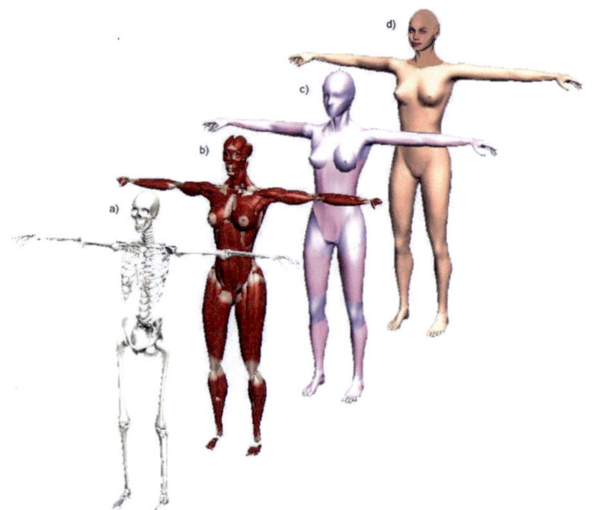

Die Proportionen des Modells sind sehr idealisiert mit langen Beinen, schmaler Taille, großen Brüsten. Das innere Modell in Form von Knochen und Muskeln ist jedoch realitätsnah abgebildet, so dass dieses als Ausgangspunkt für die eigene Modellierung verwendet und an tatsächliche anatomische Gegebenheiten angepasst werden kann.

Abbildung 5.1: Kinematisches Mensch-Modell *ACT* bestehend aus a. Skelett, b. Muskelsystem, c. Subskin und d. Hautmodell.

5.1.2 MRI-Daten *Virtual Family*

Entscheidend für den Aufbau eines anatomisch exakten Modells ist ein stimmiges Zusammenspiel von Knochen, Muskeln und Haut, insbesondere aber auch die korrekte Positionierung von Skelett und Muskelsystem innerhalb der Hautoberfläche. Anatomische Fachliteratur bietet einen sehr guten Anhaltspunkt für die Beschreibung der Zusammenhänge, allerdings fehlen hier meist Abbildungen von der Seite. Oft werden Gegebenheiten bevorzugt an männlichen Probanden erklärt. Prinzipiell ist die Funktionsweise der Bänder, Sehnen, Knochen und Muskeln nicht geschlechtsspezifisch und damit auf Frauen übertragbar. Unterschiede bestehen eher in der Form und Dimensionierung des Skeletts und des Bewegungsapparates, weniger in der prinzipiellen Arbeitsweise.

Als Basis für das anatomische Modell kommen im Rahmen der Promotion dreidimensionale Daten einer Frau zum Einsatz. Dies ermöglicht einen realitätsnahen Aufbau des weiblichen Körpers als Template-Modell. 2009 wurde eine Studie zur Entwicklung anatomisch korrekter Ganzkörpermodelle von zwei Erwachsenen (34-jähriger Mann, 26-jährige Frau) und zwei Kindern (11 und 6 Jahre) abgeschlossen. Die Studie ist ein

Gemeinschaftsprojekt von IT'IS[2], FDA[3], FAU[4], ETHZ[5], Universität Houston[6], Siemens Healthcare[7] und Johns Hopkins Bayview Medical Center[8]. Die Resultate sind für Forschungszwecke freigegeben. Die vier Modelle werden als *Virtual Family* bezeichnet und basieren auf Magnet-Resonanz-Aufnahmen. Alle Knochen, Muskeln, Gewebe und Organe wurden als dreidimensionale unstrukturierte Dreiecksflächen rekonstruiert (sinngemäß übersetzt basierend auf [CKH$^+$10]).

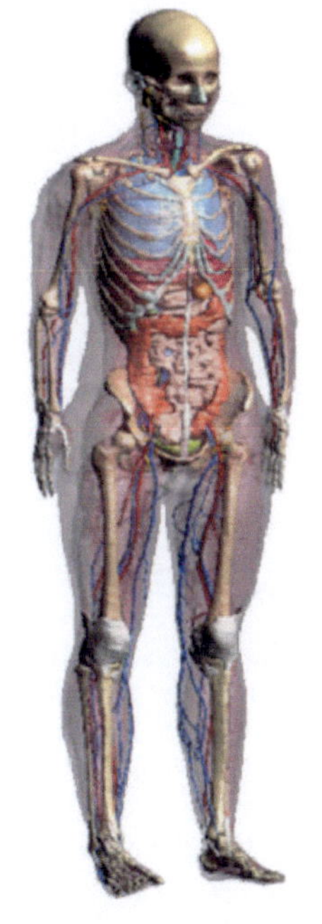

Abbildung 5.2: Weibliches Modell *Ella* der *Virtual Family*.

Die weibliche Figur der *Virtual Family* wird als *Ella* bezeichnet (siehe Abbildung 5.2) und ist ein für den Lösungszweck geeignetes dreidimensionales anatomisches Modell. In Abbildung 5.3 sind verschiedene Layer (Skelett, Muskeln, Haut) aus verschiedenen Perspektiven dargestellt. Da die Person im Liegen aufgenommen wurde, fallen besonders auf der Rückseite Deformationen der Haut aufgrund des eigenen Körpergewichts auf: Rücken, Po und Unterschenkel sind platt gedrückt (siehe dazu auch Abbildung 5.4). Die Brust scheint aufgrund der Schwerkraft etwas zur Seite zu fallen und damit von der Form im Stehen abzuweichen. Mit Unterstützung von Bildaufnahmen und anatomischen Fachbüchern werden fehlende oder unsichere Informationen ergänzt.

Das Hauptaugenmerk der Forschungsarbeit liegt bei der Erstellung des kinematischen Templates aber ohnehin auf dem inneren Modell und dessen generellem Zusammenhang mit der Haut. Die Hautoberfläche selbst wird an das zu animierende personenindividuelle Oberflächenmodell adaptiert, womit kleinere Mängel automatisch ausgemerzt werden.

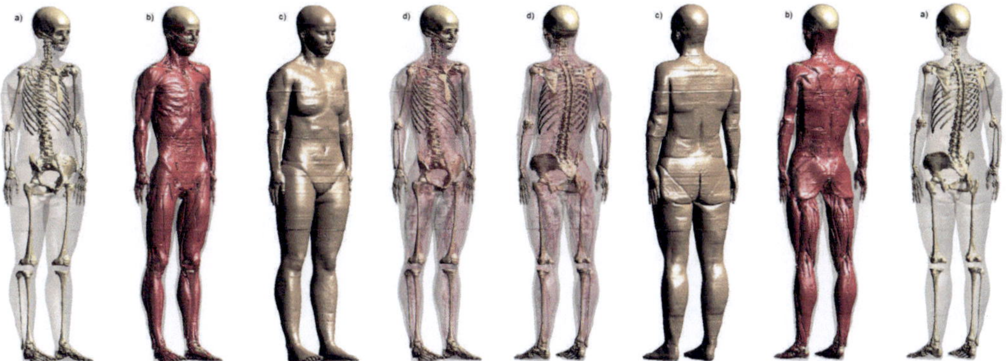

Abbildung 5.3: Weibliches Modell *Ella* der *Virtual Family* in zwei Ansichten und mit verschiedenen dargestellten Layern: a. Skelett, b. Skelett und Muskeln, c. Haut, d. Skelett mit halbtransparenten Muskeln.

---

[2] Foundation for Research on Information Technologies in Society, Zürich, Schweiz
[3] US Food and Drug Administration, Center for Devices and Radiological Health, USA
[4] Friedrich-Alexander-Universität, Erlangen-Nürnberg, Deutschland
[5] Eidgenössische Technische Hochschule, Zürich, Schweiz
[6] Department of Electrical and Computer Engineering, The University of Houston, USA
[7] MR-Application Development, Erlangen, Deutschland
[8] Department of Imaging, Baltimore, USA

Die Organe sind jeweils auf einem separaten Layer ein- und ausblendbar. Leider gilt das nicht für die einzelnen Knochen und Muskeln. Das Skelett und auch das Muskelsystem können jeweils nur komplett angezeigt oder verborgen werden. Das Darstellen und Exportieren einzelner Muskeln oder Knochen in ein von *3ds Max* oder anderen gebräuchlichen Softwarelösungen interpretierbares Datenformat wird derzeit nicht unterstützt. Für eine anatomisch richtige Ausrichtung und Dimensionierung der Knochen und Muskeln sind jedoch Screenshots aus verschiedenen Perspektiven ausreichend.

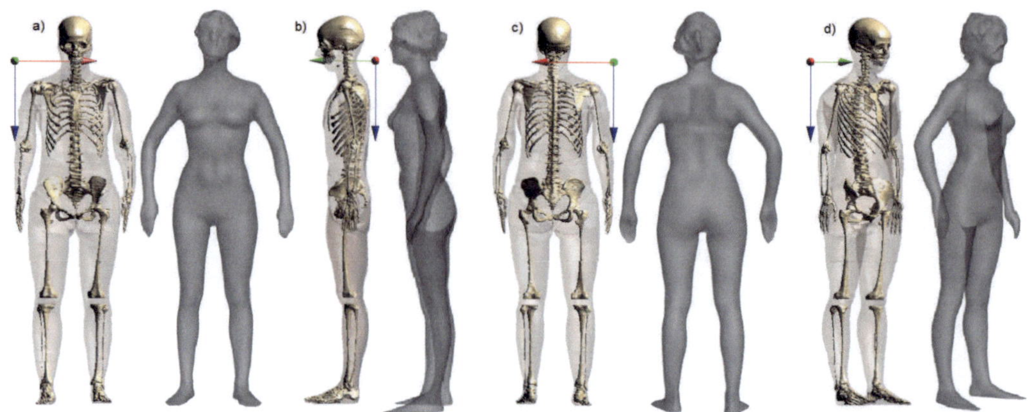

Abbildung 5.4: Gegenüberstellung der MRI-Daten des Modells *Ella* (links) und den Scandaten einer realen Frau (rechts) mit vergleichbarer Figur und Körpergrösse in verschiedenen Ansichten: a. vorn, b. seitlich, c. hinten, d. perspektivisch.

Abbildung 5.4 stellt *Ella* einer gescannten Person mit einer ähnlichen Körpergröße und -figur in typischer Scan-Aufnahmeposition gegenüber. Abgesehen von der Haltung der Arme stimmen die beiden Modelle weitgehend überein. Vor allem die Proportionen weichen deutlich weniger voneinander ab als bei dem in Kapitel 5.1.1 vorgestellten Mensch-Modell *ACT*.

Das Template-Modell soll symmetrisch sein. Daher wird nur eine Körperhälfte modelliert und an der vertikalen Körperachse gespiegelt. Da die rechte Körperseite im Gegensatz zur etwas nach vorn gedrehten Seite relativ gerade ausgerichtet ist, wird diese zur Erstellung des Template-Modells verwendet. Somit können auf der linken Seite Abweichungen zwischen Modell und Vorlage auftreten.

Um die spätere Erweiterung des anatomischen Templates auf den gesamten Körper zu erleichtern, werden das Haut- und Skelettmodell komplett erstellt. Das Muskelmodell kann später auch schrittweise ergänzt werden.

5.1.3 Oberflächen-Template

Ella dient als eine Art Schablone zur Definition der Kontur des Oberflächen-Templates. Daher werden Screenshots von vorn, hinten, oben, unten und von der Seite in ausgewählten Schnittebenen erstellt und in allen vorhandenen Ansichten in *3ds Max* importiert. Die Maßeinheit des Koordinatensystems wird auf Zentimeter eingestellt. Die Bilder werden auf Ebenen projiziert und unter Beibehaltung der Proportionen so skaliert, dass die Körperhöhe der Figur 163 cm, also der Körpergröße von *Ella* entspricht. Die Ebenen werden so ausgerichtet, dass der Koordinatenursprung in vertikaler Richtung genau auf Höhe der Fußsohlen und in horizontaler Richtung genau in der Körpermitte liegt. Je nach Bedarf können die Bilderebenen ein- und ausgeblendet werden.

Damit die Animation gut beherrschbar ist und um später die Verschiebung der einzelnen Knotenpunkte auf ein Ziel-Oberflächennetz kontrolliert und ohne Hinterschneidungen durchführen zu können, wird das Oberflächennetz zunächst in relativ große, rechteckige, regelmässige Teilflächen eingeteilt. Diese setzten sich aus je zwei Dreiecksflächen zusammen, wobei die gemeinsamen diagonalen Kanten zur besseren Übersicht ausgeblendet sind. Die Unterteilung des Oberflächen-Templates kann später bei Bedarf einfach und automatisiert verfeinert werden (wie in Kapitel 4.2.1 beschrieben).

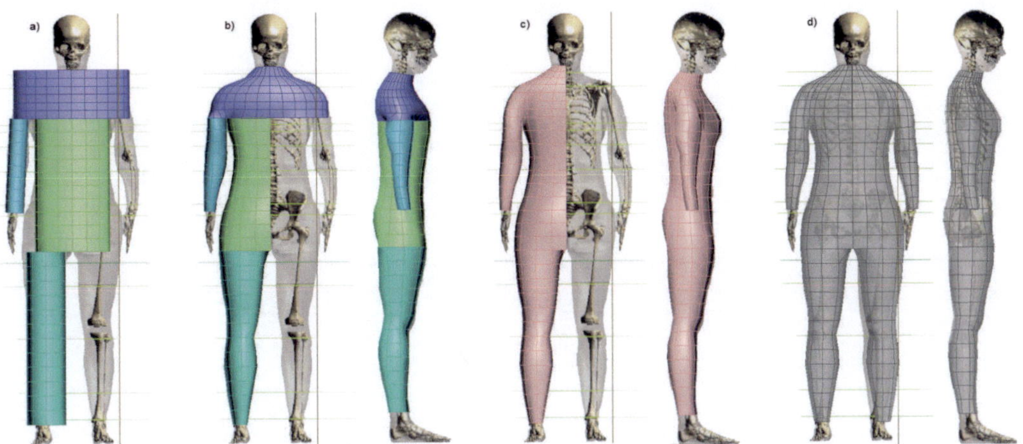

Abbildung 5.5: Aufbau des Hautnetzes des Oberflächen-Template-Modells: a. Zylinder als Annäherung für Arm, Schulter, Rumpf und Bein, b. horizontales Verschieben der Scheitelpunkte der Zylinder auf die Oberfläche, c. Verbinden der vier Zylinder und der Scheitelpunkte dazwischen zu einem Oberflächennetz sowie Löschen der Punkte rechts der Mittelachse, d. Spiegeln an der Mittelachse und Verbinden der beiden Hälften zu einem Netz sowie Verschweissen der Scheitelpunkte entlang der Mittelachse.

Zur Modellierung der Oberfläche des Template-Modells werden das rechte Bein, der rechte Arm, der Rumpf und der Schulterbereich jeweils mit einem Zylinder angenähert (Abbildung 5.5.a). Die Dimensionen der Zylinder wird wie folgt gewählt:

Körpersegment	**Spaltenzahl**	**Reihenzahl**
Bein	8	12
Rumpf	16	10
Schulter	28	6
Arm	6	8

Um ein durchgehendes Netz aufbauen zu können, wird die Anzahl Spalten so gewählt, dass die Summe der Spalten an aufeinandertreffenden Zylindern übereinstimmt. So ist die Anzahl der Spalten des Rumpfs gleich der Summe der Spalten der beiden Beine resp. des Schulterbereichs gleich der Summe der Spalten des Rumpfes und der Arme. Die Anzahl Höhensegmente wird so gewählt, dass die Netzdichte in etwa gleichbleibend ist. Lediglich im Schulterbereich wird ein etwas kleinerer Höhenabstand verwendet, weil dort große Querschnittsänderungen stattfinden.

Als zusätzliche Orientierung werden auch Querschnitte des MRI-Modells in der entsprechenden Höhe erstellt (siehe Abbildung 5.6) und in *3ds Max* eingelesen. Jeder Scheitelpunkt jedes Zylinders wird horizontal in der Vorder- und Seitenansicht so verschoben, dass er auf der Oberfläche des MRI-Modells liegt (Abbildung 5.5.b). An den Bereichen zwischen den Zylindern werden die Scheitelpunkte so angepasst, dass die Spalten jeweils fortlaufen. Im Bereich der Brust und des Gesäßes wird etwas Volumen hinzugefügt, um den Auswirkungen der liegenden Position entgegenzuwirken. Die Körperachse folgt der Wirbelsäule in der frontalen Ansicht. Die Knotenpunkte in der vorderen und rückwärtigen Mitte verlaufen genau auf dieser Achse.

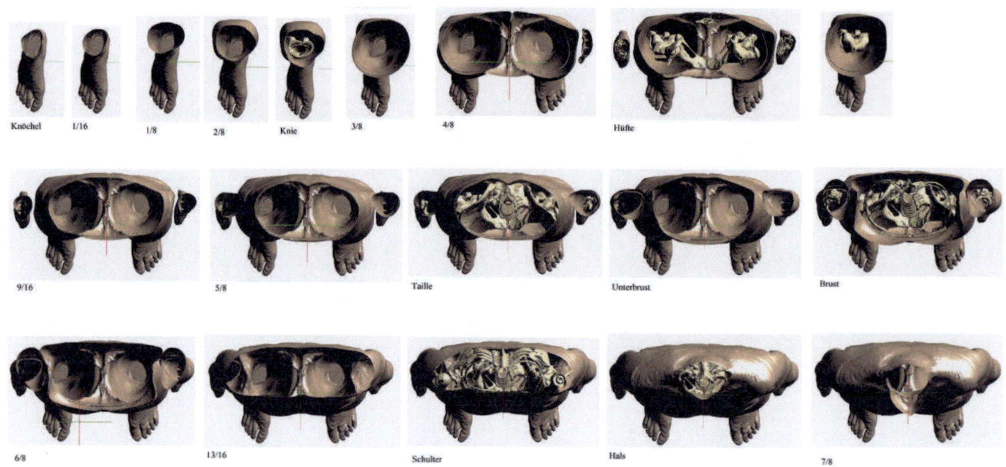

Abbildung 5.6: Querschnitte durch das MRI-Modell *Ella* in verschiedenen Höhen.

Die vier Zylinder werden miteinander zu einem Oberflächennetz verbunden (Abbildung 5.5.c). Die Scheitelpunkte an den Übergangsstellen werden jeweils miteinander zu je einem Scheitelpunkt verschweißt. Alle Knotenpunkte der linken Schulterseite werden gelöscht. Im Schritt- und im Achselbereich werden wenige zusätzliche Knotenpunkte eingefügt sowie mit Bein und Rumpf respektive Arm und Rumpf verschweißt.

Das entstandene Netz wird kopiert, horizontal gespiegelt und werden verbunden (Abbildung 5.5.d). Die in der Mittelachse liegenden Knotenpunkte werden jeweils zu einem verschmolzen. Da das linke Bein etwas nach vorn gedreht ist, stimmen hier die Knotenpunkte wie erwartet nicht exakt mit dem Umriss der MRI-Daten überein. Da das Skelettmodell symmetrisch angelegt wird, ist das kein Problem.

5.1.4 Skelett-Template

Analog zur Erstellung des Oberflächen-Templates werden dem Skelett-Template die MRI-Aufnahmen auf Ebenen zugrunde gelegt (siehe Abbildung 5.7.b). Das Oberflächennetz wird ausgeblendet. Die Knochen des *ACT*-Modells werden importiert (siehe Abbildung 5.7.a) und entsprechend der Vorlage von *Ella* skaliert, rotiert und ausgerichtet. Wenn es erforderlich ist, wird die Oberfläche der Knochen überarbeitet. Die Wirbelsäule, der Kopf und das Steißbein werden komplett modelliert. Als Vorlage dienen neben den MRI-Daten auch entsprechende Bilder aus der anatomischen Fachliteratur (siehe Abbildung 5.7.c).

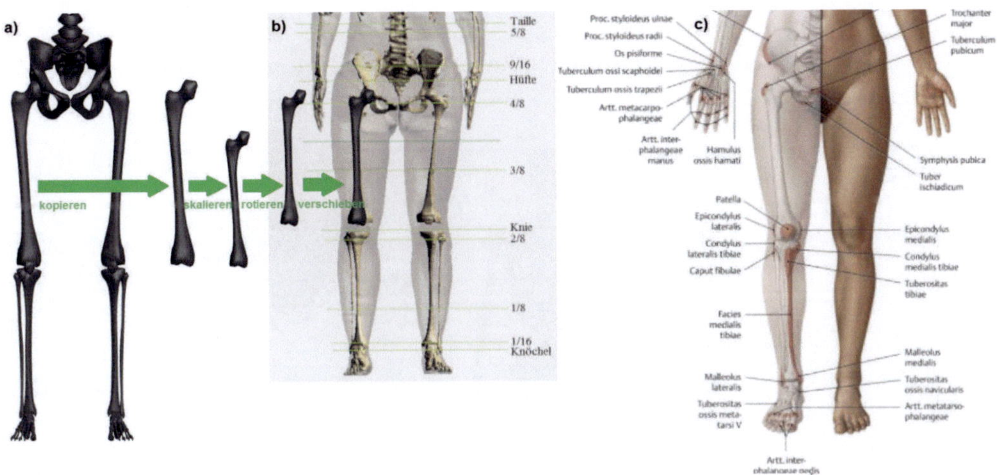

Abbildung 5.7: Anatomisch korrektes Anpassen der Knochen an das Modell *Ella* : a. Knochen des *ACT*-Mensch-Modells, b. MRI-Daten des Modells *Ella*, c. anatomisches Modell aus [SSS[+]07].

Nachdem alle Knochen auf der rechten Körperhälfte und die Wirbelsäule in Front- und Seitenansicht angepasst sind (siehe Abbildung 5.8.a und b), werden die Knochen der rechten Seite kopiert und mit gleichem Abstand zur Wirbelsäule auf die linke Körperseite gespiegelt. Abbildung 5.8 zeigt das komplette Skelettmodell perspektivisch (c), von hinten (d) und von vorn, eingebettet in das Oberflächenmodell. Dieses Skelett ist noch statisch.

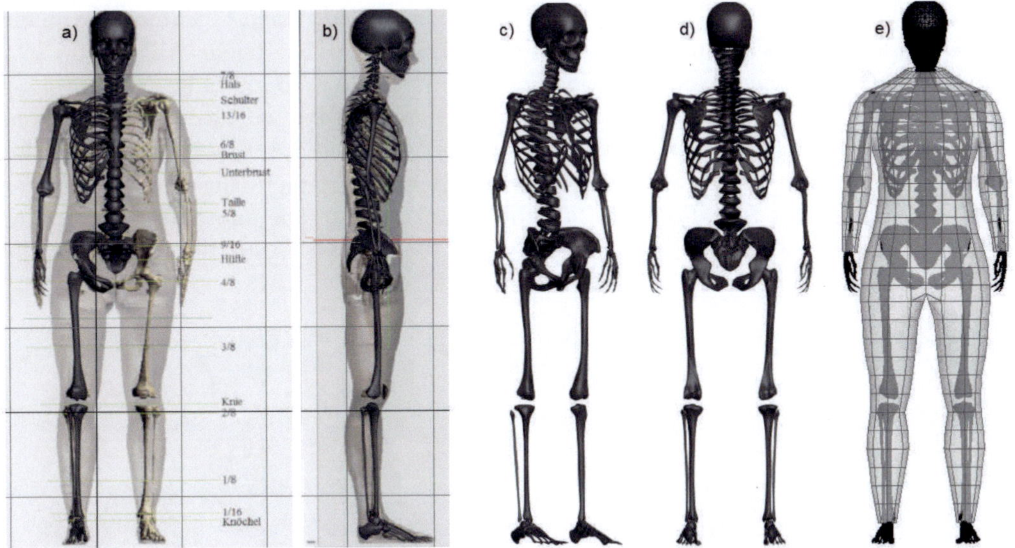

Abbildung 5.8: Anatomisch korrektes Anpassen der Knochen an das Modell *Ella*: a. Knochen des *ACT*-Mensch-Modells, b. MRI-Daten des Modells *Ella*, c. anatomisches Modell aus [SSS[+]07]. Gezeigt am Beispiel des rechten Oberschenkelknochens.

Zur Abbildung der kinematischen Zusammenhänge wird wiederum ein Biped-System verwendet (siehe Kapitel 4.1.1), dessen Bones durch realitätsnahe Knochen ersetzt werden. Obwohl beides Bones und Bones-Systeme im eigentlichen Sinne sind und es aus animationstechnischer Sicht keine Unterschiede gibt, sollen diese in Zukunft als Knochen bezeichnet werden, wenn es um die realitätsnahe Form selbst geht. Handelt es sich um die gelenkmechanischen Zusammenhänge, wird weiterhin von Bones und Bones-Systemen gesprochen.

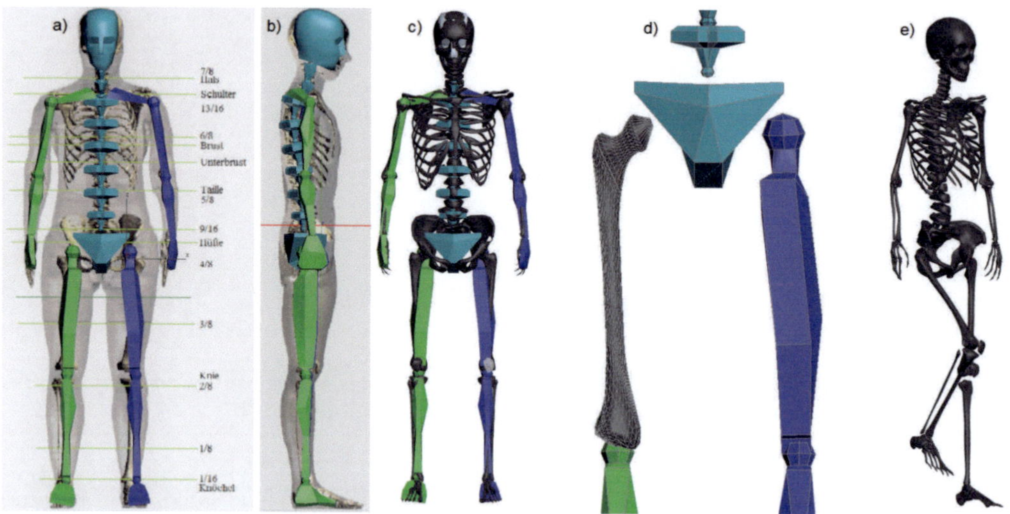

Abbildung 5.9: Erstellen und Ausrichten eines Biped-Systems anhand des Template-Skelettmodells: Biped-System von a. vorn, b. seitlich, c. Gelenke ausgerichtet an den Gelenkpunkten des Skelettmodells, d. Ersatz des rechten Oberschenkel-Bones durch einen anatomisch geformten Oberschenkelknochen, e. Bewegen des Bipeds mit komplett ersetzten Bones durch Knochen.

Das Biped-System wird in Haltung und Dimension der einzelnen Gliedmaßen anhand des MRI-Datenmodells von *Ella* in Vorder- und Seitenansicht (siehe Abbildung 5.9.a und b) ausgerichtet. Die exakte Position der Gelenkpunkte wird mit Hilfe des Template-Skelettmodells ermittelt (siehe Abbildung 5.9.c). Anschließend wird jeder einzelne Bone durch einen oder mehrere Knochen ersetzt (siehe Abbildung 5.9.d). Teilweise werden Bones aus mehreren Knochen kombiniert, zum Beispiel ergeben Elle und Speiche den Unterarm-Bone. Das Biped-System besteht jetzt komplett aus anatomisch geformten Knochen und ist bewegbar (siehe Abbildung 5.9.e). Durch Änderung der Höhe des Bipeds werden alle Knochen proportional skaliert.

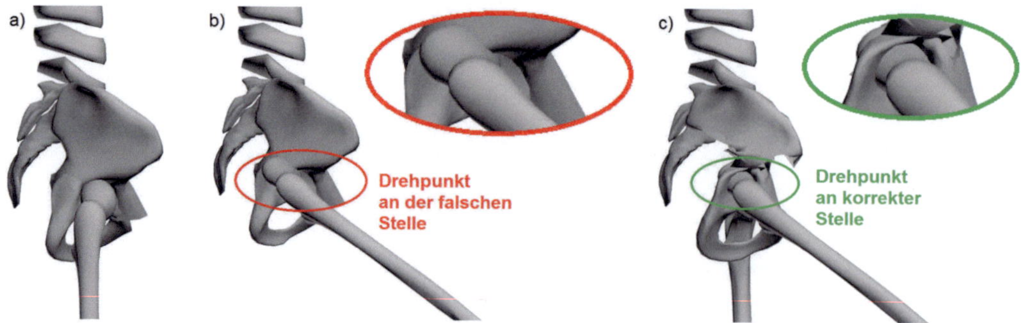

Abbildung 5.10: Bewegung des a. Oberschenkelknochens bei b. falscher und c. korrekter Positionierung des Gelenkpunktes.

Äußerst wichtig für die korrekte Nachahmung von Körperbewegungen ist die Positionierung der Gelenkpunkte. Abbildung 5.10 (Mitte) zeigt den Effekt eines falsch definierten

Drehpunktes des Oberschenkelknochens: Der Kopf des Oberschenkelknochens dreht sich aus der Gelenkpfanne des Beckenknochens heraus. Eine solche Bewegung ist bei einem gesunden Menschen nicht möglich und führt zu unrealistischen Bewegungssequenzen und Hautdeformationen. Im rechten Teil von Abbildung 5.10 ist die korrekte Drehbewegung nach Anpassung des Gelenkpunktes dargestellt.

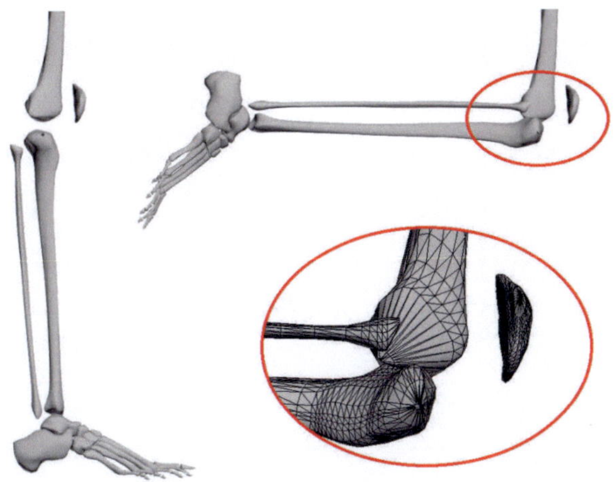

Abbildung 5.11: Durchdringung Ober- und Unterschenkelknochen bei falscher Positionierung des Kniegelenks.

Die Verwendung realitätsnaher Knochen erlaubt eine einfache Kontrolle der Gelenkpositionen. Mit der stark vereinfachten Form der Bones des Bipeds ist diese Überprüfung nicht möglich und anatomische Fehler sind nicht erkennbar. Am Knie führt eine falsche Stelle für das Kniegelenk zu einer Durchdringung von Ober- und Unterschenkelknochen (siehe Abbildung 5.11). Dies stellt ebenfalls eine in der Realität nicht mögliche Bewegung dar.

Am Kniegelenk findet keine Drehung um einen Punkt statt, sondern entlang einer Evolute (siehe Abbildung 5.12). Daher muss der Drehpunkt hier als sinnvoller Kompromiss so gesetzt werden, dass die Realität gut abgebildet wird.

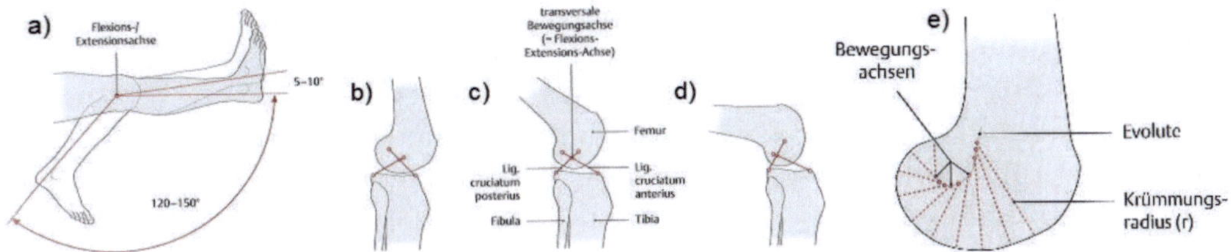

Abbildung 5.12: Flexion und Extension im Kniegelenk. Bilder aus [SSS$^+$07].

Die Modellierung des Knies inklusive der zugehörigen Bänder wird in Kapitel 5.1.5.2 ausführlich behandelt.

5.1.5 Muskulatur-Template

Wie bereits in Kapitel 2.4 ausgeführt, gibt es zwei verschiedene Arten von Muskeln:

- Haltemuskeln mit einer großen, aber wenig tiefen Fläche, die einen entsprechend großen Einflussbereich haben. Beispiele hierfür sind die Adduktoren und *M.rectus femoris* (siehe Abbildung 5.13.a, rot markiert).
- Bewegungsmuskeln, die zwei verschiedene Knochen verbinden und über mindestens ein Gelenk hinweg mit ihren Sehnen an den Knochen ansetzen, z.B. *M.vastus medialis* und *lateralis* (siehe Abbildung 5.13.a, grün markiert). Verkürzt sich ein Muskel, zieht er die beiden Knochen in deren Gelenk aufeinander zu. Im Vergleich

zu den Haltemuskeln ist der Einflussbereich zwar kleiner, die Wirkung durch die starke Volumenänderung beim Strecken und Beugen jedoch größer.

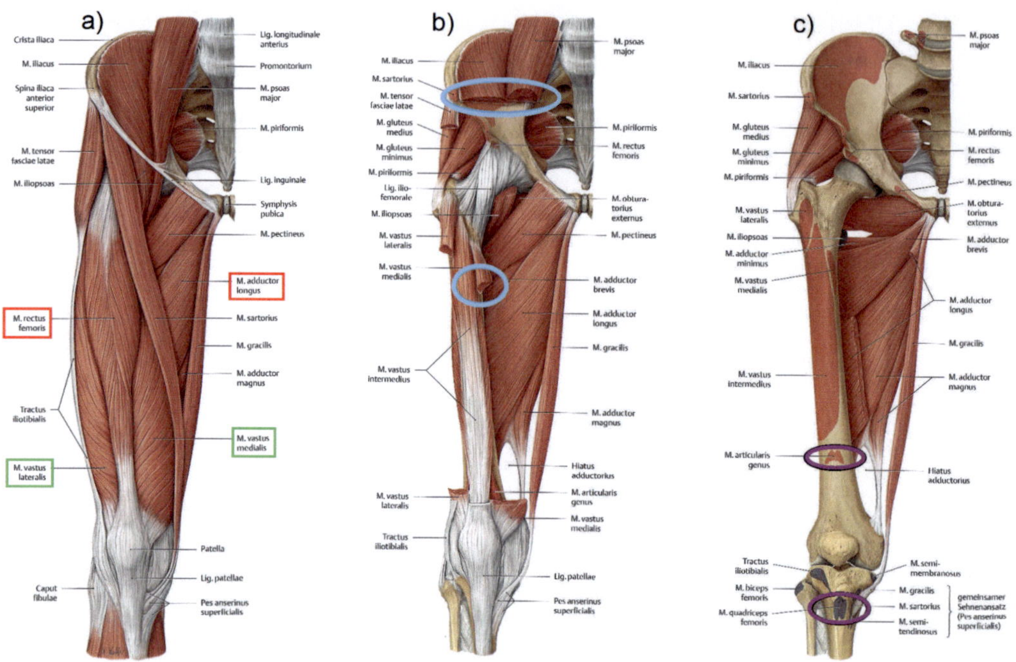

Abbildung 5.13: Muskeltypen. Bild aus [SSS$^+$07].

Damit die Kraft, die von den Muskeln entwickelt wird, in Bewegungen der Knochen umgesetzt wird, müssen diese miteinander verbunden werden. Dies ist die Aufgabe der Sehnen. Sie bestehen aus festem, aber biegsamem collagenem Bindegewebe. Ihre Fasern liegen parallel zur Zugrichtung. Sehnen sind im Muskel mit den Muskelfasern verwachsen und setzen am Knochen an Vorsprüngen oder aufgerauten Bereichen an. Einerseits haben Bänder und Sehnen modellierungstechnischen Einfluss, der sich auf eine kleine Fläche konzentriert (z.B. am Knie). Andererseits haben sie aber nur indirekten Einfluss, indem sie definieren, wie sich Muskeln bewegen, strecken und stauchen. Explizit modelliert werden nur Sehnen und Bänder, die direkten Einfluss auf die Deformation der Haut oder auf die Positionierung sowie Bewegung der modellierten Muskeln haben.

Bei der Modellierung des Muskelsystems hilft das *Virtual Family*-Modell *Ella* nur bedingt, da nur die Oberfläche aller Muskeln in ihrer Gesamtheit vorliegt (siehe Abbildung 5.14), nicht aber die Muskeln einzeln als 3D-Objekt zur Verfügung stehen.

Dennoch sind Richtung, Ausdehnung und Breite der Muskeln gut erkennbar. Besonders auf der Rückseite muss für eine realitätsnahe Modellierung aber anatomische Fachliteratur zu Rate gezogen werden. Die Deformation durch die liegende Position ist hier besonders groß. In [SSS$^+$07] sind detaillierte Darstellungen von Form und Dimension der Muskeln, der Muskelansatzpunkte sowie der Bewegungsrichtungen beim Strecken und Stauchen der Gliedmaßen zu finden. Zur Verdeutlichung werden oft Muskeln zumindest teilweise entfernt (siehe Abbildung 5.13.b, blau markiert), so dass darunterliegend Muskeln, Knochen und Sehnen ersichtlich sind. Sind die Muskeln komplett entfernt, sind ihre Muskelansatzpunkte entsprechend farblich markiert und beschriftet (siehe Abbildung 5.13.c, pink markiert).

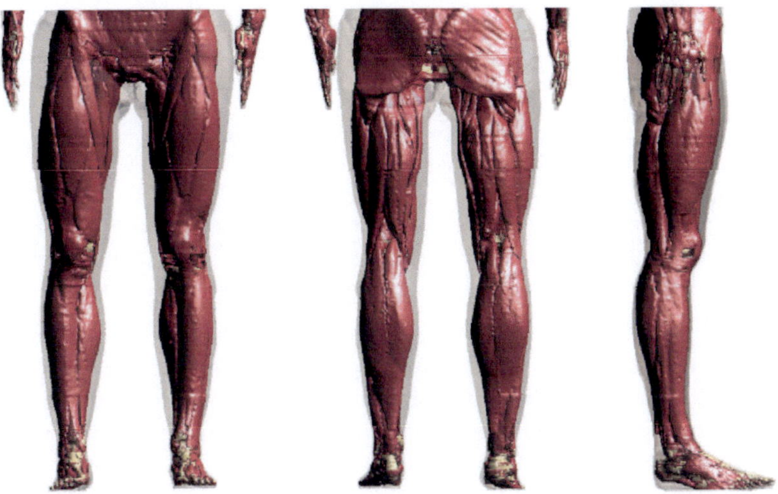

Abbildung 5.14: Muskelsystem von *Ella*.

Als weitere Informationsquelle zur Modellierung und Anordnung der Muskeln werden Querschnittsbilder durch Ober- und Unterschenkel (siehe Abbildung 5.15) verwendet.

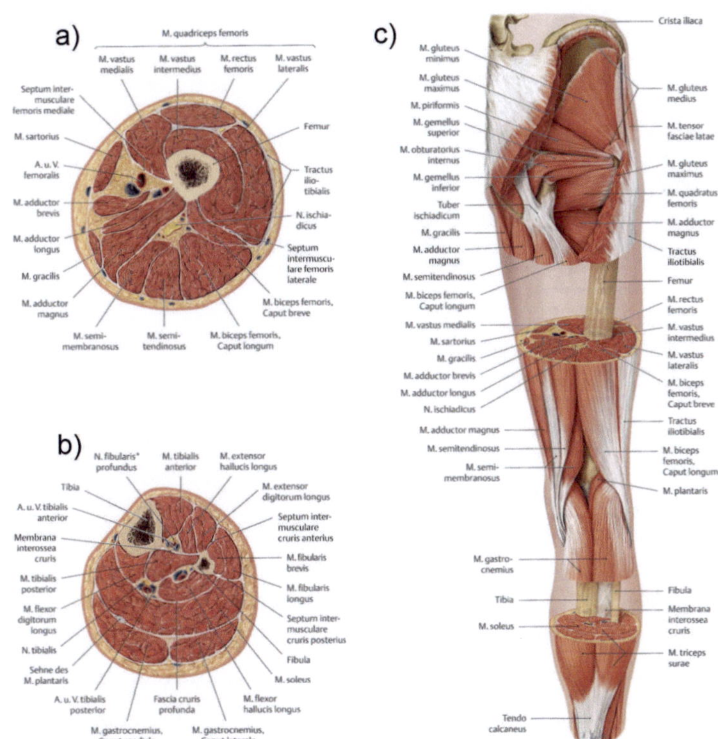

Abbildung 5.15: Muskeln im Bein im Querschnitt. a. Oberschenkel-Querschnitt, b. Unterschenkel-Querschnitt, c. Bein von hinten, Markierung der Position der Querschnitte a. und b. Bild aus [SSS+07].

In [SSS+07] ist jeder Muskel schematisch einzeln und auch im Verhältnis zu den benachbarten Muskeln dargestellt.

Die Kombination aus

- Skelett,
- Muskelansatzpunkten,
- Muskelform,
- Verhältnismäßigkeit zu benachbarten Muskeln und
- Oberfläche aller Muskeln

definiert die Randbedingungen jedes einzelnen Muskels genau genug, um ihn realitätsnah modellieren zu können.

Bei Bewegung dürfen die Muskeln weder Knochen noch andere Muskeln durchdringen, sondern müssen sich um diese Hindernisse legen oder diese selbst deformieren. Daher muss eine Kollisionsdetektion für jeden Muskel hinterlegt werden. Die Modellierung der verschiedenen Muskeltypen und Bänder sowie die Kollisionsdetektion werden für den Unterkörper demonstriert. Die Muskeln werden für die rechte Körperhälfte erzeugt und anschließend kopiert und auf die linke Seite gespiegelt sowie mit den entsprechenden Knochen verknüpft.

Die Einteilung der Muskulatur der unteren Extremität orientiert sich am „Kompromiss aus topografischen und funktionellen Gesichtspunkten" aus [SSS+07]:

A Hüft- und Gesäßmuskulatur
- Innere Hüftmuskeln
- Äußere Hüftmuskeln
- Muskeln der Adduktorengruppe

B Oberschenkelmuskulatur
- Vordere Muskeln - Extensorengruppe
- Hintere Muskeln - Flexorengruppe

C Unterschenkelmuskulatur
- Vordere Muskeln - Extensorengruppe
- Seitliche Muskeln - Peroneusgruppe
- Hintere Muskeln - Flexorengruppe

D Kurze Fußmuskeln
- Muskeln des Fußrückens
- Muskeln der Fußsohle.

Weil das Hautmodell den Fußbereich nicht berücksichtigt, sind die Fußmuskeln im Rahmen der vorliegenden Arbeit unbedeutend und werden nicht weiter betrachtet. Die Bearbeitungsreihenfolge ist C-B-A, also vom Unterschenkel über den Oberschenkel zur Hüft- und Gesäßmuskulatur. Der Aufbau erfolgt in dieser Abfolge, da die Positionen der Muskeln auch jeweils voneinander abhängig sind und so jeweils zunächst die innen liegenden Muskeln (d.h. näher am Skelett) erstellt werden, auf die die nächsten Muskeln anschließend aufbauen können.

Die Patella und ihre Sehnen bestimmen direkt die Position vom *M.quadriceps femoris*. Deshalb wird der Kniebereich zusammen mit der Oberschenkelmuskulatur behandelt. Es werden nur die für die Animation wichtigsten Muskeln modelliert. Welche dies sind, wird im jeweiligen Unterkapitel erläutert. Die oberflächlichen Flexoren der hinteren Muskelgruppe sind hervorgehoben beschriftet.

5.1.5.1 Unterschenkelmuskulatur

Die Unterschenkel-Muskulatur setzt sich aus den vorderen (Extensorengruppe), seitlichen (Peroneusgruppe) und hinteren (Flexorengruppe) Muskeln zusammen. Die vorderen und seitlichen Muskeln sind am Unterschenkelknochen angewachsen und haben ein relativ geringes Volumen. Bei Bewegung ändert sich dieses Volumen daher wenig und alle seitlichen und vorderen Muskeln folgen den Unterschenkelknochen *Tibia* und *Fibula*, so dass diese aus animationstechnischer Sicht ausreichend gut vom Knochen repräsentiert werden.

Der Wadenmuskel *M. triceps surae* ist dreiköpfig und setzt sich aus den beiden oberflächlichen Flexoren *M.gastrocnemius, Caput mediale* und *M.gastrocnemius, Caput laterale* und dem darunterliegenden *M. soleus* zusammen. Alle drei Muskel enden in der Achillessehne *Tendo calcaneus*. Da der *M.gastrocnemius* über die Achillessehne einerseits indirekt am Fußknochen und andererseits direkt am Oberschenkelknochen *Os femoris* befestigt ist, variiert seine Muskellänge bei Bewegung des Beins beträchtlich.

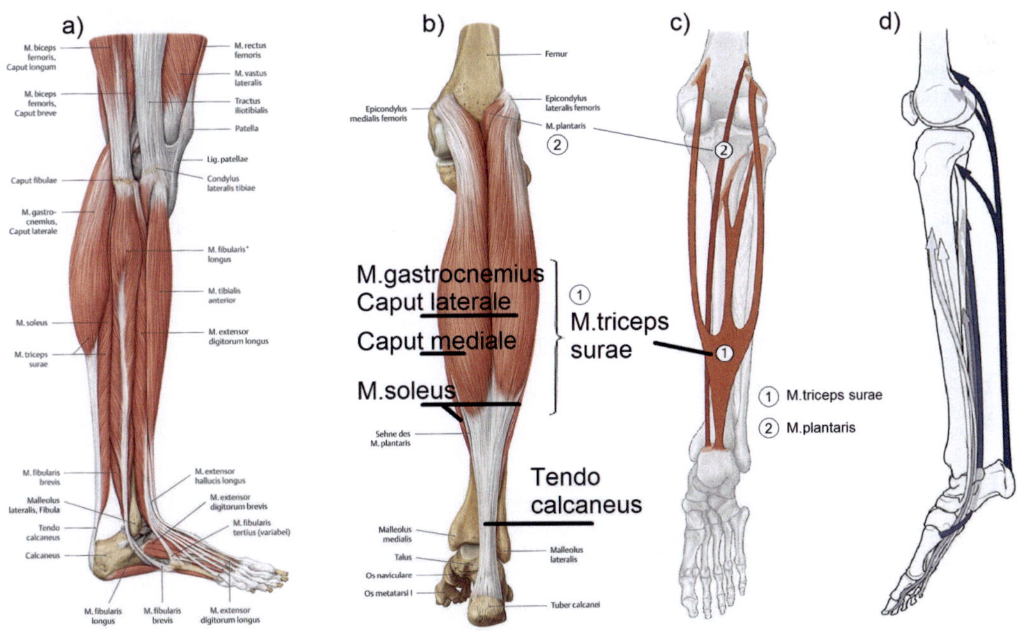

Abbildung 5.16: a. Muskeln des Unterschenkels von rechts, oberflächliche Flexorengruppe von hinten (b) und im Überblick (c), d. Muskelfunktionen bei Bewegungsart Plantarflexion. Bilder aus [SSS+07] entnommen.

Die tiefliegenden Muskeln *M.plantaris* sowie *M.soleus* beeinflussen die Hautoberfläche deutlich weniger und werden daher vernachlässigt. Abbildung 5.16 zeigt die Unterschenkelmuskulatur von der Seite und von hinten sowie die Muskelfunktionen bei *Plantarflexion*. Zunächst werden die Sehne und die beiden Muskeln modelliert, in einem zweiten Schritt erfolgen die Animation und Kontrolle des Verhaltens bei Bewegung.

Da die Achillessehne die Ansatzstelle für die beiden Muskeln bildet, wird zunächst diese modelliert und durch einen Zylinder ähnlicher Ausdehnung angenähert. Nach der Umwandlung in ein *bearbeitbares Netz* können die Knotenpunkte des Zylinders beliebig editiert werden. Analog zum Anpassen des Oberflächenmodells wird jeder Zylinderquerschnitt skaliert, gedehnt und ausgerichtet sowie jeder Scheitelpunkte feinjustiert, bis die

Oberfläche den anatomischen Vorgaben aus der Fachliteratur und den MRI-Aufnahmen entspricht.

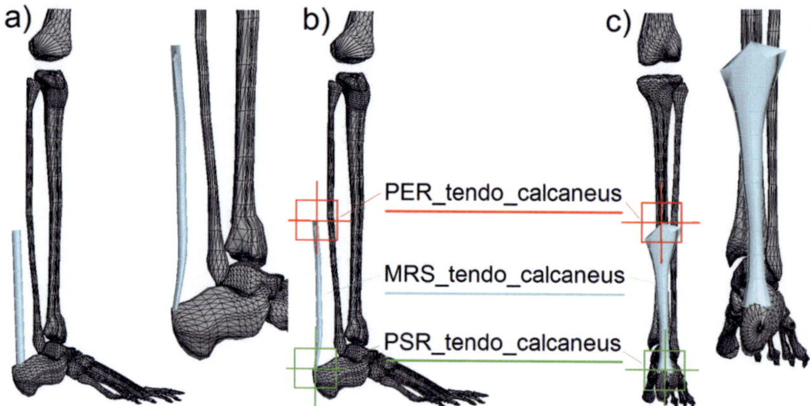

Abbildung 5.17: Modellierung der Achillessehne *M.tendo calcaneus* und Definition von Startpunkt *PSR_tendo_calcaneus* und Endpunkt *PER_tendo_calcaneus*: a. Definition eines Zylinders ähnlicher Ausdehnung, Modellierung der Achillessehne durch Skalierung und Verschiebung der Querschnittsflächen des Zylinders und Feinjustage, Ansicht von Sehne und Hilfspunkte b. von rechts und c. von hinten.

Zur leichteren Zuordnung werden folgende Präfixe für die rechte Körperhälfte des Modells eingeführt:

- MR_   Muskel,
- MRS_   Sehne,
- PSR_   Startpunkt Muskel oder Sehne und
- PER_   Endpunkt Muskel oder Sehne.

Für die linke Körperhälfte werden analog ML_, MLS_, PSL_ und PEL_ verwendet. Direkt danach werden die anatomisch korrekten Bezeichnungen angehängt. Enthaltene Leerstellen werden durch einen Unterstrich _ ersetzt.

So wird z.B. aus *M.tendo calcaneus* auf der rechten Körperseite *MRS_ tendo_ calcaneus* (siehe Abbildung 5.17) und auf der linken Körperseite entsprechend *MRS_ tendo_ calcaneus*.

Außerdem werden die Objekte je nach Bedeutung einheitlich eingefärbt:

- dunkelrot   Muskel,
- hellblau   Sehne,
- grün   Startpunkt Muskel oder Sehne und
- rot   Endpunkt Muskel oder Sehne.

Die beiden Muskeln *M.gastrocnemius, Caput mediale* und *Caput laterale* werden analog modelliert und positioniert. Auch diesen werden je ein Start- und Endpunkt zugewiesen (siehe Abbildung 5.18). Die Abbildung zeigt zusätzlich die Lage innerhalb des Oberflächennetzes des Template-Modells.

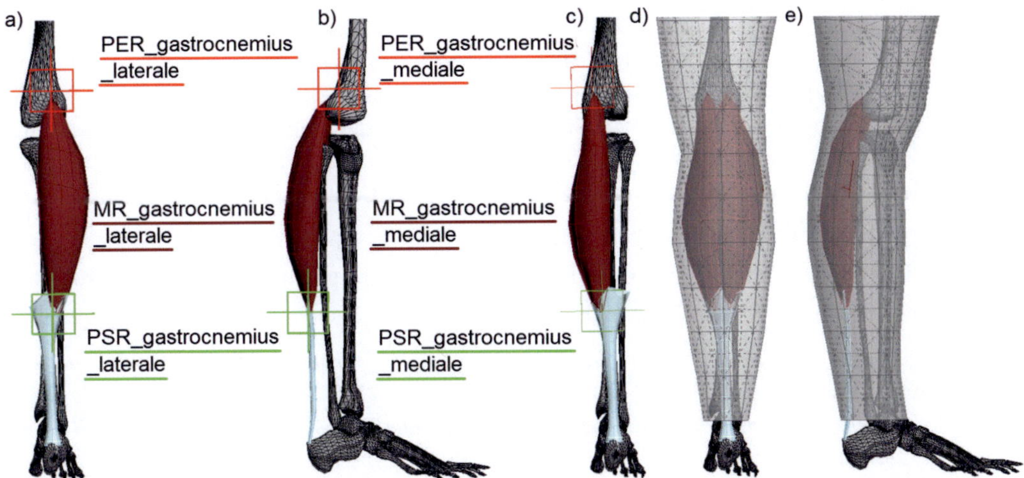

Abbildung 5.18: Die beiden Unterschenkelmuskeln *M. gastrocnemius, Caput mediale* und *Caput laterale* modelliert als 3-dimensionales Polygonnetz in *3ds Max*. a) *Caput laterale* von hinten, b) beide Muskeln von rechts, c) *Caput mediale* von hinten. *Caput laterale* und *Caput mediale* positioniert im Oberflächennetz des Template-Modells von d) hinten und e) rechts.

M.tendo calcaneus, M.gastrocnemius, Caput mediale und *Caput laterale* sind damit zwar modelliert, aber noch nicht mit dem Skelett verknüpft, so dass sie sich nicht mit dem Skelett bewegen. Die Länge der Achillessehne bleibt bei Haltungsänderungen konstant, so dass die Definition von Animationsbeschränkungen ausreichend ist. In Anhang A sind die verfügbaren Animationsbeschränkungen kurz erläutert. Zur Animation der Muskeln werden Bones verwendet. Deren Hauptanwendungsfeld sind Knochen, deren Länge bei Bewegung gleich bleibt. Durch das Hinterlegen von Beschränkungen kann jedoch erreicht werden, dass sich diese strecken und stauchen können. Diese Art von Bones werden als *Stretchy Bones* bezeichnet (siehe auch Kapitel 4.3.3).

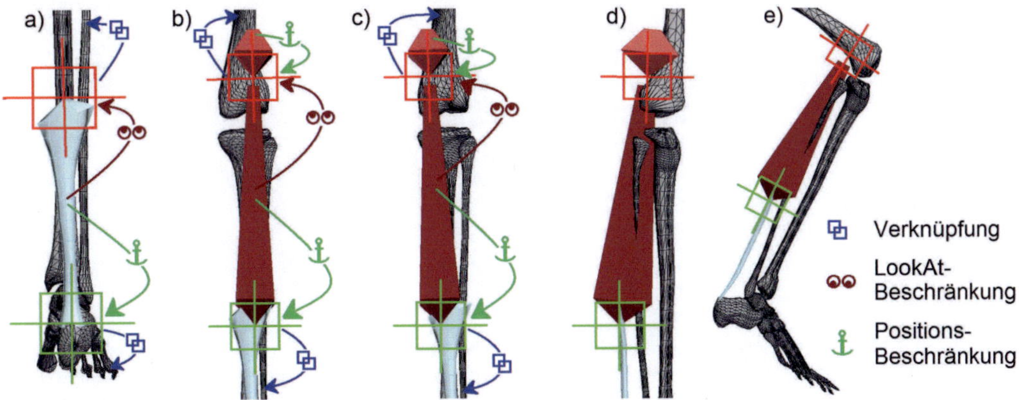

Abbildung 5.19: Hinterlegung der Animationsbeschränkungen am Unterschenkel: a. für die Achillessehne *M.tendo calcaneus*, b. für den Muskel *M.gastrocnemius lateralis*, c. für den Muskel *M.gastrocnemius medialis*. d. und e. zeigen das Verhalten der Sehne, der Muskeln und der Muskelansatzpunkt bei Änderung der Haltung.

Zur Animierung des Muskels *M. gastrocnemius, Caput laterale* als *Stretchy Bone* wird ein Bones-System bestehend aus zwei Bones, dem Muskel-Bone zwischen Start- und Endpunkt des Muskels und dem Abschlussbone, angelegt. Der Startpunkt des Muskel-Bones entspricht *PSR_ gastrocnemius_ laterale*, der Endpunkt liegt genau auf *PER_ gas-*

trocnemius_laterale. Anatomisch gesehen ist der Muskel an diesen beiden Stellen festgewachsen, so dass er sich zwischen diesen beiden Punkten dehnt und staucht. Um das in *3ds Max* analog abzubilden, werden Positionsbeschränkungen für den Muskel-Bone mit dem Positionsziel *PSR_gastrocnemius_laterale* und für den Abschlussbone mit dem Ziel *PER_gastrocnemius_laterale* definiert. Für die korrekte Ausrichtung des Muskel-Bones bei Bewegung ist zusätzlich noch eine LookAt-Beschränkung mit dem Ziel *PER_gastrocnemius_laterale* erforderlich.

Damit sich die Start- und Endpunkte bei Positionsänderung mit den Knochen bewegen, müssen sie mit diesen verknüpft werden:

- *PER_gastrocnemius_laterale* und *PER_gastrocnemius_mediale* mit dem Oberschenkelknochen,
- *PSR_gastrocnemius_laterale* und *PSR_gastrocnemius_mediale* sowie *PER_tendo_calcaneus* mit dem Unterschenkelknochen und
- *PSR_tendo_calcaneus* mit dem Fußknochen.

Nach dem Anwenden des Modifikators *Netz bearbeiten* auf den Muskel-Bone können seine Scheitelpunkte gelöscht und mittels der Funktion *Anhängen* durch die Scheitelpunkte des Muskelmodells ersetzt werden. Die Modellierung und Animation des inneren Wadenmuskels *M. gastrocnemius, Caput mediale* erfolgt analog dazu. Alle Verknüpfungen und Animationsbeschränkungen der beiden hinteren Unterschenkelmuskeln und der Achillessehne sind in Abbildung 5.19 dargestellt.

Zur Kontrolle der Veränderungen von Achillessehne und Muskeln bei Haltungsänderung wird die in Kapitel 4.1.1 definierte Bewegungssequenz durchlaufen. In der in Abbildung 5.20.b gezeigten Position verkürzen sich die Muskeln um rund 20 % gegenüber der Länge in stehender Position. Die Länge der Achillessehne bleibt unverändert.

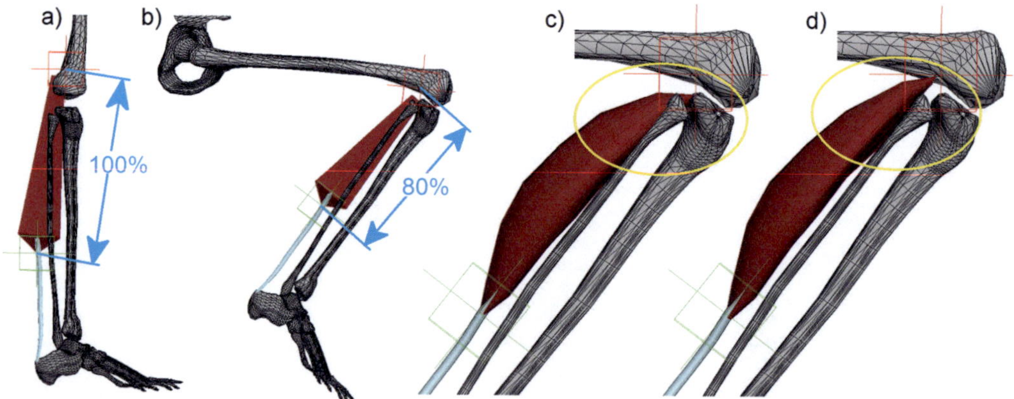

Abbildung 5.20: Deformation der Achillessehne und Muskeln bei Bewegung des Beins. a. Ausgangssituation in der stehenden Position, b. Anheben des Beins, die Länge des Muskels beträgt 80 % der Länge in stehener Position. c. Durchdringung des Muskels durch den Unterschenkelknochen, d. Verhinderung der Überschneidung durch Anwenden des Modifikators *Hautwicklung*.

Wenn der Winkel zwischen Ober- und Unterschenkel sehr spitz wird, durchdringt der Muskel den Unterschenkelknochen (siehe Abbildung 5.20.c). Um diese Überschneidung zu verhindern, wird für beide Wadenmuskeln je ein Modifikator *Hautwicklung* mit dem Unterschenkelknochen als Kontrollobjekt definiert. Dies bewirkt eine Verdrängung der beiden Muskeln auf der Rückseite des Unterschenkels in der Höhe des Knies (siehe Abbildung 5.20.d).

5.1.5.2 Oberschenkelmuskulatur und Knie

Die Oberschenkelmuskulatur besteht aus der Extensoren- und der Flexorengruppe auf der Vorder- respektive Rückseite (siehe Abbildung 5.21). Wie bei der Unterschenkelmuskulatur werden tiefliegende Muskeln, die weitgehend dem Knochen (hier: *Femur*) folgen, nicht modelliert.

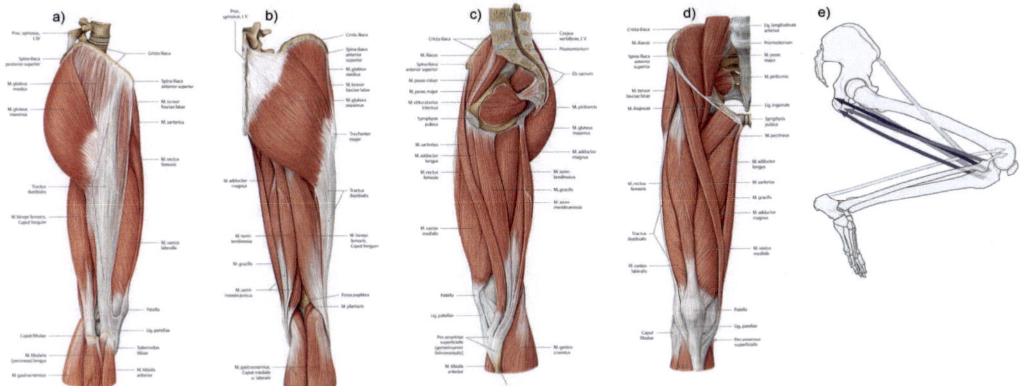

Abbildung 5.21: Oberschenkel-, Hüft- und Gesäßmuskulatur von a. rechts, b. hinten, c. links, d. vorn. Muskelbewegung bei Flexion. Bilder aus [SSS+07].

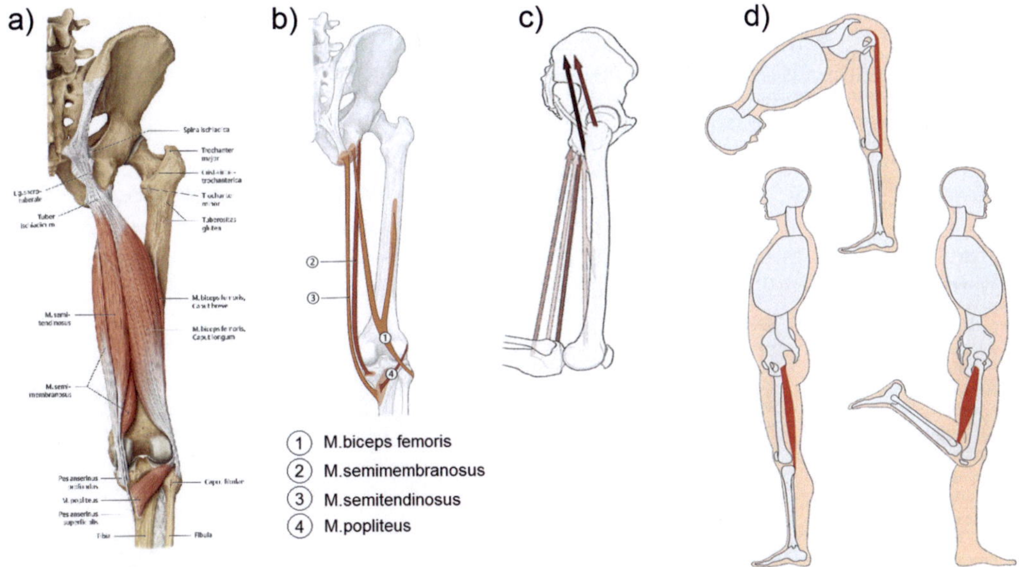

Abbildung 5.22: Flexorengruppe des Oberschenkels: a. Ansicht von hinten, b: Schemazeichnung von hinten. c. Muskelbewegungen der Flexorengruppe des Oberschenkels. d. Verhalten der Flexorengruppe in verschiedenen Positionen. Bild aus [SSS+07].

Die Flexorengruppe besteht im Wesentlichen aus dem vierköpfigen *Musculus quadriceps femoris*. Alle vier Köpfe münden in einer gemeinsamen Ansatzsehne, in die die *Patella* eingebettet ist. Die Position von Kniescheibe und -bändern bestimmt den Endpunkt und damit die Bewegung der Extensorengruppe. Daher wird der Kniebereich vor dem Oberschenkelmuskel modelliert. Auf der Rückseite des Oberschenkelknochens befinden sich die oberflächlichen Muskeln *M.biceps femoris*, *M.semitendinosus* und *M.semimembranosus* (siehe Abbildung 5.22.a und b). Die beiden zuletzt genannten Muskeln verlaufen parallel, haben identische Ansatzpunkte und werden daher als ein Muskel modelliert.

M.semimembranosus und *M.biceps femoris* sind jeweils mit einer Ansatzsehne am Unterschenkelknochen *Tibia* befestigt. Startpunkt der Modellierung ist wiederum ein Zylinder (siehe Abbildung 5.23.a, dessen Oberfläche an die anatomische Vorgabe angepasst wird (siehe Abbildung 5.23.b). Da die Sehne nur direkt am Ansatz dem *Tibia* folgt, wird für diese Knotenpunkte der Modifikator *Verknüpfung XForm* mit dem Unterschenkel-Bone als Steuerobjekt angewendet (siehe Abbildung 5.23.c und d). Die oberen Scheitelpunkte am *Femur* sind davon unbeeinflusst. Beide Sehnen werden analog modelliert. Da die Endpunkte der Sehnen jeweils gleichzeitig die Startpunkte des entsprechenden Muskels sind, werden sie als solche bezeichnet und sind grün eingefärbt.

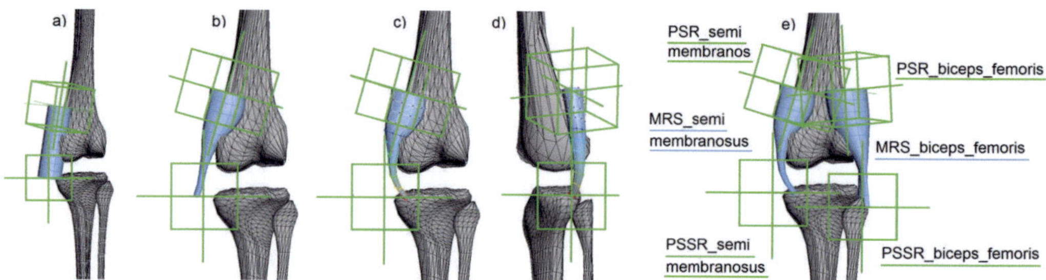

Abbildung 5.23: Modellierung der Ansatzsehne des *M.semimembranosus*: a. Annäherung durch einen Zylinder, Definition von Start- und Endpunkt, b. Anpassung der Oberfläche der Sehne, c. Befestigen der Sehne am *Tibia* durch den Modifikator *Verknüpfung XForm*, Ansicht von hinten, d. wie c., Ansicht von rechts. e. Ansatzsehnen von *M.semimembranosus* und *M.biceps femoris* fertig modelliert.

Die beiden hinteren Unterschenkelmuskeln *M.semimembranosus* und *M.biceps femoris* schließen direkt an die entsprechenden Sehnen an und werden analog initial als Zylinder angenähert, in ein bearbeitbares Netz konvertiert und schrittweise an eine realitätsnahe Oberfläche angepasst (siehe Abbildung 5.24).

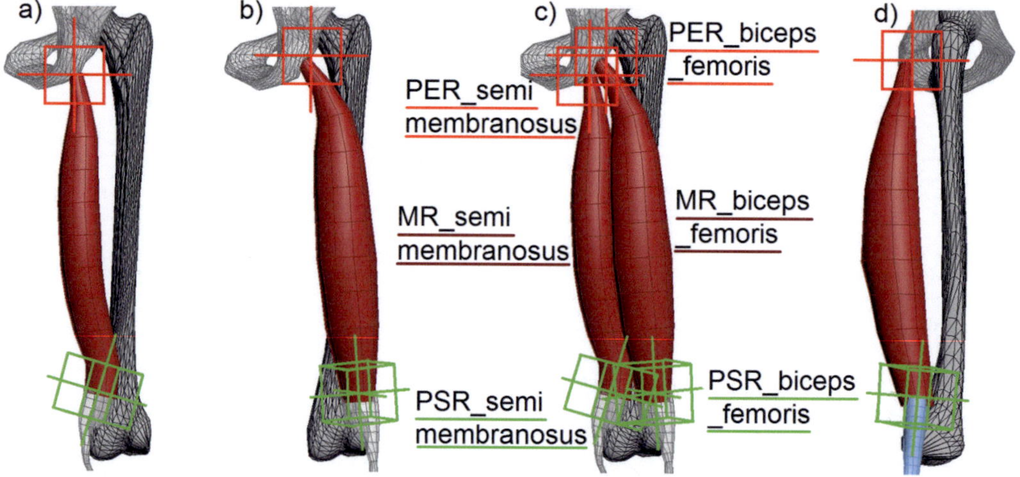

Abbildung 5.24: Modellierung der Flexorengruppe des Oberschenkels: a. *M.semimembranosus* und b. *M.biceps femoris*.c. Beide Muskeln von hinten mit Bezeichnungen. d. Beide Muskeln von rechts.

Da die beiden Sehnen unelastisch sind, können für diese die Animationsbeschränkungen direkt hinterlegt werden. Es sind jeweils eine Positionsbeschränkung am Startpunkt und eine LookAt-Beschränkung zum Endpunkt erforderlich, um die Sehnen mit dem Unterschenkelknochen zu verbinden und in die Richtung des Oberschenkelknochens auszurichten (siehe Abbildung 5.25.a). Da sich beide Muskeln bei Bewegung dehnen und stauchen, werden Bones-Systeme aus je zwei *Stretchy Bones* eingesetzt. Die Positionen der Bones sind durch die Start- und Endpunkte der Muskeln definiert. Komplett analog zu den Muskeln am Unterschenkel werden je Muskel zwei Positions- und eine *LookAt*-Beschränkung hinterlegt (siehe Abbildung 5.25.b).

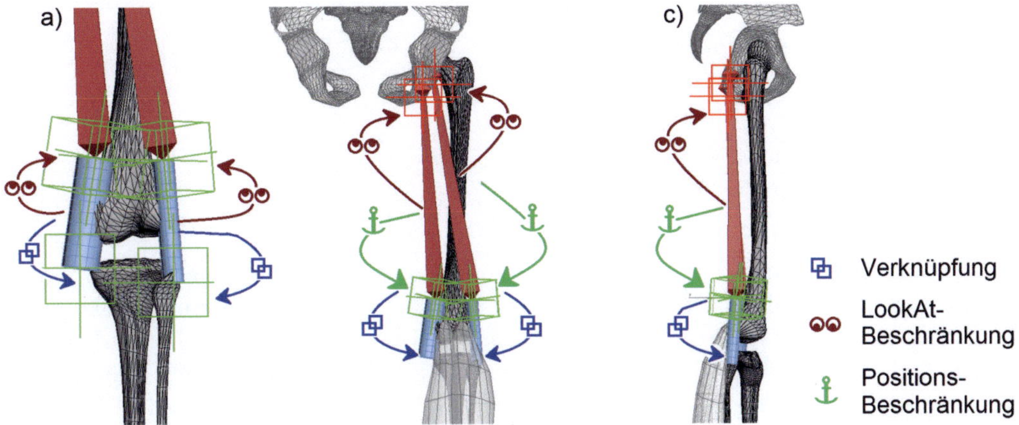

Abbildung 5.25: Animationsbeschränkungen für a. die Sehnen und b. die Muskeln der Flexorengruppe des Oberschenkels. c. zeigt die Ansicht von rechts.

Nach der Kontrolle des Verhaltens der Sehnen und Bones bei Bewegung (siehe Abbildung 5.26.a) werden den Muskel-Bones mit Hilfe des Modifikators *Netz bearbeiten* jeweils die Oberflächen der Muskeln *M.semimembranosus* und *M.biceps femoris* zugewiesen (siehe Abbildung 5.26.b).

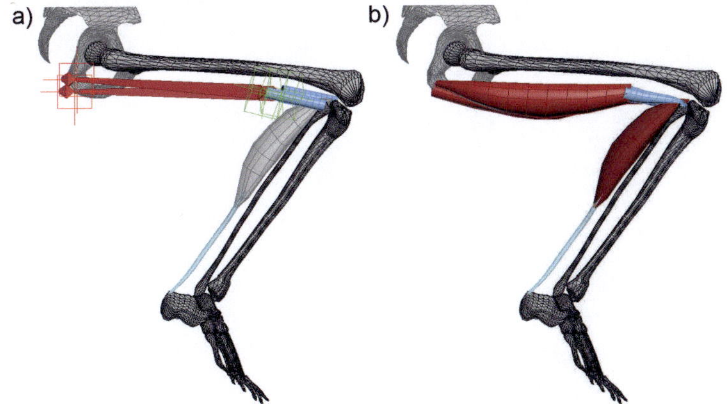

Abbildung 5.26: Kontrolle der Bewegung der Flexorengruppe des Oberschenkels: a. für die Bones-Systeme, b. nach Ersetzen des Oberflächennetzes durch die zuvor modellierten Muskeln.

Die Kniescheibe ist in eine unelastische Sehne eingebettet, die am Unterschenkelknochen angewachsen ist und unter der sich der Oberschenkelknochen auf einer Evolute bewegt. Abbildung 5.27.c zeigt diesen Bewegungsablauf. Die *Patella* verschiebt sich gegenüber dem Oberschenkelknochen bei Bewegung deutlich. Da sie in die unelastische Sehne *Ligamentum patella* integriert ist, bleibt der Abstand zum Unterschenkelknochen in etwa gleich. Abbildung 5.27.a und b zeigt den anatomischen Aufbau im Knie mit und ohne den benachbarten Muskeln.

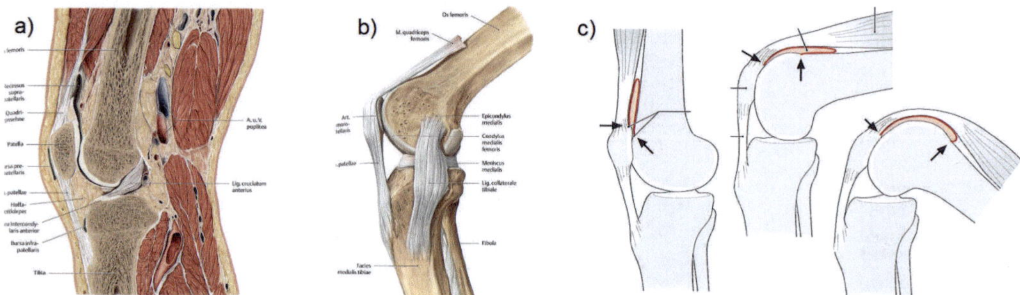

Abbildung 5.27: Anatomischer Aufbau im Kniebereich: a. mit Muskeln, b. ohne Muskeln, c. Bewegung der *Patella* bei Flexion. Bild aus [SSS⁺07].

Um diese Zusammenhänge in *3ds Max* nachzubilden, ist ein Hilfsobjekt nötig, auf dem Sehnen und Patella gleiten können. Entscheidend ist lediglich das anatomisch korrekte Verhalten an der Körpervorderseite im Bereich des Knies. Es wird ein Zylinder definiert, dessen Achse Unter- und Oberschenkelknochen folgt. Zur Abbildung der Deformation bei Bewegung wird ein *BonesPro*-Modifikator mit Unter- und Oberschenkel-Bone als Kontrollelemente angewendet. Die Deformation eines Zylinders durch zwei Bones wird in 4.11 bereits demonstriert. Da Sehnen und Kniescheibe kaum elastisch sind, muss die Höhe des Hilfszylinders stets gleich bleiben. Folglich ist nur eine Positionsbeschränkung an der Basis des Hilfszylinders erforderlich. Der Zylinder selbst behält damit seine Position am Unterschenkel-Bone bei und gleitet am Oberschenkel-Bone nach unten (siehe Abbildungen 5.28).

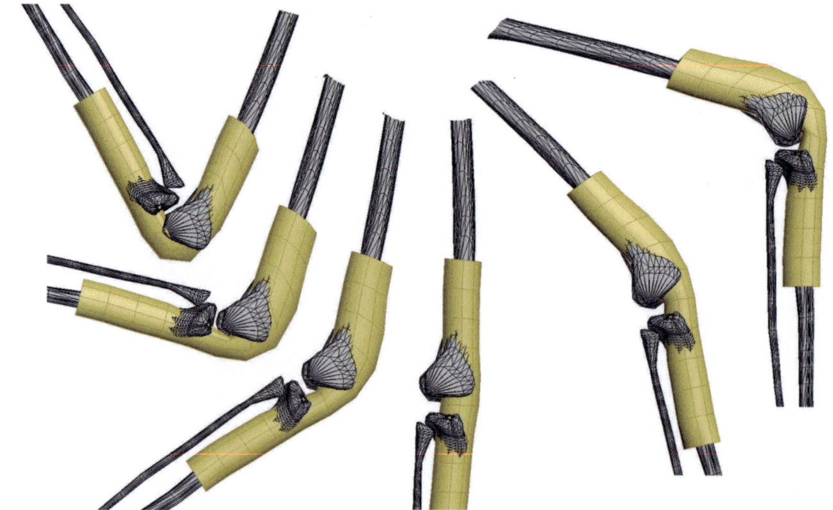

Abbildung 5.28: Definition des Hilfszylinders im Kniebereich und Deformation bei Bewegung.

Die *Patella* wird aus dem *ACT*-Modell kopiert, skaliert und rotiert, bis Position und Größe mit den MRI-Daten übereinstimmt. Die beiden Ansatzsehnen ober- und unterhalb der *Patella* werden als Zylinder angenähert und realitätsnah angepasst. Zur Animation wird eine Boneskette mit fünf Gliedern definiert. Für jedes Einzelbone wird eine *LookAt*-Beschränkung hinterlegt, die die Ausrichtung der einzelnen Elemente steuert (siehe Abbildung 5.29.a). Lediglich die Ansatzsehne *Ligamentum Patella* erhält eine *Positionsbeschränkung* zur Fixierung der Startposition. Alle anderen Einzelbones folgen lediglich den Vorgängerbones. Die Längen bleiben gleich.

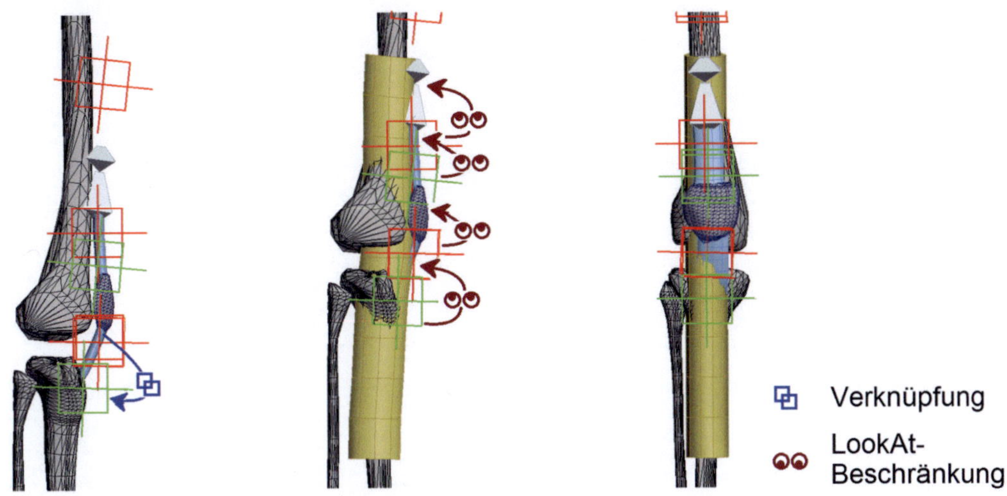

Abbildung 5.29: a. Modellierung von Kniescheibe und den beiden Ansatzsehnen sowie zugehörige Animationsbeschränkungen. Anordnung der Kontrollpunkte bezogen auf den Hilfszylinder *HR_Knie*: Ansicht von .b rechts und c vorn.

Die Kontrollpunkte für die *LookAt-Beschränkungen* werden durch *Anhänge-Beschränkungen* an Teilflächen des Hilfszylinders gekoppelt (siehe Abbildung 5.29.b und c). Mit Hilfe der *Anhänge-Beschränkung* können Objekte an eine bestimmte Dreiecksfläche eines Netzes angehängt werden. Die Position auf der Fläche lässt sich genau einstellen. Außerdem kann festgelegt werden, ob nur die Position oder auch die Richtung der Fläche übernommen wird. Abbildung 5.30 zeigt die Bewegung der *Patella* und der beiden Ansatzsehnen im Detail.

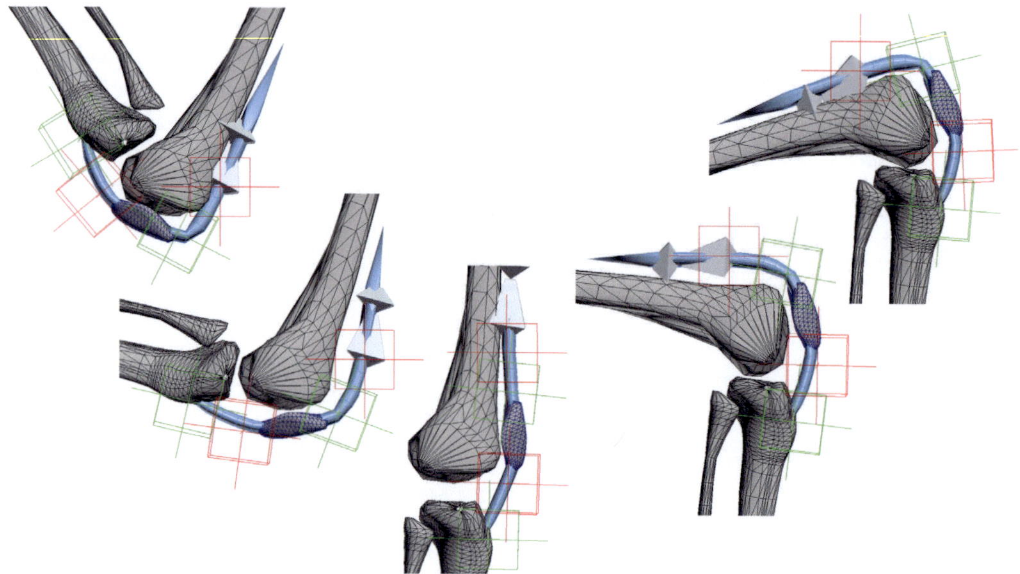

Abbildung 5.30: Detailaufnahme der Bewegung der *Patella* und der beiden Ansatzsehnen.

Der Endpunkt der Boneskette definiert den Startpunkt *PSR_rectus_femoris* der Extensorengruppe der Oberschenkelmuskulatur, des *M.quadriceps femoris*. Dieser besteht aus den vier Köpfen:

- M.rectus femoris,
- M.vastus lateralis,
- M.vastus intermedius und
- M.vastus medialis.

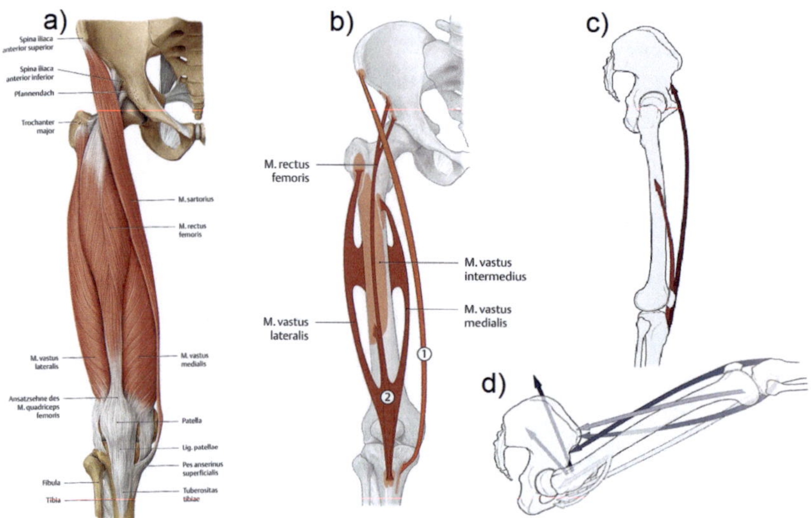

Abbildung 5.31: Muskeln der Oberschenkel von vorn als a. anatomische Zeichnung und b. im Überblick, c. Muskelfunktion *Extension*, d. Muskelfunktion *Flexion*. Bild aus [SSS+07].

Der tiefliegende Muskel *M.vastus intermedius* wird nicht modelliert. Die anderen drei Muskeln werden wiederum als Zylinder angenähert und modifiziert. Alle haben den gemeinsamen Startpunkt *PSR_ rectus_femoris*. Die Endpunkte werden, wie in 5.32 gezeigt, definiert und mit dem Becken-Bone verknüpft. Wie schon die hinteren Oberschenkelmuskeln werden auch diese drei Muskeln als *Stretchy Bones* mit den dazugehörigen Animationsbeschränkungen abgebildet.

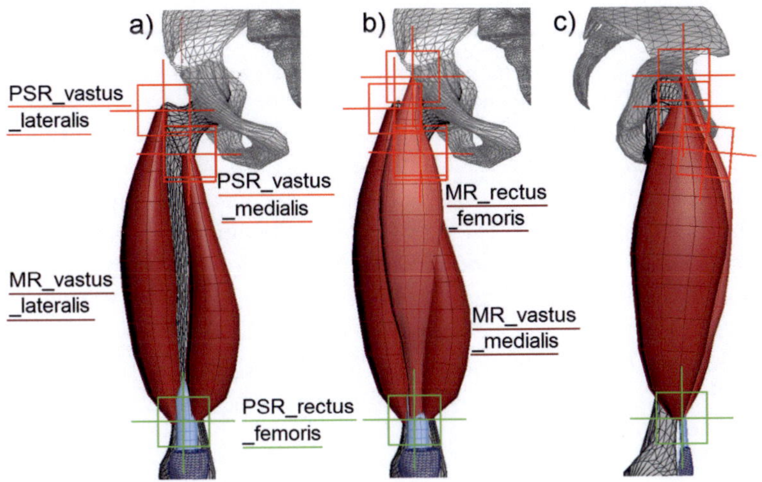

Abbildung 5.32: Modellierte Oberschenkelmuskeln der Extensorengruppe: a. *M.vastus lateralis* und *M.vastus medialis*, b. zusätzlich *M.rectus femoris*, c. Ansicht von rechts.

5.1.5.3 Hüft- und Gesäßmuskulatur

Abbildung 5.33 zeigt die Bewegungsachsen und -arten der Hüft- und Gesäßmuskulatur. „Die Messung der Gelenkbeweglichkeit bzw. des Bewegungsumfanges im Hüftgelenk erfolgt aus der Neutral-Null-Stellung" [SSS$^+$07] (nach Debrunner).

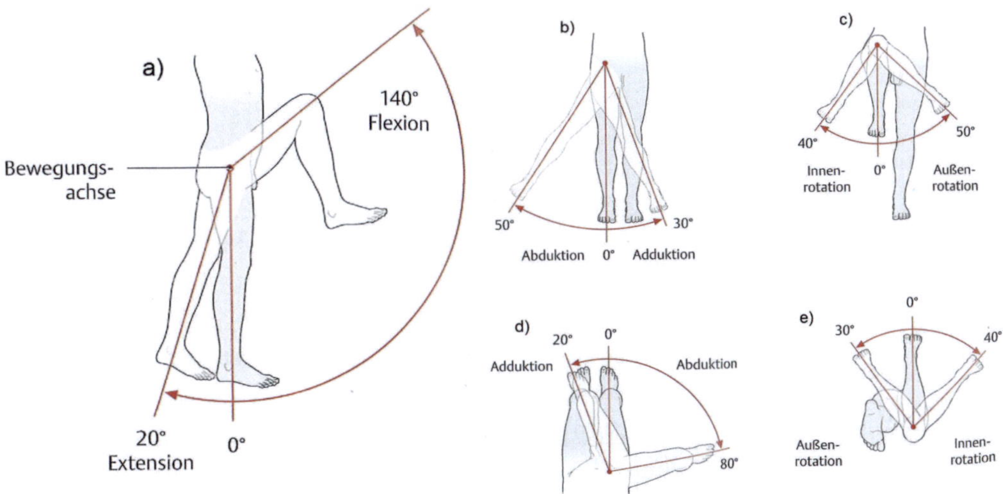

Abbildung 5.33: Bewegungsausmaß im Hüftgelenk: a. Flexion / Extension, b. Abduktion / Adduktion bei Streckung, c. Abduktion / Adduktion bei 90°-Beugung, d. Innen- / Außenrotation bei 90°-Beugung, e. Innen- / Außenrotation in Bauchlage. Bilder aus [SSS$^+$07].

Die Gesäßmuskulatur (siehe Abbildung 5.34) besteht aus

- M.gluteus maximus,
- M.gluteus medius,
- M.gluteus minimus,
- M.tensor fasciae latae und
- M.piriformis.

Die tiefliegenden Muskeln *M.gluteus medius*, *M.gluteus minimus* und *M.piriformis* werden nicht modelliert. Das Band *Tractus iliotibialis* (siehe Abbildung 5.34.a und .b) definiert die Bewegung des größten Muskels im Körper, dem *M.gluteus maximus*, und wird zusammen mit dem daran festgewachsenen Muskel *M.tensor fasciae latae* als ein Objekt modelliert. Dabei ist darauf zu achten, dass das modellierte Netz *MRS_tractus_iliotibialis* der Form von *MR_vastus_lateralis* folgt und dieses Objekt nicht durchdringt. In Abbildung 5.35.a sind die beiden Oberschenkelmuskeln *MR_vastus_lateralis* und *MR_vastus_medialis* transparent dargestellt. Da der *M.tractus iliotibialis* dehnbar ist, wird das Objekt als *Stretchy Bone* animiert. Der Startpunkt *PSR_tractus_iliotibialis* wird mit dem Unterschenkel-Bone, der Endpunkt *PER_tractus_iliotibialis* wird mit dem Becken-Bone verknüpft.

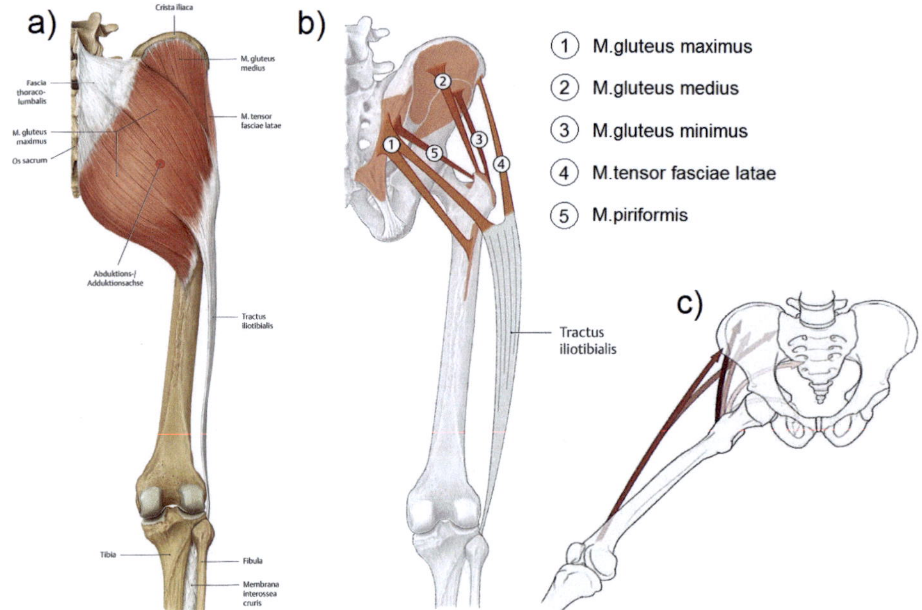

Abbildung 5.34: Gesäßmuskulatur von hinten als a. anatomische Zeichnung und b. im Überblick, c. Muskelfunktionen. Bild aus [SSS+07].

Der *M. gluteus maximus* wird so modelliert, dass er an das Steißbein und den *Tractus iliotibialis* anschließt. Animiert man diesen Muskel als *Stretchy Bone*, so durchdringt dieser bei großer Flexion (siehe Abbildung 5.33.a) den Becken-Bone. Da der *MR_gluteus_maximus* generell dem Becken-Bone folgt, wird er mit diesem verknüpft. Die an das Steißbein beziehungsweise den *Tractus iliotibialis* angrenzenden Scheitelpunkte werden mit diesen Objekten über den Modifikator *Verknüpfung XForm* mit dem Startpunkt *PSR_gluteus_maximus* respektive Endpunkt *PER_gluteus_maximus* verbunden. Um eine fließende Deformation zu erhalten nimmt der Einfluss auf die Scheitelpunkte fließend ab (siehe Abbildung 5.35.e und f).

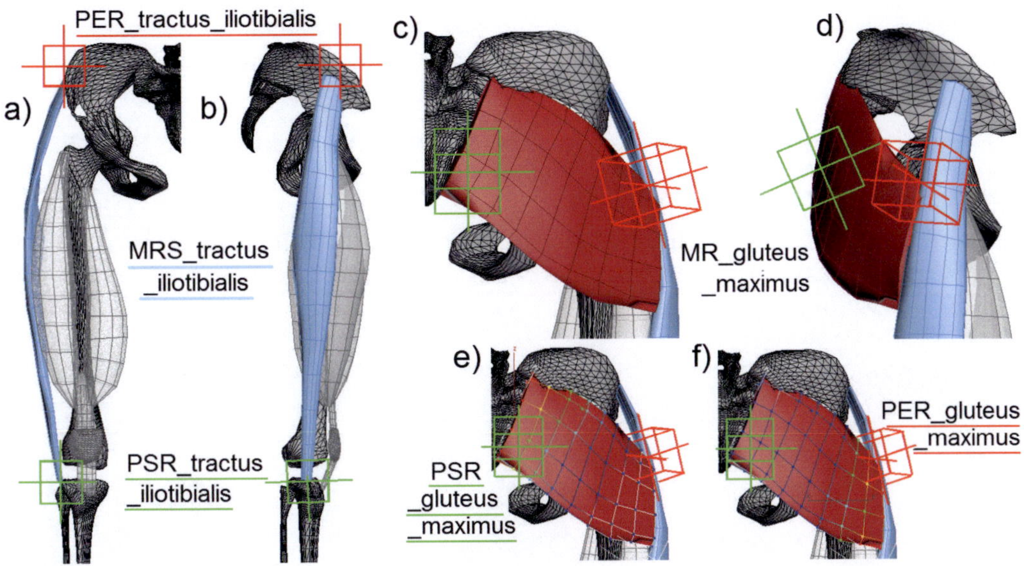

Abbildung 5.35: Modellierung der Gesäßmuskulatur bestehend aus *MRS_tractus_iliotibialis* (a. von vorn, b. von rechts) und *MR_gluteus_maximus* (c. von hinten, d. von rechts). Einfluss der Steuerobjekte *PSR_gluteus_maximus* (e.) und *PER_gluteus_maximus* (f.) auf den Muskel *MR_gluteus_maximus*. Bedeutung der Farbe der Knotenpunkte: rot = größter Einfluss, blau = kein Einfluss.

Als letzte Muskelgruppe des Beins werden die Adduktoren betrachtet. Diese besteht aus (siehe Abbildung 5.36):

- M.obturatorius externus,
- M.pectineus,
- M.adductor longus,
- M.adductor brevis,
- M.adductor magnus,
- M.adductor minimus und
- M.gracilis.

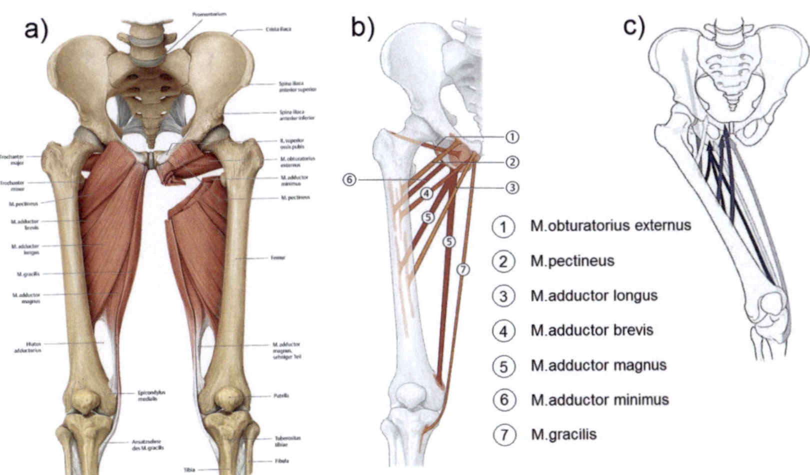

Abbildung 5.36: Adduktorenmuskulatur von hinten als a. anatomische Zeichnung und b. im Überblick, c. Muskelfunktionen. Bild aus [SSS$^+$07].

Die tiefliegenden Muskeln werden aufgrund des geringen Einflusses auf die Hautdeformation vernachlässigt. Die Kombination der größten Muskeln *M.adductor longus*, *M.adductor brevis* und *M.adductor magnus* werden als ein Objekt nachgebildet.

Die Adduktorenmuskulatur des Beins wird völlig analog zu den bisherigen Muskeln modelliert und als *Stretchy Bone* animiert. Der Startpunkt *PSR_ adductor_ longus* wird mit dem Becken-Bone, der Endpunkt *PER_ adductor_ longus* wird mit dem Oberschenkel-Bone verknüpft. Zusätzlich werden die Ansatzflächen wie beim *MR_ gluteus_ maximus* über den Modifikator *Verknüpfung XForm* mit dem Start- beziehungsweise Endpunkt verbunden (vgl. auch Abbildung 5.36.b).

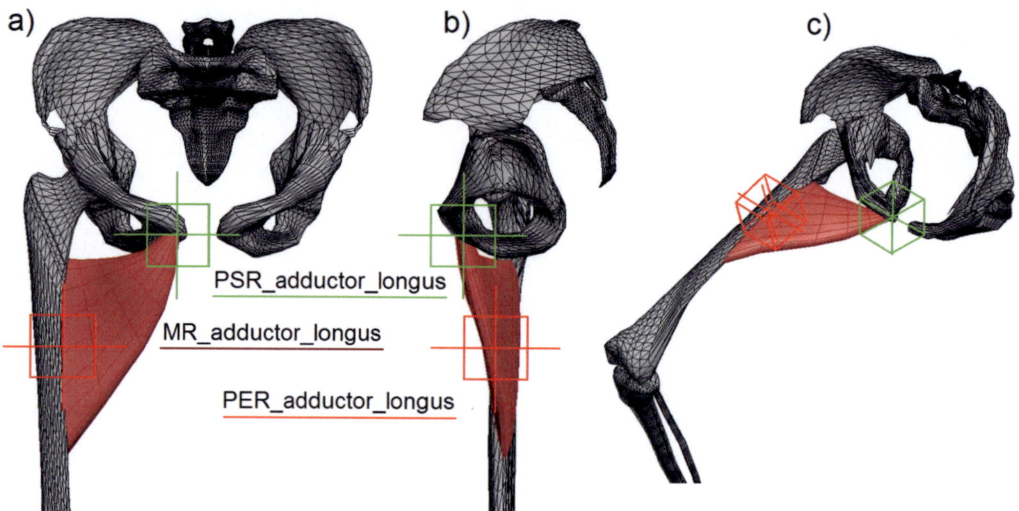

Abbildung 5.37: Modellierung und Animation der Adduktorenmuskulatur: a. von vorn, b. von links, c. perspektivisch bei Bewegung.

Insgesamt resultiert für das rechte Bein das in Abbildung 5.38 dargestellte Muskelmodell, bestehend aus zehn Muskeln, fünf Sehnen und der Kniescheibe. Die Muskeln der linken Körperhälfte entstehen durch Kopieren der korrespondierenden Muskeln der rechten Seite sowie Übertragung der entsprechenden Verknüpfungen und Animationsbeschränkungen.

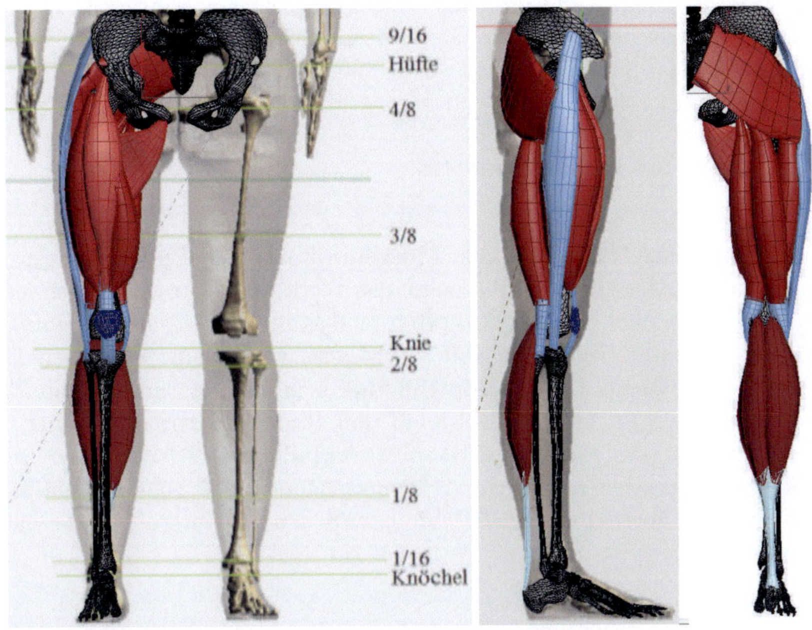

Abbildung 5.38: Vollständiges Muskel-Template für die rechte Körperhälfte von a. vorn, b. rechts, c. hinten. Bei a. und b. sind im Hintergrund die MRI-Daten des Modells *ELLA* eingeblendet.

5.1.5.4 Kontrolle der Bewegung

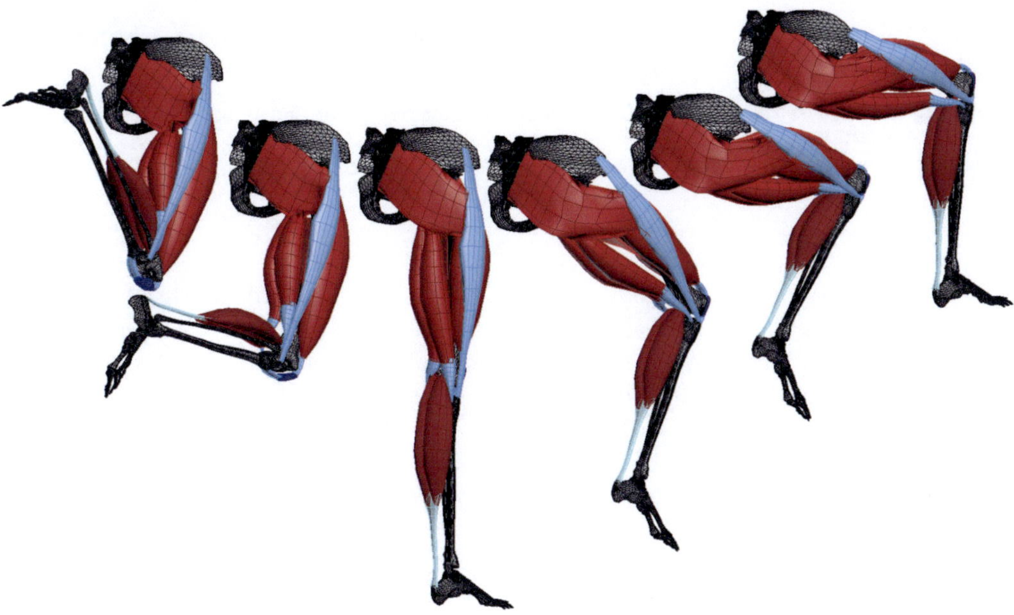

Abbildung 5.39: Bewegung des Skelett- und Muskel-Templates in verschiedene Positionen. Perspektivische Ansicht von rechts / hinten.

Zur Kontrolle der Muskelbewegungen wird das rechte Bein in verschiedene Extrempositionen gebracht (siehe Abbildung 5.39) und mit den entsprechenden Aufnahmen aus der anatomischen Fachliteratur verglichen. Dabei zeigt sich eine gute Übereinstimmung mit den anthropometrischen Vorgaben. Detailaufnahmen dieser Bewegungssequenz vom Knie sind in Abbildung 5.30 dargestellt.

5.1.5.5 Skalierbarkeit des Muskel-Templates

Beim Skalieren des Skeletts müssen alle Muskeln, Start- und Endpunkte proportional mit skaliert werden. Abbildung 5.40.a zeigt das rechte Bein in der Seitenansicht und den mit dem Oberschenkel-Bone verknüpften Endpunkt *PER_gastrocnemius_laterale* (rot). Wird das gesamte Biped um 150 % skaliert, werden die einzelnen Bones um Faktor $S = 1,5$ vergrößert. Da die Kontrollpunkte mit den Bones verknüpft werden, können zwar alle Bewegungen vom Bone auf den Punkt übertragen werden, aber die Position eines verknüpften Punktes wird nicht verändert. Der Abstand zwischen dem Gelenkpunkt des Oberschenkels in der Hüftpfanne und *PER_gastrocnemius_laterale* bleibt gleich groß, der korrekte Ort für *PER_gastrocnemius_laterale* ist die Zielposition (siehe Abbildung 5.40.b).

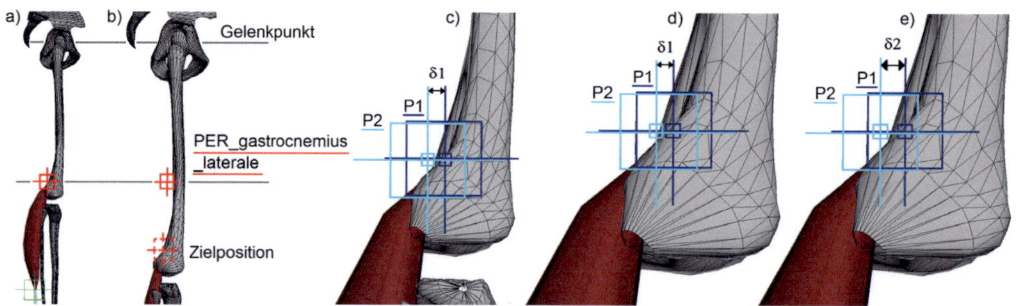

Abbildung 5.40: Muskelansatzpunktes *PER_gastrocnemius_laterale* a. vor und b. nach der Skalierung des Bones-Systems. Muskelansatzpunkt $P2$ und Hilfspunkt $P1$ mit Abstand $\delta 1$ c. vor der Skalierung, d. nach der Skalierung, e. nach der Korrektur des Abstandes $\delta 1$ in x-Richtung zwischen $P1$ und $P2$.

Mit Hilfe der *Anhänge-Beschränkung* kann die Position eines Objektes an die Position einer Fläche eines anderen Objektes, das in ein Netz umwandelbar sein muss, angehängt werden. Da *PER_gastrocnemius_laterale* nicht direkt auf der Oberfläche des Oberschenkel-Bones liegt, wird ein Hilfspunkt $P1$ angehängt (siehe Abbildung 5.40.c, blauer Punkt). Zur Berechnung der neuen Position von *PER_gastrocnemius_laterale* ist ein weiterer Hilfspunkt $P2$ (türkis) erforderlich, der sich an der Stelle von *PER_gastrocnemius_laterale* befindet und mit $P1$ verknüpft ist. Der Abstand zwischen beiden Punkten beträgt $\delta 1$. Direkt nach dem Skalieren des Bones ändert sich die Position von $P2$ mit der von $P1$, der relative Abstand bleibt $\delta 1$. Der korrekte Abstand ist aber $\delta_2 = S \cdot \delta_1$.

Die neue Position von $P2$ und damit auch *PER_gastrocnemius_laterale* berechnet sich per *MAXScript* aus:

```
$P2.pos = S($P2.pos) + (1 - S )  $P1.pos.
$PER_gastrocnemius_laterale.pos = $P2.pos
```

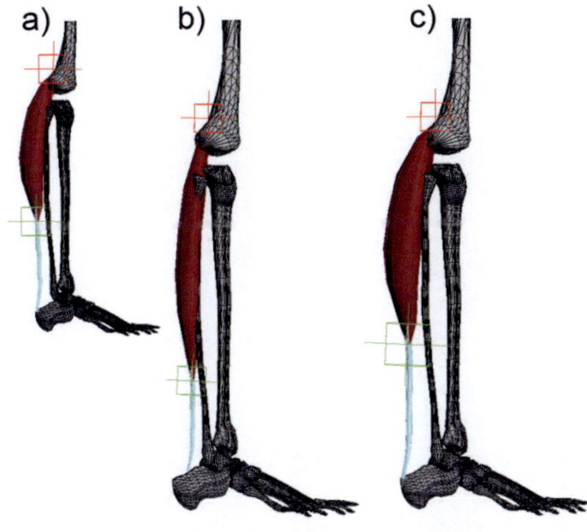

Abbildung 5.41: Skalierprozess des Unterschenkels um Faktor 1,5: a. unskaliertes Template-Modell, b. Skalieren des Bipeds um Faktor 1,5, c. Korrektur durch Ausführung des Skripts aus Abbildung 5.42.

Abbildung 5.41 zeigt am Beispiel des Unterschenkels den Prozess des Skalierens mit dem Faktor 1,5. Nach dem Ändern der Höhe des gesamten *Bipeds* um 50 % und damit Skalieren jedes einzelnen Bones mit dem Faktor 1,5 werden die Endpunkte der beiden Muskeln nach dem Verfahren aus Abbildung 5.40 zwar an die richtige Stelle gesetzt, aber es stimmen weder Länge noch Position noch Querschnitt der Achillessehne. Da der Endpunkt der Achillessehne zugleich die Startpunkte der Muskeln bestimmen, sind auch diese sowie die Länge und der Querschnitt der Muskeln falsch (siehe Abbildung 5.41.b).

Zur Korrektur müssen beide Muskeln und die Achillessehne ebenfalls mit dem Faktor 1,5 skaliert sowie die Start- und Endpunkte korrigiert werden. Abbildung 5.42 zeigt das *MAXScript*, nach dessen Anwendung sich der Unterschenkel wie in Abbildung 5.41.c darstellt. Der Parameter *factor* wurde vor Ausführung des Skripts auf 1,5 gesetzt.

```
1   -- Korrektur des Startpunktes der Achillessehne
2   $PSR_tendo_calcaneus.pos = factor*($PSR_tendo_calcaneus_2.pos) + (1 - factor ) * $PSR_tendo_calcaneus_1.pos
3   -- Korrektur des Endpunktes der Achillessehne
4   $PER_tendo_calcaneus.pos = factor*($PER_tendo_calcaneus_2.pos) + (1 - factor ) * $PER_tendo_calcaneus_1.pos
5   -- Skalieren der Achilles-Sehne
6   scale $MRS_tendo_calcaneus[factor,factor,factor]
7
8   -- Korrektur des Startpunkts vom Muskel M.gastrocnemius laterale
9   $PSR_gastrocnemius_laterale.pos = factor*($PSR_gastrocnemius_laterale_2.pos)
                              + (1 - factor ) * $PSR_gastrocnemius_laterale_1.pos
10  -- Korrektur des Endpunkts vom Muskel M.gastrocnemius laterale
11  $PER_gastrocnemius_laterale.pos = factor*($PER_gastrocnemius_laterale_2.pos)
                              + (1 - factor ) * $PER_gastrocnemius_laterale_1.pos
12  -- Skalieren des Muskels M.gastrocnemius laterale
13  scale $MR_gastrocnemius_laterale[factor,factor,factor]
14
15  -- Korrektur des Startpunkts vom Muskel M.gastrocnemius mediale
16  $PSR_gastrocnemius_mediale.pos = factor*($PSR_gastrocnemius_mediale_2.pos)
                              + (1 - factor ) * $PSR_gastrocnemius_mediale_1.pos
17  -- Korrektur des Endpunkts vom Muskel M.gastrocnemius mediale
18  $PER_gastrocnemius_mediale.pos = factor*($PER_gastrocnemius_mediale_2.pos)
                              + (1 - factor ) * $PER_gastrocnemius_mediale_1.pos
19  -- Skalieren des Muskels M.gastrocnemius mediale
20  scale $MR_gastrocnemius_mediale[factor,factor,factor]
```

Abbildung 5.42: Skript zur Skalierung der Muskeln des Unterschenkels.

Analog dazu wird für Ober- und Unterschenkel der rechten und linken Körperhälfte je eine Funktion in *MAXScript* erstellt, die zusätzlich zu den Muskeln und Sehnen auch die entsprechenden Bones skaliert. Auf diese Art kann auch nur ein Teil des Template-Modells skaliert werden, z.B. nur das rechte Bein (siehe Abbildung 5.43.d). Das komplette Skript ist im Anhang A1 zu finden.

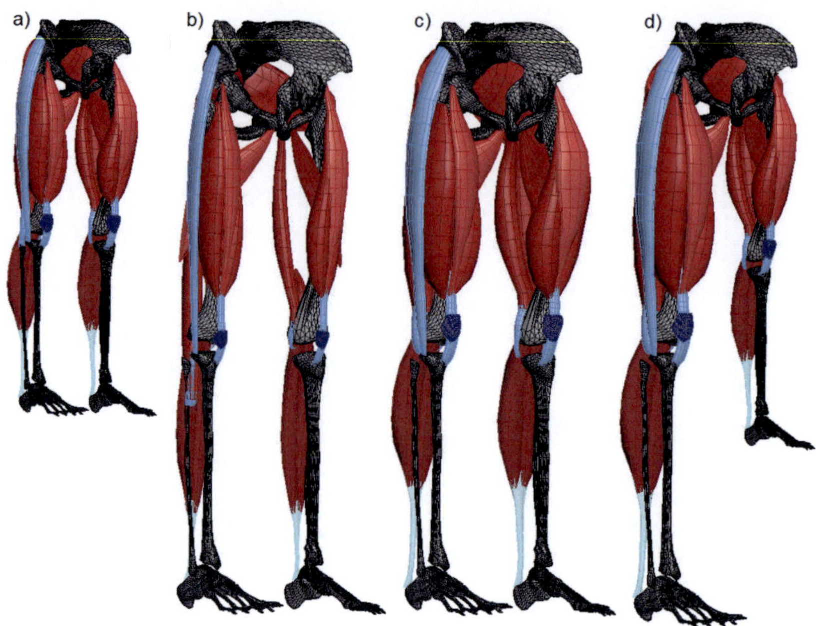

Abbildung 5.43: Skalierprozess des gesamten Unterkörpers um Faktor 1,5: a. unskaliertes Template-Modell nach b. Skalieren des Bipeds um Faktor 1,5 und anschließender Korrektur durch die Ausführung des entsprechenden Skripts. d. zeigt das Ergebnis nach Ausführen des Skripts für das rechte Bein, das linke Bein bleibt unverändert.

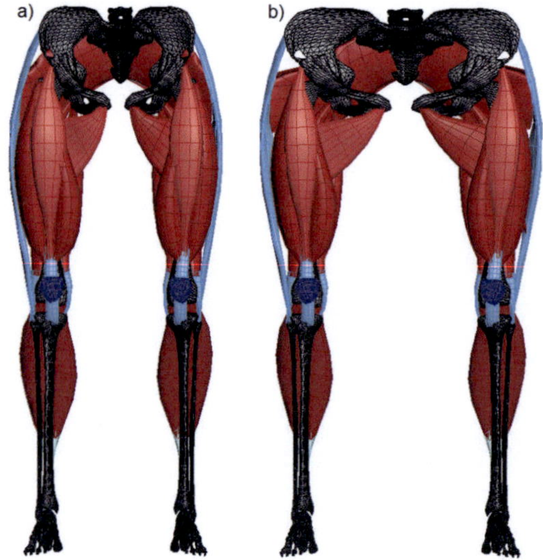

Abbildung 5.44: Skalierprozess des Beckens um Faktor 2: a. unskaliertes Template-Modell nach b. Skalieren per *MAXScript* um Faktor 2.

Gerade bei weiblichen Körpern variiert die Beckenbreite erheblich. Da dieses die Position des Hüftgelenks und des Knies beeinflusst, muss auch diese automatisiert inklusive Berücksichtigung der Muskeln skalierbar sein. Nachdem zunächst lediglich die Breite des Beckens angepasst wird, wird das Becken-Bone nur in einer Richtung mit dem gewünschten Faktor multipliziert.

Das *MAXScript*-Kommando lautet:

```
scale $'Bip001 Pelvis'
[1,1,factor]
```

Der Parameter *factor* ist im dargestellten Beispiel gleich 2.

5.1.6 Hautdeformation des Template-Modells bei Bewegung

Die Hautdeformation bei Bewegung wird durch Anwenden des *BonesPro*-Modifikators auf das Skin-Template aus Kapitel 5.1.3 definiert. Als Bones werden nicht nur die Knochen des Skelett-Templates aus Kapitel 5.1.4 hinzugefügt, sondern auch die Muskeln des Muskel-Templates aus Kapitel 5.1.5.

Die Abbildungen 5.45 aus seitlicher, 5.46 aus frontaler und 5.47 aus rückwärtiger Sicht zeigen die Unterschiede zwischen Berücksichtigung von ausschließlich Knochen (jeweils links, a.) und der Kombination aus Knochen und Muskeln (jeweils rechts, b.). Die Wichtungen nehmen von roter zu blauer Einfärbung von 1,0 zu 0,0 ab. Je größer die Wichtung ist, um so mehr Einfluss hat der Knochen beziehungsweise Muskel auf den entsprechenden Knotenpunkt.

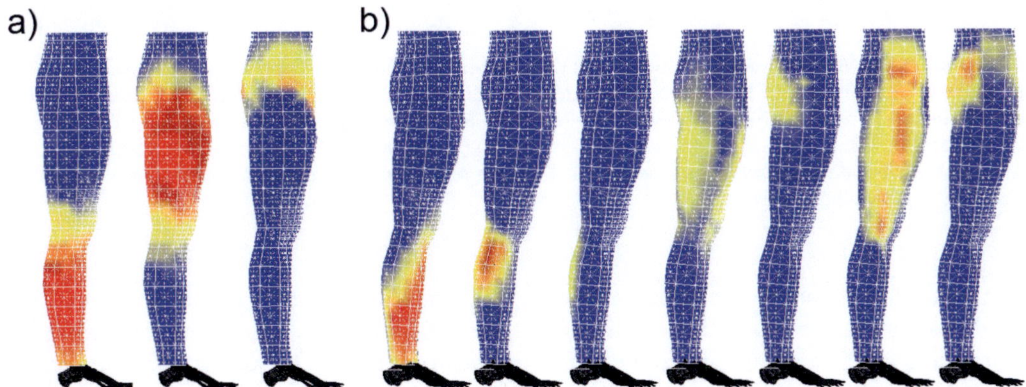

Abbildung 5.45: Vergleich der Wichtungen für a. Knochen gegenüber b. Knochen und Muskeln als Kontrollobjekte von rechts. Auf der linken Seite (a.) ist von links nach rechts der Einfluss des Unterschenkel-, Oberschenkel-, Beckenknochens dargestellt. Die rechte Seite (b.) zeigt von links nach rechts die Wichtungen von Unterschenkelknochen, *M.gastrocnemius lateralis*, *M.gastrocnemius medialis*, Oberschenkelknochen, *M.gluteus maximus*, *Tractus iliotibialis* und vom Beckenknochen.

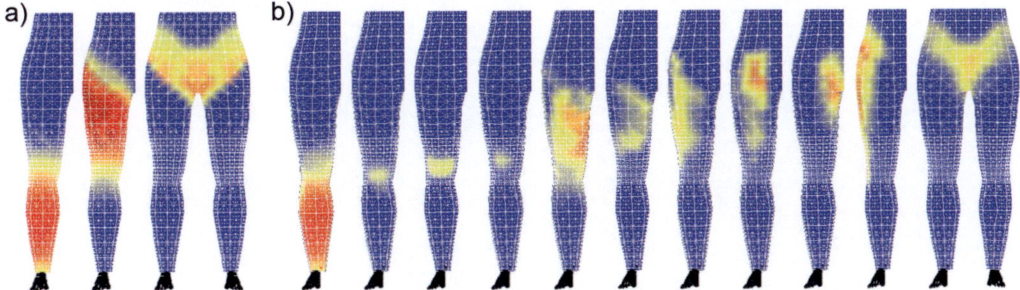

Abbildung 5.46: Vergleich der Wichtungen für a. Knochen gegenüber b. Knochen und Muskeln als Kontrollobjekte von vorn. Auf der linken Seite (a.) ist von links nach rechts der Einfluss des Unterschenkel-, Oberschenkel-, Beckenknochens dargestellt. Die rechte Seite (b.) zeigt von links nach rechts die Wichtungen vom Unterschenkelknochen, dem Band *ligamentum patella*, der *Patella*, der Ansatzsehne von *M.quadriceps femoris*, dem Oberschenkelknochen, den Muskeln *M.vastus medialis*, *M.vastus lateralis*, *M.rectus femoris*, *M.adductor longus*, *Tractus iliotibialis* sowie vom Beckenknochen.

Durch das Hinzufügen von Muskeln als Kontrollobjekte verringert sich der Einfluss der Knochen und verteilt sich an den naheliegenden Stellen auf die Muskeln. Der Einfluss der Muskeln ist örtlich begrenzter als der von Knochen. Da dort aber die größte Hautdeformation stattfindet, ist er dennoch entscheidend für eine realitätsnahe Verformung der Haut bei Bewegung.

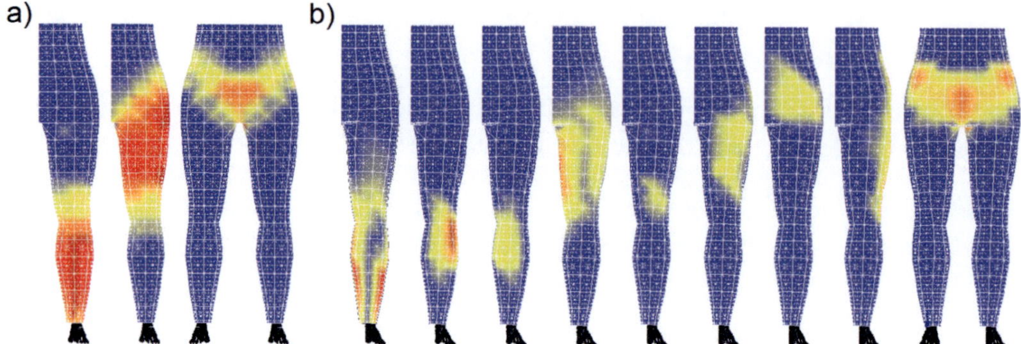

Abbildung 5.47: Vergleich der Wichtungen für a. Knochen gegenüber b. Knochen und Muskeln als Kontrollobjekte von hinten. Auf der linken Seite (a.) ist von links nach rechts der Einfluss des Unterschenkel-, Oberschenkel-, Beckenknochens dargestellt. Die rechte Seite (b.) zeigt von links nach rechts die Wichtungen von Unterschenkelknochen, *M.gastrocnemius lateralis*, *M.gastrocnemius medialis*, Oberschenkelknochen, der Ansatzsehne von *M.semimembranosus* sowie der Muskeln *M.semimembranosus*, *M.gluteus maximus*, *Tractus iliotibialis* und vom Beckenknochen.

Die Wichtungen vom rechten Bein werden durch die Option *Mirror Bones* im *BonesPro*-Modifikator auf die linke Körperseite gespiegelt. Die Oberfläche des Template-Modells deformiert sich jetzt bei Bewegung mit dem Skelett und den Muskeln. Das Anwinkeln des Beins nach hinten und das Anziehen des Beins führt zu den Hautverformungen aus Abbildung 5.48.

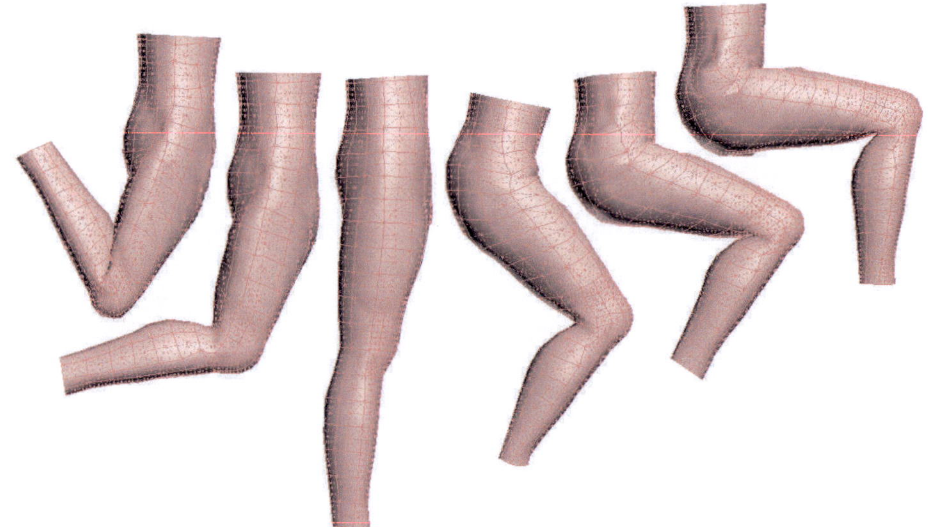

Abbildung 5.48: Deformation der Hautoberfläche des Template-Modells bei Bewegung des Beins.

Trotz der relativ groben Netzstruktur und der vereinfachten Körperform wirken die Bewegung und die Deformation plausibel, insbesondere im Bereich des Knies und des Gesäßes.

Durch Auswahl der Funktion *Skin Export* des Modifikators *BonesPro* erhält das Oberflächennetz einen Modifikator *Haut* mit identischen Kontrollobjekten und Wichtungen wie sie im Modifikator *BonesPro* definiert sind. Auf diesen Modifikator können per *MAXScript* knotenweise zugegriffen und die einzelnen Wichtungen herausgeschrieben werden.

Um alle Namen der Knochen und Muskeln sowie der Wichtungen jedes einzelnen Knotenpunktes in je eine Datei zu exportieren, kommen die Skripte aus Abbildung 4.27 sowie Abbildung 4.28 zum Einsatz. Lediglich der Name des Objektes muss von `Zylinder001` zu `TemplateModel` geändert werden.

Anhang B.1 beinhaltet das Ergebnis des Skriptes zum Schreiben der Namen der Knochen und Muskeln. Die Datei mit den Wichtungen ist wie folgt aufgebaut:

1, #(18, 10, 66, 54, 26, 32, 3, 19, 33, 61, 64, 60, 13, 14, 15, 16, 17, 8, 7, 20), #(0.642523, 0.280303, 0.061074, 0.00898219, 0.00611477, 0.000709332, 9.59007e-005, 6.86858e-005, 5.04902e-005, 3.39788e-005, 2.52286e-005, 2.03e-005, 0.0, 0.0, 0.0, 0.0, 0.0, 0.0, 0.0, 0.0)

2, #(52, 18, 66, 26, 32, 19, 3, 33, 60, 61, 64, 12, 13, 14, 15, 16, 17, 8, 7, 20), #(0.554197, 0.366571, 0.0743847, 0.00425956, 0.00040175, 4.97651e-005, 4.51818e-005, 3.20371e-005, 2.23871e-005, 2.20982e-005, 1.38389e-005, 0.0, 0.0, 0.0, 0.0, 0.0, 0.0, 0.0, 0.0, 0.0)

3, #(26, 18, 10, 66, 32, 3, 19, 33, 61, 64, 11, 12, 13, 14, 15, 16, 17, 7, 6, 20), #(0.47171, 0.388769, 0.126908, 0.00950614, 0.00227548, 0.000221934, 0.000200843, 0.000186903, 0.000130377, 9.176e-005, 0.0, 0.0, 0.0, 0.0, 0.0, 0.0, 0.0, 0.0, 0.0, 0.0)

. . .

Pro Knotenpunkt wird eine Zeile geschrieben. Der erste Wert entspricht dem Index des Knotenpunkt, der zweite Wert entspricht dem Array der Indizes der Knochen und Muskeln, die Einfluss auf den Knotenpunkt haben, der dritte Wert beinhaltet den Array mit den entsprechenden Wichtungen. Dabei sind die Indizes der Bones vom höchsten zum geringsten Einfluss sortiert.

Das kinematische Template-Modell ist damit als Skelett-, Muskel- und Oberflächenmodell vollständig und kann zur Anpassung an Oberflächendaten von Mensch-Modellen genutzt werden.

5.2 Adaption des kinematischen Template-Modells an Oberflächenmodelle und Animation

Die Adaption des kinematischen Template-Modells an ein Oberflächenmodell erfolgt analog zu dem im Kapitel 4.4 beschriebenen Verfahren in vier Schritten:

1. Proportionen des Oberflächenmodells ermitteln und die Gliedmaßen des Template-Modells dementsprechend skalieren,
2. Haltung des Oberflächenmodells nachstellen,
3. jeden Knotenpunkt des Oberflächen-Templates auf das Netz des Oberflächenmodells projizieren,
4. Skinningparameter übertragen.

Die Qualität des Template-Modells und seiner Hautdeformation bei Bewegung werden am Ende des Kapitels bewertet.

5.2.1 Scandaten

Im Rahmen der Arbeit stehen mehrere Scandaten weiblicher Körper zur Verfügung. Diese entsprechen im Wesentlichen den Maßen der deutschen Konfektionsgrößen 36, 38, 40, 42 (Körperhöhe normal) und 44 (Körperhöhe groß). Alle Daten wurden mittels eines Bodyscanners von Human Solutions aufgenommen. Da von der Probandin mit der Größe 40 auch Aufnahmen in anderen Haltungen vorliegen, werden zunächst diese verwendet. Dies ermöglicht eine Validierung der Deformation des Modells im Vergleich zu den Realdaten. Abbildung 5.49 zeigt die Daten des Modells in stehender Scanhaltung.

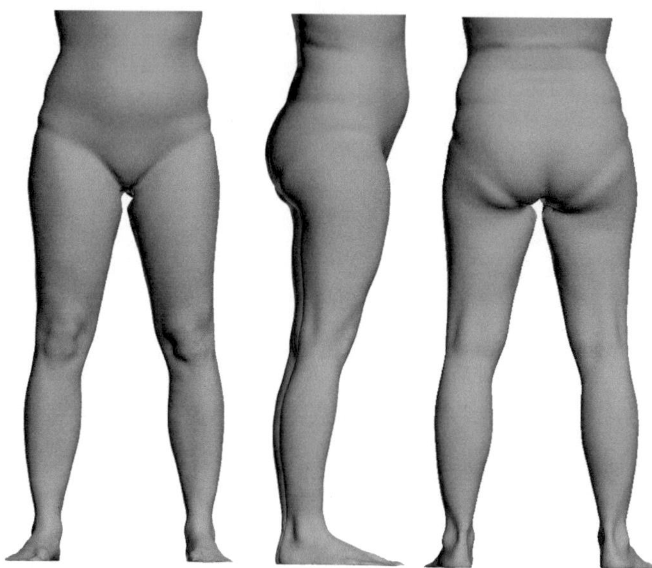

Abbildung 5.49: Scandaten einer Probandin in Konfektionsgröße 40 in stehender Position.

5.2.2 Adaption der Körperproportionen und Anpassung an die stehende Scanhaltung

Nach dem Import der Scandaten in *3ds Max* wird im direkten Vergleich zum Template-Modell ersichtlich, dass die Proportionen zwar weitgehend übereinstimmen, aber die Haltung voneinander abweicht. Per Skript (siehe Kapitel 5.1.5.5) wird das Template-Modell gleichmäßig um 102 % skaliert. Anschließend werden die Bones so rotiert und verschoben, dass die Haltung der des realen Modells entspricht. Dazu werden die Fuß-Bones etwas nach hinten und außen geschoben sowie die Wirbelsäule im unteren Bereich nach vorn und im mittleren Bereich wieder nach hinten gedreht. In Abbildung 5.50 sind in grün jeweils die Scandaten, links davon das unveränderte Template-Modell und rechts davon das in der Haltung und Größe modifizierte Template-Modell dargestellt.

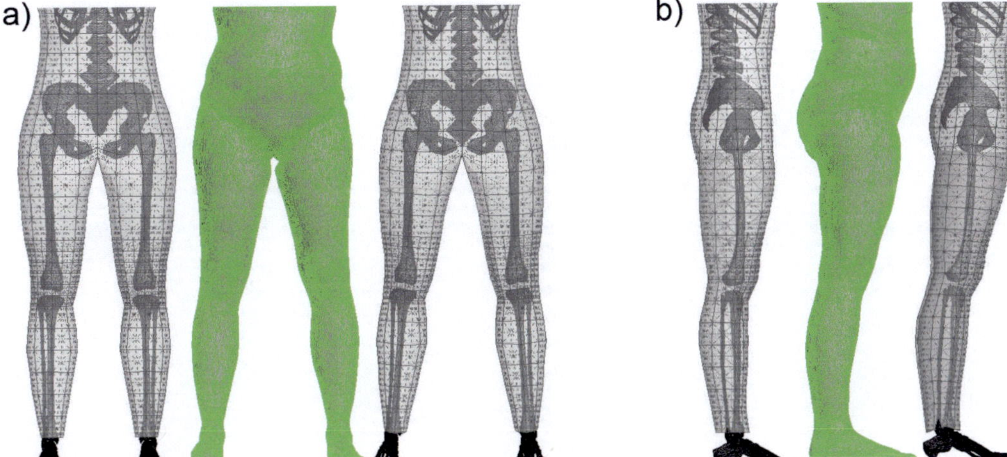

Abbildung 5.50: Adaption der Haltung des Template-Modells an die der Scandaten: a. von vorn, b. von rechts. Dargestellt ist jeweils Original-Template, Scandaten, modifiziertes Template (von links nach rechts).

Um die einzelnen Knotenpunkte des Oberflächen-Templates verschieben zu können, muss das Template-Modell in ein *bearbeitbares Netz* umgewandelt werden. Das Netz ist damit nicht mehr mit dem Skelett und den Muskeln verknüpft und nicht mehr animiert.

5.2.3 Angleichung der Knotenpunkte des Template-Modells an das Oberflächennetz

Das Vorgehen zur Angleichung der einzelnen Knotenpunkte des Template-Modells an das Oberflächennetz der Scandaten bedient sich der Methodik aus Kapitel 4.4.5 und erweitert dieses. Anhand des Skeletts werden die Punkte für das Ausrichten der Schnittebenen definiert:

1. Z_{1R} am rechten Knöchel,
2. Z_{2R} am rechten Hüftgelenk,
3. M_1 am ersten Wirbel oberhalb des Beckenknochens, genau in der seitlichen Körpermitte und
4. M_2 im Schritt, genau in der seitlichen Körpermitte.

Alle Punkte werden wie die Muskelansatzpunkte mit den Knochen per *Anhänge-Beschränkung* verknüpft. Dadurch sind die Hauptschnittebenen festgelegt:

1. E_1 waagrecht durch M_1,
2. E_{2R} durch M_2, Z_{2R} und Z_{2R} projiziert auf die seitliche Körpermitte und
3. E_{3R} normal auf $\overrightarrow{Z_{1R}Z_{2R}}$ und durch O_{23R}.

Auf der Schnittgerade von E_1 und E_{2R} wird in y-Richtung auf der seitlichen Körpermitte der Punkt O_{12R} ermittelt. Analog dazu wird O_{23R} aus dem Schnitt von E_{2R} und E_{3R} ermittelt. Die Bezeichnungen und Zusammenhänge werden entsprechend auf die linke Körperhälfte übertragen. Abbildung 5.51.a zeigt die Positionen der Punkte und Ebenen für das modifizierte Template-Modell. Die weiteren dargestellten Ebenen (blau) illustrieren beispielhaft einige der Schnittebenen.

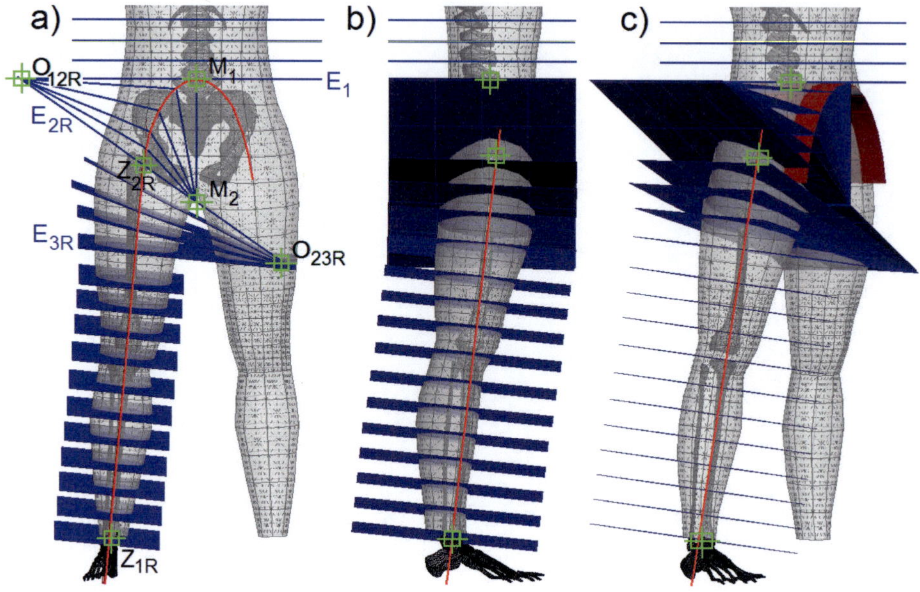

Abbildung 5.51: Definition der Schnittebenen und wichtiger Orientierungspunkte für das automatisierte Adaptieren der Oberfläche des Template-Modells auf die Scandaten. a: von vorn, b. von rechts, c. perspektivisch.

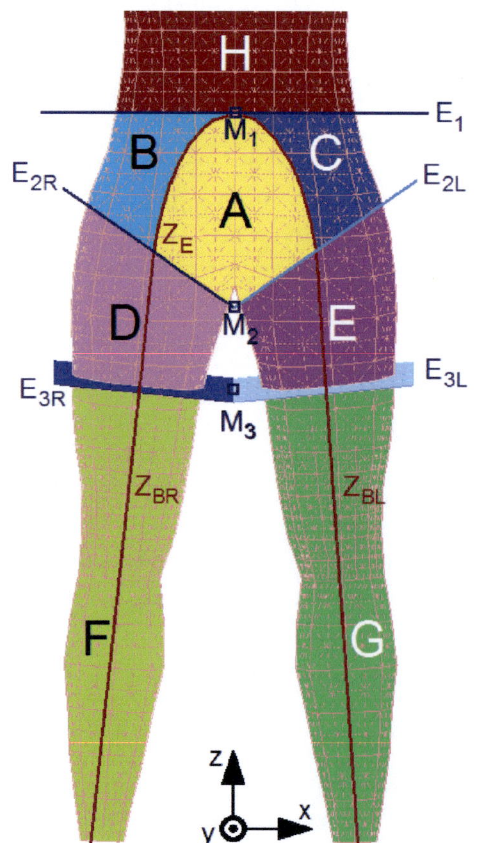

Darüber hinaus werden die Verbindungslinie zwischen Z_{1R} und Z_{2R} als Z_{BR} und die korrespondierende Linie auf der linken Körperseite als Z_{BL} bezeichnet. Die Ellipse Z_E ist definiert durch die drei Punkte Z_{2R}, M_1 und Z_{2L} sowie die Tangenten Z_{BR} und Z_{BL} (siehe Abbildung 5.52). Es wird von einem seitensymmetrischen Modell ausgegangen.

Abbildung 5.52: Körpersegmente, zu denen jeder Knotenpunkt automatisiert zugeordnet werden kann.

Jeder Knotenpunkt kann nun automatisiert einem Körpersegment zugeordnet werden:

1. Alle Punkte zwischen E_1 und E_2 werden dem Segment A (innerhalb Hyperbel), B (außerhalb Hyperbel, rechte Körperhälfte oder C (wie B, linke Körperhälfte) zugeteilt.
2. Alle Punkte zwischen E_2 und E_3 gehören zum Segment D (rechts) beziehungsweise E (links).
3. Alle Punkte unterhalb von E_3 liegen in Segment F (rechts) beziehungsweise G (links).
4. Alle Punkte oberhalb von E_1 werden in das Segment H eingruppiert.

Die Achsen sind in Abbildung 5.52 analog zu den Bezeichnungen in *3ds Max* beschriftet. Wo genau im Raum das Template-Modell angeordnet ist, ist für den Algorithmus nicht von Bedeutung. Die Ausrichtung im Raum muss wie dargestellt so sein, dass die Körperachse in Richtung der z-Achse und die Taillenlinie parallel zur x-Achse verläuft.

Den dazugehörigen Entscheidungsbaum, um aus der Lage eines Knotenpunktes automatisiert das beinhaltende Körpersegment zu ermitteln, zeigt Abbildung 5.53.

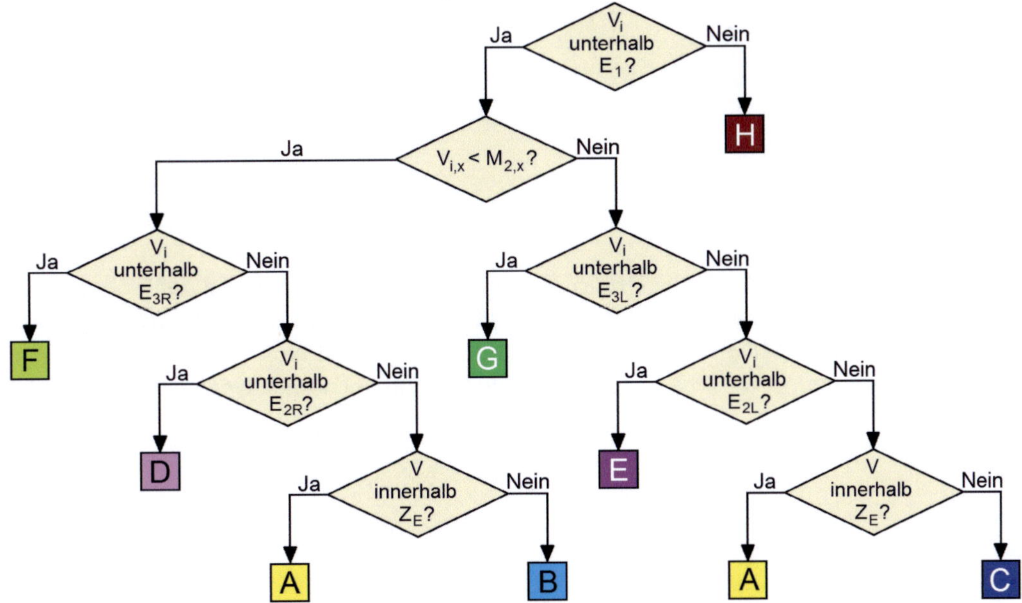

Abbildung 5.53: Entscheidungsbaum, um das Segment abhängig von der Lages eine Knotenpunktes zu ermitteln.

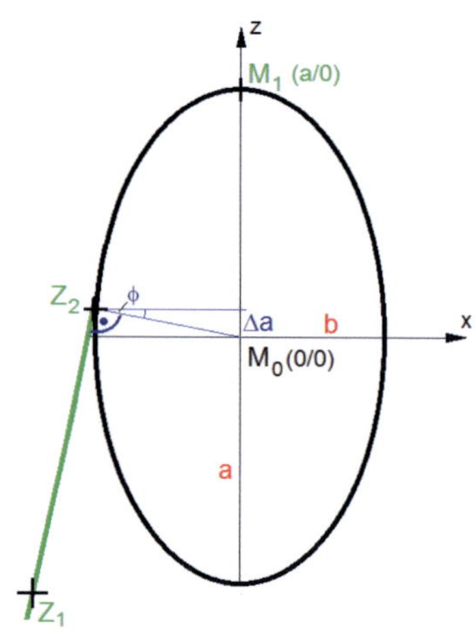

Abbildung 5.54: Definition der Ellipse, deren oberer Teil der gebogenen Verbindung Z_E in Abbildung 5.52 entspricht. Diese begrenzt das Segment A.

Zur Verbindung der Punkte Z_{2R} und Z_{2L} wird eine Ellipse so konstruiert, dass die jeweilige Verbindung zwischen den Punkten und dem Mittelpunkt M_0 der Ellipse einen rechten Winkel ergibt. Abbildung 5.54 zeigt den Zusammenhang graphisch. Die Lage von Z_1, Z_2 und M_1 sind bekannt; a und b sind gesucht. Da in der Scanhaltung die Beine nur leicht geöffnet sind, bildet die Strecke $\overline{Z_1 Z_2}$ mit der z-Achse immer einen sehr spitzen Winkel ϕ zwischen 0° und 20°. Die Skizze kann als realitätsnah betrachtet werden. Damit ergibt sich direkt:

$$\Delta a = \frac{Z_{2,x}}{\tan \phi} \tag{5.1}$$

$$a = M_{1,z} - Z_{2,z} + \Delta a. \tag{5.2}$$

Durch Auflösen der Mittelpunktsform der Ellipse wird b ermittelt:

$$\frac{x^2}{a^2} + \frac{z^2}{b^2} = 1 \tag{5.3}$$

$$b = \frac{y}{\sqrt{1 - \frac{x}{a^2}}}. \tag{5.4}$$

Die Ellipsenparameter sowie die Ursprungspunkte und Neigungswinkel der Ebenen können nun ermittelt werden. Zur besseren Übersicht werden alle Initialisierungen in einem separaten Skript *initAdaption.ms* durchgeführt (siehe Abbildung 5.55). Das eingebundene Skript *geometryCalcs.ms* zur Berechnung trigonometrischer Gegebenheiten findet sich im Anhang B.2.

```
 1  include "geometryCalcs.ms"
 2
 3  -- Initialisieren der Ellipsenparameter
 4  -- Z1R-Z2R stellt die Tangente an die Ellipse in Z2R dar
 5  -- M1 ist ein Punkt der Ellipse und liegt bei (0/a)
 6  fn initEllipse M1 Z1R Z2R &a &b &epsilon =
 7  (
 8      -- Berechnung des Tangentenwinkels in Z2R
 9      tangente_angle = getAngleXZ Z2R Z1R
10
11      -- Berechnung des Abstands in z-Richtung von Z2R zum Mittelpunkt der Ellipse
12      delta_a = (M1.x - Z2R.x) / (tan tangente_angle)
13
14      -- Berechnung von Hauptachse a und Nebenachse b
15      a = M1.z - Z2R.z + delta_a
16      b = sqrt ((M1.x - Z2R.x)^2 / (1 - (delta_a^2 / a^2)))
17
18      -- Berechnung der numerischen Exzentrizität epsilon
19      epsilon = (sqrt(a^2 - b^2) ) / a
20  )
21
22  -- Initialisieren der Neigungswinkeln der Ebenen
23  fn initPlanes Z1R Z2R O12R O23R &E2_phi &E3_phi =
24  (
25      -- Winkel bezieht sich auf x-Achse
26      E2_phi = getAngleXZ O12R O23R
27
28      -- E3 steht senkrecht auf der Achse Z2R-Z1R
29      E3_phi = getAngleXZ Z2R Z1R + 90
30  )
31
32  -- Initialisieren der Ursprungspunkte der Ebenen
33  fn initPlaneOrigins M1 M2 Z2R &O12R &O12L &O23R &O23L =
34  (
35      -- Steigung der projiezierten Ebene E2 in xz-Achse berechnen
36      E2_m = (Z2R.z - M2.z) / (Z2R.x - M2.x)
37      -- der x-Wert von O12R berechnet sich aus der Steigung und dem Abstand der Mittelpunkte
38      O12R = M1 + [(M1.z - M2.z) / E2_m, 0, 0]
39
40      -- O23R wird so ermittelt, dass die Entfernung 150% von Z2 zu M2 beträgt
41      delta_O23R_M2_x = 1.5 * (M2.x - Z2R.x)
42      O23R_x = M2.x + delta_O23R_M2_x
43      O23R_z = M2.z + E2_m * delta_O23R_M2_x
44      O23R =  [O23R_x, M2.y, O23R_z]
45
46      -- Die Punkte für die linke Körperhälfte entstehen durch Spiegelung an der x-Achse von M2
47      O12L = O12R - [2*(O12R.x - M2.x), 0, 0]
48      O23L = O23R - [2*(O23R.x - M2.x), 0, 0]
49  )
```

Abbildung 5.55: Skript *initAdaption.ms* zur Initialisierung der geometrischen Orte, die zur automatisierten Segmentierung und Adaption erforderlich sind.

Die Adaption des Template-Modells an das Oberflächennetz erfolgt für jeden Knotenpunkt in drei Schritten:

1. Ermittlung, zu welchem Segment ein Punkt gehört,

2. Bestimmung des Schnittstrahls ausgehend vom Knotenpunkt und
3. Berechnung des Schnittpunktes zwischen Schnittstrahl und Scandaten.

Zusätzlich wird jeder Knotenpunkt für jedes Segment eingefärbt, um den Prozess besser kontrollieren und nachvollziehen zu können. Das Skript zur Ermittlung des Segments orientiert sich am Entscheidungsbaum aus Abbildung 5.53 und ist im Anhang B.3 dargestellt.

Der Schnittstrahl wird abhängig vom Segment auf verschiedene Arten ermittelt:

- F, G und H mittels der Funktion *adapt_perpendicular,*
- B, C, D und E mittels der Funktion *adapt_spread_Y,*
- A über die Sonderfunktion *adapt_ellipse.*

```
14    -- Funktion, um für einen Punkt pt senkrecht zu einer
15    -- vorgegebenen Achse pt1-pt2 den Schnittstrahl zu ermitteln
16    fn adapt_perpendicular pt pt1 pt2 =
17    (
18        -- Normalenvektor der Schnittebene durch pt, pt1 und pt2
19        vec_n1 = normalize (cross (pt - pt1) (pt - pt2))
20        vec_n2 = normalize (pt1 - pt2)
21        -- Vektor in Schnittebene senkrecht auf pt1-pt2
22        vec_n3 = normalize (cross vec_n1 vec_n2)
23    )
24
25    -- Funktion, um für einen Punkt pt, der mit einer Geraden durch pt1 in y-Richtung
26    -- auf einer Schnittebene liegen soll, den Schnittstrahl zu ermitteln
27    -- R1-R2 definiert die Gerade, auf der die Schnittstrahle starten sollen.
28    fn adapt_spread_Y pt pt1 R1 R2 =
29    (
30        pt2 = pt1-[0,1,0]
31        -- Normalenvektor der Schnittebene
32        vec_n1 = normalize (cross (pt - pt1) (pt - pt2))
33        -- Schnittpunkt zwischen R1-R2 und der Schnittebene ermitteln
34        vec_M = planeLineIntersect pt vec_n1 R1 (R2 - R1)
35        -- Schnittstrahl berechnen
36        vec_n3 = normalize (pt - vec_M)
37    )
```

Abbildung 5.56: Skript, um Schnittstrahlen für die Sektoren B-H zu ermitteln.

Die Funktion *adapt_perpendicular* ist völlig analog zu dem in Kapitel 4.4.5 vorgestellten Vorgehen und wird deshalb nicht näher erläutert.

In der Funktion *adapt_spread_Y* werden die Schnittebene durch die beiden Punkte *pt* und *pt1* und den Vektor in y-Richtung gelegt und der Normalenvektor bestimmt. Die Parameter *R1* und *R2* geben die Gerade vor, auf der jeder Startpunkt des Schnittstrahls liegen soll. Beim Zylinder entspricht dieser Startpunkt dem Mittelpunkt der Querschnittsfläche (siehe Abbildung 4.38. Da sich der Startpunkt auch in der Schnittebene befinden muss, kann er durch das Schneiden der Gerade $\overline{R_1 R_2}$ und der Schnittebene ermittelt werden. Dieser wird im Programm als *vec_M* bezeichnet. Die Differenz von *pt* und *vec_M* ergibt den Schnittstrahl.

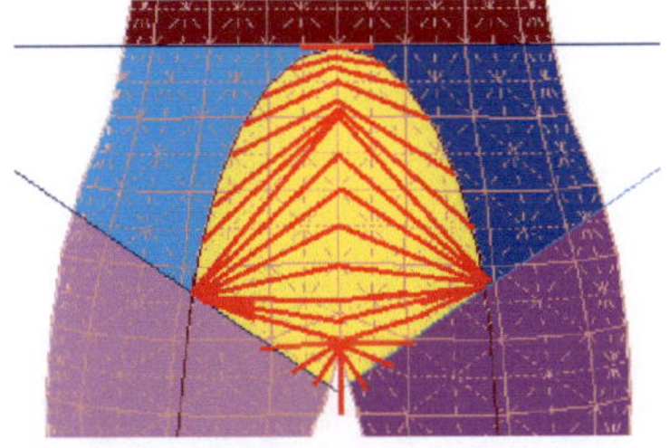

Abbildung 5.57: Schematische Darstellung der Linien, auf denen sich die Startpunkte der Schnittstrahlen abhängig vom Knotenpunkt, der verschoben werden soll, bewegen.

Um keine Hinterschneidungen zu produzieren, müssen im Bereich des Segments A die Startpunkte der Schnittstrahlen abhängig von der Position des Knotenpunktes ermittelt werden. Abbildung 5.57 zeigt schematisch, wie diese verlaufen sollen.

Das Skript zur Lösung dieser Aufgabenstellen folgt weitgehend der Funktion *adapt_ spread_ Y*. Der Schnittstrahl $\overline{M1Z2}$ wird an die Höhe des Knotenpunktes angepasst (`ray_pt1 = [M1.x, M1.y, pt.z]`). Am Grenzbereich zum Segment H wird der Schnittstrahl abgeflacht, um die Form der Ellipse nachzubilden (`ray_pt2.z = ray_pt1.z - 0.5*deltaZ`). Im Schritt wird vom Ellipsenmittelpunkt *M0* aus gestartet. Abbildung 5.58 zeigt die Funktion *adapt_ ellipse*.

```
39   -- Funktion, um für einen Punkt pt des Segments A den Schnittstrahl zu ermitteln
40   fn adapt_ellipse pt M1 M2 Z2 a =
41   (
42       -- Für Punkte unmittelbar am Schritt: Sonderbehandlung
43       -- Schnittstrahl startet am Ellipsenmittelpunkt
44       if (abs (pt.z - M2.z) < 2 and abs(pt.x - M2.x) < 0.5) then
45       (
46           vec_M = M0
47       )
48       else
49       (
50           pt1 = M2+[0,1,0]
51           pt2 = M2-[0,1,0]
52           vec_n1 = normalize (cross (pt - pt1) (pt - pt2))
53
54           -- Gerade, auf der Schnittstrahlen starten sollen: von Z2 zu M1 auf Höhe von pt
55           ray_pt1 = [M1.x, M1.y, pt.z]
56           ray_pt2 = [Z2.x, Z2.y, Z2.z]
57
58           -- Für Punkte, die in der Nähe von Segment H (oberer Teil der Ellipse), Gerade abflachen
59           deltaZ = M1.z - pt.z
60           if (deltaZ < 0.5*a) then
61               ray_pt2.z = ray_pt1.z - 0.5*deltaZ
62
63           -- Schnittpunkt zwischen Ray und Schnittebene berechnen
64           vec_M = planeLineIntersect pt vec_n1 ray_pt1 (ray_pt2-ray_pt1)
65       )
66
67       -- Schnittstrahl berechnen
68       vec_n3 = normalize (pt - vec_M)
69   )
```

Abbildung 5.58: Skript, um Schnittstrahlen für den Sektor A zu ermitteln.

Das Skript für den gesamten Adaptionsprozess *adapt_template.ms* ist im Anhang B.4 aufgelistet. Abbildung 5.59 visualisiert das Resultat für das Adaptieren der Oberfläche des Template-Modells an die Scandaten in Abbildung 4.1).

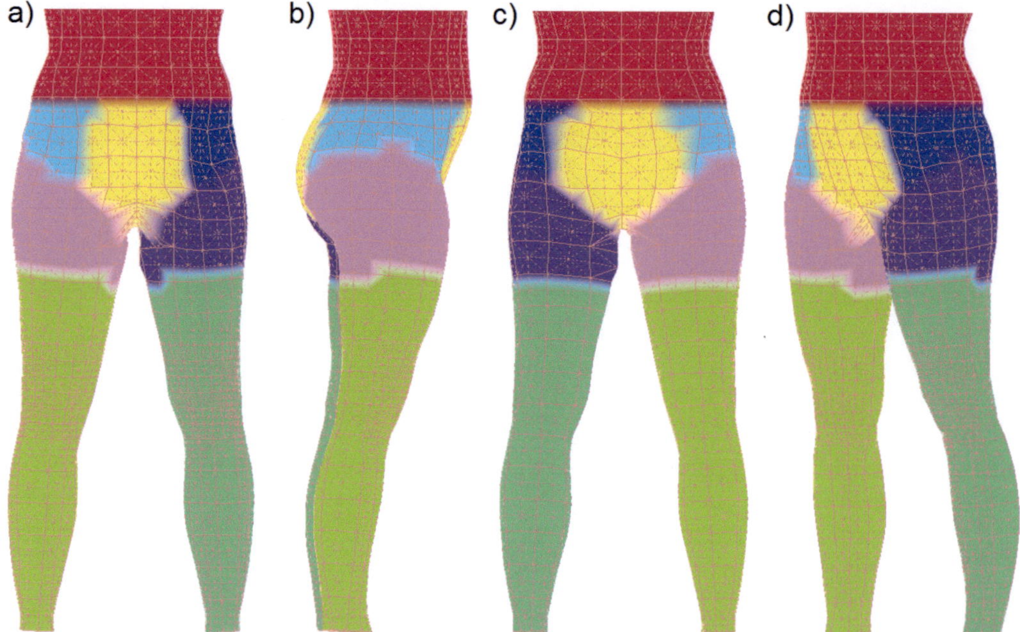

Abbildung 5.59: Template-Modell adaptiert an die Scandaten für Konfektionsgröße 40 (siehe Abbildung 4.1). Ansichten von a. vorn, b. rechts, c. hinten, d. perspektivisch.

5.2.4 Transfer der Skinningparameter

Um das adaptierte Oberflächennetz animieren zu können, werden ein *Haut*-Modifikator angefügt und diesem die Bones und Muskeln hinzugefügt. Auch dieser Schritt erfolgt per Skript und ist für die ersten drei Bones beispielhaft in Abbildung 5.61 dargestellt.

```
 3   bone_names_array = #()
 4   newSkin = Skin()
 5   addModifier obj newSkin
 6   max modify mode
 7   modPanel.setCurrentObject newSkin
 8
 9   skinOps.addBone newSkin $'Bip001 Head' 0
10   skinOps.addBone newSkin $'Bip001 HeadNub' 0
11   skinOps.addBone newSkin $'Bip001 L Calf' 0
12
13   modPanel.setCurrentObject $.modifiers[#Skin]
14   num = skinOps.GetNumberVertices obj.modifiers[#Skin]
```

Abbildung 5.60: Skript zum Hinzufügen der Bones und Muskeln zum Oberflächen-Template.

Mit Hilfe der Funktion `skinOps.ReplaceVertexWeights $TemplateModel.modifiers [#Skin] vert verts_array weights_array` über alle Knotenpunkte können die gespeicherten Wichtungen (siehe Ende des Kapitels 5.1.6) wieder eingelesen werden. Das Modell ist wieder animiert und kann ohne weitere Anpassungen Bewegungen ausführen.

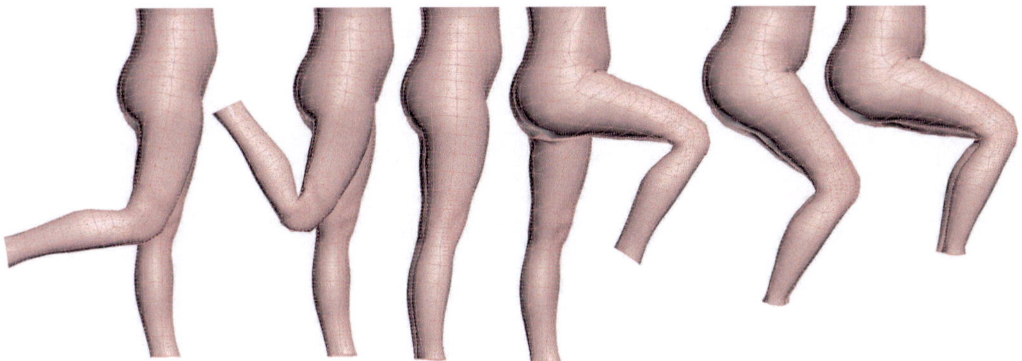

Abbildung 5.61: Bewegungssequenz des auf Konfektionsgröße 40 adaptierten Template-Modells.

5.2.5 Verfeinerung der Netzstruktur

Zur Verfeinerung der Netzstruktur wird der *Haut*-Modifikator wieder entfernt. Da alle Kanten halbiert werden sollen, werden alle Flächen selektiert und als Auswahlsatz *Area2* gespeichert.

Analog zum Vorgehen in Kapitel 4.4.6 werden zunächst alle Flächen unterteilt und anschließend die neu entstandenen Knotenpunkte wieder auf die Oberfläche der Scandaten verschoben (siehe Abbildung 5.62).

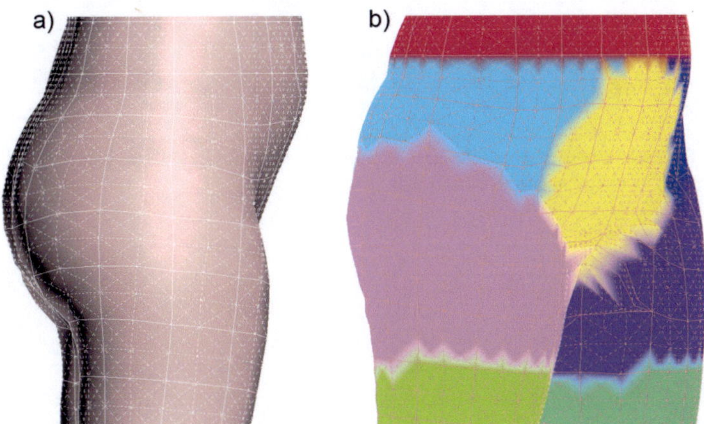

Abbildung 5.62: Verfeinerung der Netzstruktur des adaptierten Template-Modells: a. von rechts, b. perspektivisch mit Einfärbung der Segmente.

Nach dem erneuten Hinzufügen des *Haut*-Modifikators und des Einlesens der Wichtungen für das grobmaschige Netz werden die Wichtungen für die neu eingefügten Scheitelpunkte berechnet und gesetzt. Damit ist auch das verfeinerte Modell komplett animiert.

5.3 Validierung des kinematischen Templates

Von der Probandin, auf die das kinematische Template-Modell adaptiert wird, liegen Scandaten in verschiedenen Haltungen vor. Die Daten werden in *3ds Max* eingelesen. Dabei muss auf die korrekte Skalierung geachtet werden. Anschließend wird jede Position vom Template-Modell nachgestellt. Begonnen wird dazu mit der Ausrichtung und der Rotation des Beckens. Eventuelle Schrägstellungen (siehe Abbildung 5.65) müssen zwingend berücksichtigt werden. Die Wirbelsäulen-Bones erlauben durch Rotation die Anpassung an die Haltung des Oberkörpers

Durch Verschieben und Drehen des Fuß-Bones sowie Rotieren von Unter- und Oberschenkel-Bone können die Positionen der Beine sehr gut nachgestellt werden. Die Proportionen der Knochen und Muskeln wurden gut getroffen, die Kniebeuge erscheint beim adaptierten Template-Modell an der gleichen Stelle wie bei den gescannten Daten. Gleiches gilt für die Leistengegend. Die beiden rechten Bilder in den Abbildungen 5.63, 5.64 und 5.65 zeigen die Modelle überlagert. Detailaufnahmen der drei Abbildungen sind im Anhang C vergrößert zu finden.

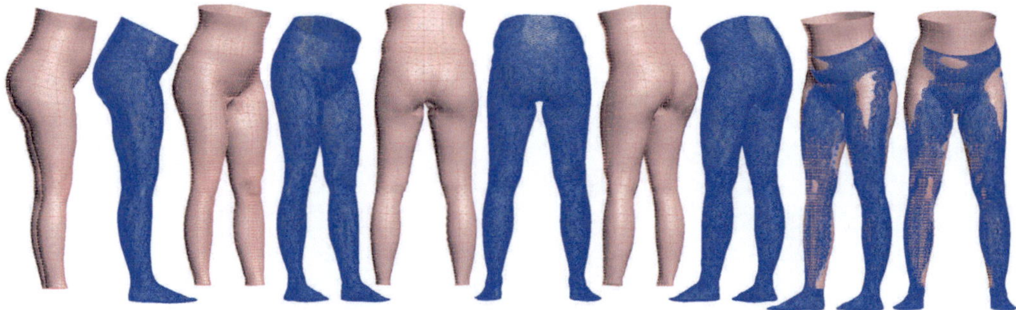

Abbildung 5.63: Position *Oberkörper nach vorn gebeugt* als Scandaten (blau) im Vergleich zum adaptierten kinematischen Modell in verschiedenen Ansichten.

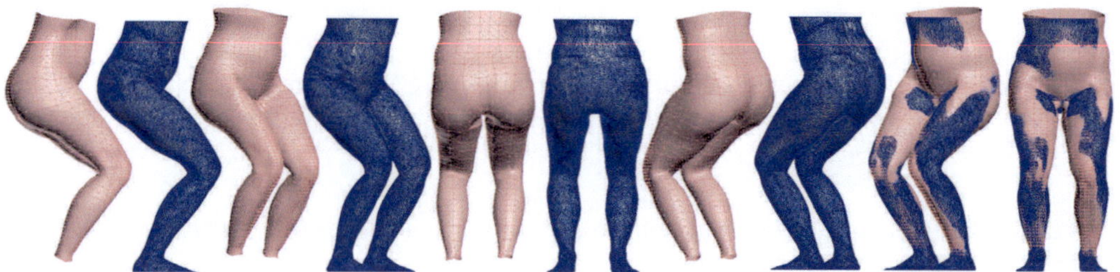

Abbildung 5.64: Position *Eisschnelllauf* als Scandaten (blau) im Vergleich zum adaptierten kinematischen Modell in verschiedenen Ansichten.

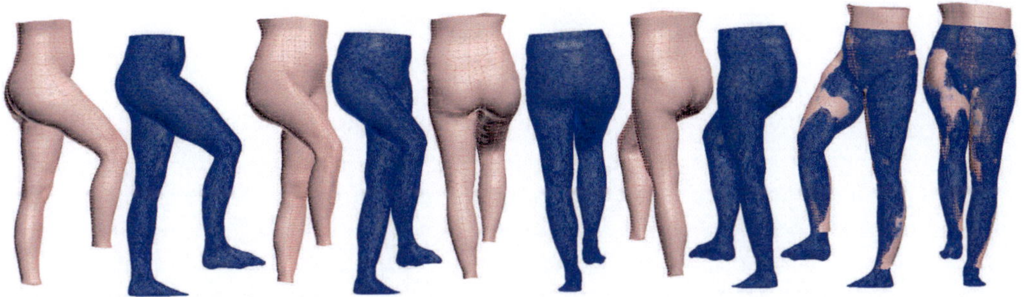

Abbildung 5.65: Position *Rechtes Bein auf Hocker* als Scandaten (blau) im Vergleich zum adaptierten kinematischen Modell in verschiedenen Ansichten.

Abbildung 5.66 zeigt den gesamten Prozess der Adaption des kinematischen Template-Modells an das Oberflächenmodell einer realen Person sowie dessen Animation. Der gesamte Vorgang nimmt auf einem konventionellen Desktop-PC circa 10 Minuten in Anspruch.

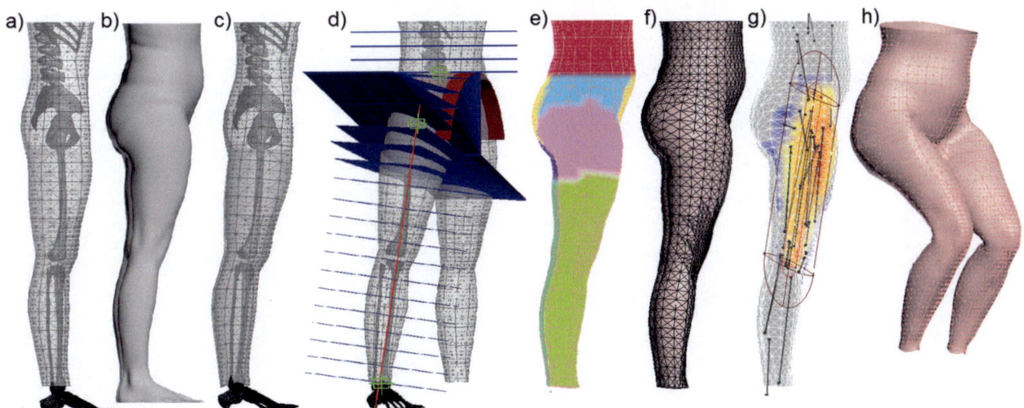

Abbildung 5.66: Prozess der Adaption des kinematischen Template-Modells an das Oberflächenmodell einer realen Person: a. Kinematisches Template-Modell, b. Scandaten einer realen Person, c. Template-Modell angepasst in Haltung und Proportionen, d. Definition der Schnittebenen, e. Segmentierung und Adaption des Oberflächennetzes, f. Verfeinerung des Netzes, g. Übertragung und Interpolieren der Wichtungen, h. Animation.

Zusammenfassung

Das kinematische Template wird nach anatomischen Vorgaben aus MRI-Aufnahmen und Fachliteratur einmalig aufgebaut. Besonderer Wert wird auf eine korrekte und realitätsnahe Abbildung der anthropometrischen Zusammenhänge gelegt.

- *Das Skelett orientiert sich an den MRI-Daten. Beim Anknüpfen der Knochen an das zugrunde liegende Bones-System ist die korrekte Positionierung der Gelenke entscheidend für einen anatomisch reali-*

tätsnahen Bewegungsablauf.

- *Die MRI-Aufnahmen sind zur Erstellung des Muskel-Systems nur bedingt geeignet, da die Muskeln nicht als einzelne Objekte verfügbar sind. Basis bilden hier anatomische Abbildungen von Form, Lage, Ansatzpunkten und Bewegungsachsen.*
- *Das Oberflächenmodell kann aus den MRI-Daten erstellt werden. Dadurch ist die Lage von Skelett und Muskeln innerhalb der Haut anatomisch begründet. Das Netz wird relativ grobmaschig angelegt, um leichter Anpassungen vornehmen zu können.*
- *Für jeden Bone und jeden Muskel werden Wichtungen festgelegt und in eine Datei exportiert.*

Zur vereinfachten Skalierung des kinematischen Templates werden Skripte entwickelt, die auch die Größenanpassung einzelner Gliedmaßen und der Beckenbreite ermöglichen.

Um Scandaten zu animieren, sind folgende Schritte erforderlich:

- *Angleichung der Körperproportionen durch Skalieren der Bones und Muskeln (teilautomatisiert),*
- *Anpassung der Haltung des Template-Modells an die der gescannten Person (manuell),*
- *Kontrolle der Kontrollpunkte für die Schnittebenen (manuell),*
- *automatisierte Segmentierung des Oberflächennetzes mit Hilfe der Schnittebenen (automatisiert),*
- *Adaption der Knotenpunkte des Template-Modells an Scandaten (automatisiert),*
- *Verfeinerung des Netzes (automatisiert) und*
- *Transfer der Wichtungen und Berechnung der interpolierten Wichtungen (automatisiert).*

Die Anforderungen an das anthropometrische, kinematische Geometriemodell für weibliche Personen waren:

1. *Erstellung für personenindividuelle Daten mit vertretbarem Zeitaufwand und ohne Spezialkenntnisse,*
2. *anatomische Korrektheit und*
3. *Berücksichtigung von Muskelwirkungen.*

Der Prozess nimmt etwa 10 Minuten in Anspruch und erfordert lediglich Basiskenntnisse in 3ds Max. Die anderen beiden Anforderungen werden durch die Art des Aufbaus des kinematischen Template-Modells auf MRI-Daten erfüllt. Die Validierung wurde durch den Vergleich mit Scandaten in verschiedenen Positionen erbracht.

6

Anwendung der Ergebnisse

Um die Entwicklungsergebnisse hinsichtlich ihrer Nutzbarkeit beurteilen zu können, wird das Verfahren auf personenindividuelle Scandaten für Frauen mit Konfektionsgröße 36 bis 44 angewendet. Außerdem wird ein Mensch-Modell in verschiedenen Positionen zur 3D-Konstruktion eines körpernahen Kleidungsstücks eingesetzt.

6.1 Anwendbarkeit der Entwicklungsergebnisse auf personenindividuelle Scandaten

Abbildung 6.1 zeigt jeweils eine Probandin für jede der fünf Größen von vorn und rechts. Um die Beinlängen besser beurteilen zu können, werden die Scandaten am Schritt ausgerichtet. Dabei fällt auf, dass die Modelle für Größe 40 und 42 kleiner sind als die Mensch-Modelle in Größe 36 und 38. Die Person in Größe 44 fällt in die Rubrik „Körperhöhe groß" und überragt die anderen deutlich.

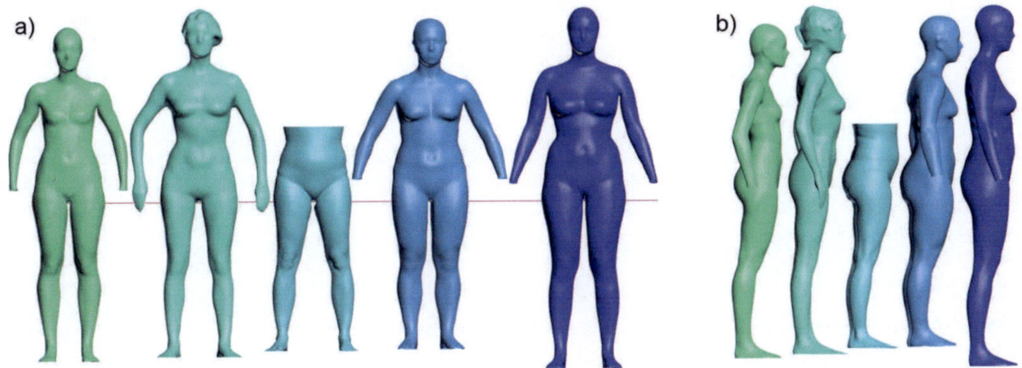

Abbildung 6.1: Personenindividuelle Scandaten in Konfektionsgröße 36 bis 44 von a. vorn und b. rechts. Die Größen sind von links nach rechts sortiert, zeigen also die Größen 36 (grün), 38, 40, 42, 44 groß (blau).

In Abbildung 6.1 ist außerdem zu erkennen, dass zwischen den Scandaten keine lineare Skalierung möglich ist. Die Beine von Größe 42 erscheinen zum Beispiel gedrungener als die von Größe 44. Aus der Seitenansicht ergäbe sich für die Ausprägung des Gesäßes die

Reihenfolge 38, 44, 36, 42, 40. Entscheidend für die Ermittlung der Konfektionsgröße ist aber das Umfangsmaß, das diese Informationen nicht mit einbezieht.

Für jede Probandin wird ein animiertes Mensch-Modell erstellt. Der Prozess zur Animation der personenindividuellen Daten folgt genau dem beschriebenen Vorgehen aus Kapitel 5.2.

Im Vergleich zum Template-Modell ist die Beinlänge des Modells in Größe 36 um 5 % länger, die Position der Taille ist etwas höher, so dass das gesamte Template-Modell (Skelett, Muskeln und Oberfläche) um 5 % in der Länge vergrößert wird. In der Breite und Tiefe wird nichts geändert. Die Längen des gesamten Beins, das heißt des Unter- und Oberschenkel-Knochens von Templaten-Modell und Scandaten werden verglichen und zeigen eine gute Übereinstimmung. Nach dem Angleichen der Haltung, die gegenüber dem Template-Modell etwas nach vorn kippt, wird die Oberfläche an die Scandaten adaptiert. Damit das Skript die Schnittebenen richtig berechnen kann, müssen die Hilfspunkte kontrolliert und gegebenenfalls angepasst werden. Das Oberflächennetz wird vom Skript *adapt_template.ms* (siehe Kapitel 5.2.3 und Anhang B.4) problemlos in einem Schritt ermittelt (siehe Abbildung 6.2.c). Nach der Verfeinerung des Netzes werden die Animationsparameter übertragen und einige Bewegungen des animierten Mensch-Modells überprüft. Es treten keine Probleme auf. Abbildung 6.2 visualisiert den Prozess.

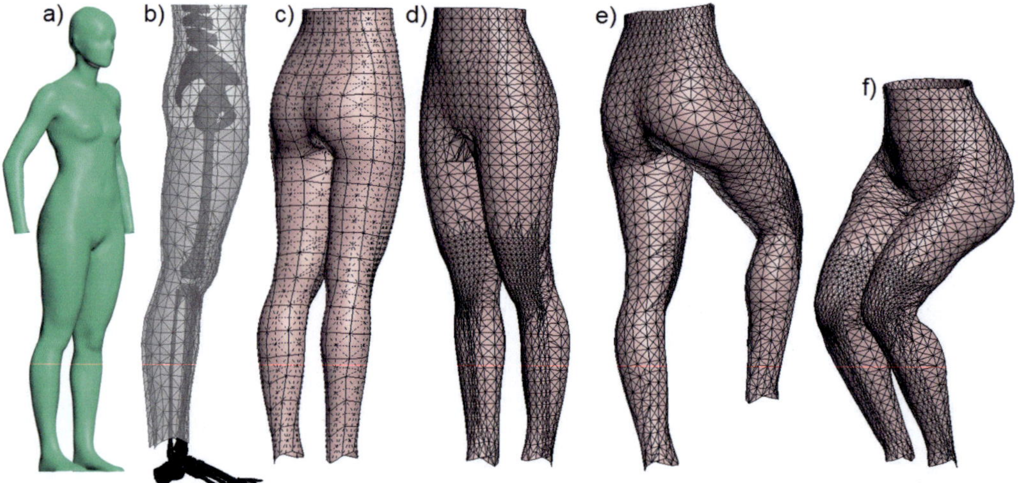

Abbildung 6.2: Animation der personenindividuellen Daten in Größe 36, die als a. Scandaten vorliegen in den Schritten: b. Angleichung des Template-Modells in Proportionen und Haltung an Scandaten, c. Adaption des Oberflächennetzes, d. Verfeinerung der Netzstruktur und Übertragung der Animationsparameter, e. Anheben des rechten Beins, f. Beugen beider Beine.

Die Probandin mit Konfektionsgröße 44 groß (siehe Abbildung 6.1, rechtes Modell in blau) weicht vom Template-Modell am stärksten ab. Ein Vergleich der Maße im Bereich zwischen Taille und Hüfte ergibt einen Unterschied in Länge und Breite von circa 10 %. Die Beinlänge des Scan-Modells ist um 18 % größer, wobei der Oberschenkel 15 %, der Unterschenkel 21 % länger ist. Mittels Skript werden die Beckenbreite und -höhe um 10 %, die Länge des Oberschenkel um 15 % und die des Unterschenkels um 21 % vergrößert. Die Muskeln werden vom Skript entsprechend skaliert. Bei der Ausrichtung der Haltung des Template-Modells (siehe Abbildung 6.4.b) fällt auf, dass diese sehr gerade ist und der Abstand zwischen den Oberschenkeln auf der Innenseite gering ist.

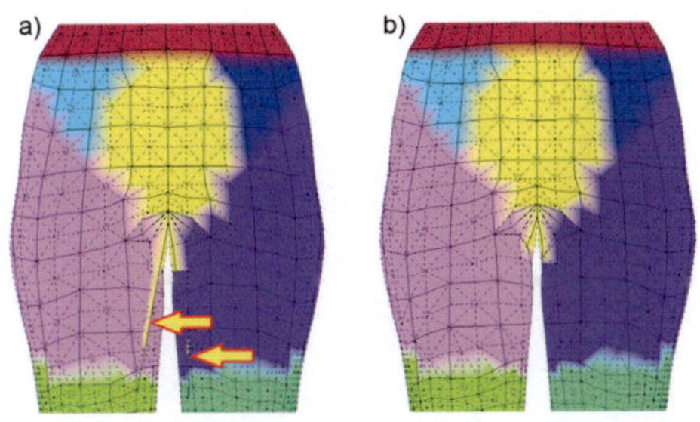

Abbildung 6.3: Das automatisch adaptierte Oberflächennetz für Größe 44 groß weist zwei Ausreisser im Schrittbereich auf. Diese sind in a. durch gelbe Pfeile markiert und in b. korrigiert.

Bei der sich anschließenden automatisierten Segmentierung und Adaption der Oberfläche werden daher zwei Knotenpunkte im Schrittbereich an die falsche Stelle auf die Oberfläche am Oberschenkel verschoben (siehe Abbildung 6.3.a, markiert durch gelbe Pfeile). Durch die Einfärbung der Segmente ist das sofort zu erkennen. Nach dem Verschieben der beiden Ausreißer in den Schrittbereich wird das Skript *adapt_template.ms* ein zweites Mal ausgeführt, so dass alle Punkte an der richtigen Stelle sind (siehe Abbildung 6.3.b).

Dieses Skript kann bei Bedarf nach jeder Verschiebung eines oder mehrerer Knotenpunkte wiederholt aufgerufen werden. Da alle anderen Punkte bereits auf der Oberfläche liegen, werden nur verschobene Knotenpunkte neu berechnet.

Bei den weiteren Prozessschritten, der Verfeinerung der Netzstruktur und der Übertragung der Animationsparameter, treten keinerlei Komplikationen auf. Das Mensch-Modell ist animiert und folgt den Bewegungen des Skeletts. Der gesamte Vorgang hat etwa 15 Minuten in Anspruch genommen.

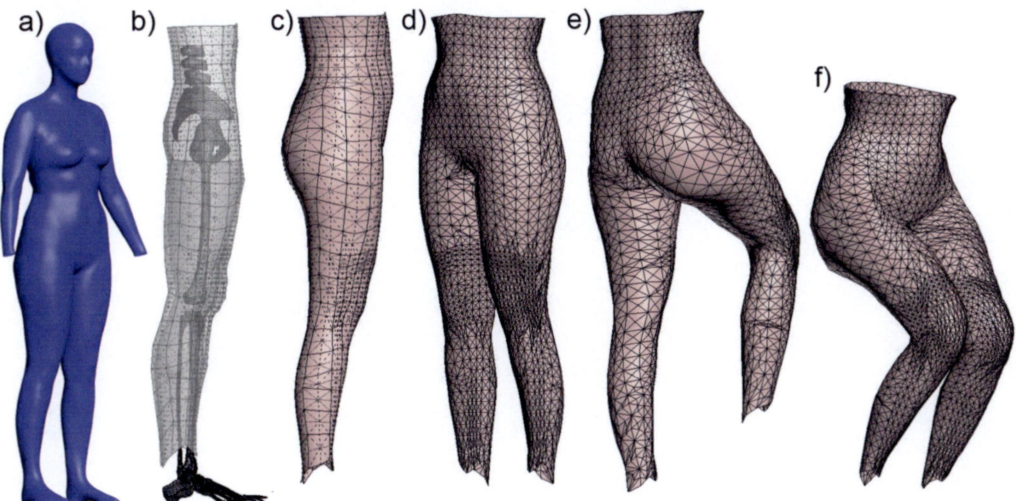

Abbildung 6.4: Animation der personenindividuellen Daten in Größe 44 groß, die als a. Scandaten vorliegen in den Schritten: b. Angleichung des Template-Modells in Proportionen und Haltung an Scandaten, c. Adaption des Oberflächennetzes, d. Verfeinerung der Netzstruktur und Übertragung der Animationsparameter, e. Anheben des rechten Beins, f. Beugen beider Beine.

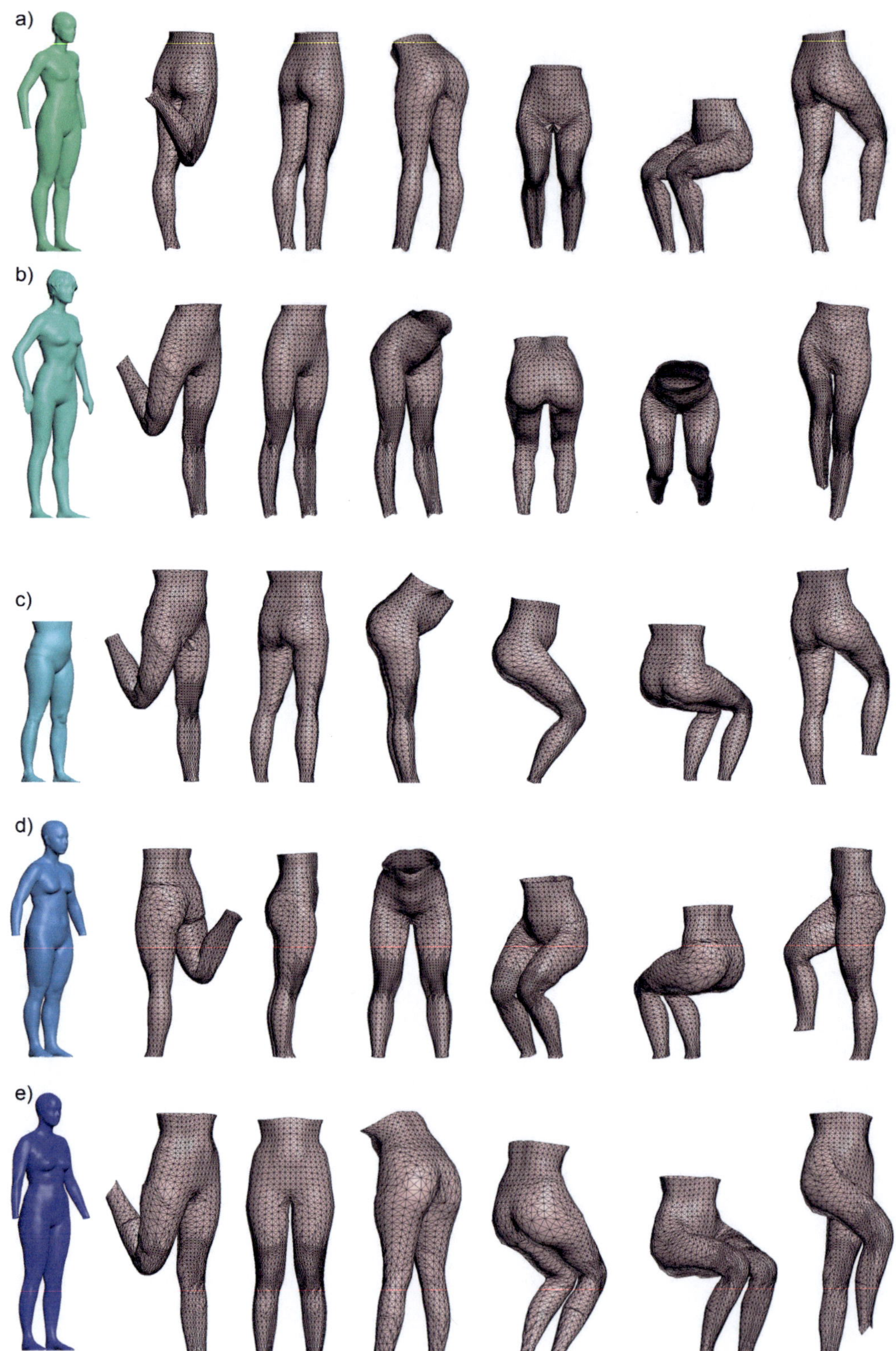

Abbildung 6.5: Scan-Modelle in den Konfektionsgrößen a. 36, b. 38, c. 40, d. 42 und e. 44 groß. Dazugehörige animierte Mensch-Modelle in verschiedenen Positionen. Untereinander angeordnete Positionen sind identisch.

Die hier im Detail vorgestellten Prozesse wurden auch für die verbliebenen Scandaten in Größe 38 und 42 durchgeführt. Auch diese konnten ohne Probleme animiert werden. Abbildung 6.5 zeigt eine Zusammenstellung verschiedener Positionen für die Modelle in den fünf Konfektionsgrößen 36 bis 42 und 44 groß (von oben nach unten). Die Positionen von links nach rechts sind für alle Größen identisch, lediglich der Ansichtswinkel variiert, um einen dreidimensionalen Eindruck der Ergebnisse vermitteln zu können.

Die Grenzen des Modells liegen im Berücksichtigen der Schwerkraft auf das Fettgewebe, die besonders bei großen Größen auftreten. Bei den animierten Figuren dürfte dies aber keine oder nur eine geringe Rolle spielen.

6.2 Modellentwicklung und Schnittgenerierung (3D-CAD)

Trotz der wachsenden Verbreitung von Bodyscannern geht der Umstieg von branchenspezifischen 2D-CAD-Lösungen zu dreidimensionalen Konstruktionsmethoden langsam vonstatten. Die Gründe hierfür liegen im Einarbeitungs- und Zeitaufwand, die mit einer neuen Entwicklungsmethodik verbunden sind sowie den teilweise aufwändigen Prozessen zur Erstellung virtueller Mensch-Modelle, die von den Standardvarianten abweichen.

Durch den Einsatz der 3D-Passformsimulation können die Kosten durch die Reduktion des Aufwands in der Musternäherei und die damit verbundene Einsparung von Personal und Material bereits merklich reduziert werden. Bei der Passformsimulation werden zweidimensionale Schnittteile über eine Schnittstelle oder ein Konvertierungstool in das Programm eingelesen, auf einem virtuellen Mensch-Modell positioniert und virtuell zusammengenäht (siehe Abbildungen 6.6 / 6.7). Je mehr die hinterlegten Materialeigenschaften den realen Stoffen entsprechen, um so besser ist die Qualität des Visualisierungsergebnisses bezüglich Fall und Wirkung des Textils bzw. der Bekleidung.

Abbildung 6.6: Passformsimulation in *Vidya*. Bild von [Hum15].

Abbildung 6.7: Passformsimulation in *PDS*. Bild von [Opt15].

Unter anderem bieten die Firmen *Assyst* (*VIDYA* [Hum15], siehe Abbildung 6.6), *Browzwear* (vStitcher [Bro15]), *Lectra* (*Modaris* [Lec15a]) und *OptiTex* (*OptiTex PDS* [Opt15], siehe Abbildung 6.7) 3D-Softwareprodukte für die Bekleidungsindustrie an, mit der das optische Erscheinungsbild und die Passform beurteilt werden können.

Die im Rahmen dieser Arbeit generierten Mensch-Modelle können für die 3D-Passformkontrolle verwendet werden, um insbesondere eine Kontrolle der Passform in Haltungen zu ermöglichen, die von der Standardhaltung abweichen.

6.2.1 Produktgestaltung in 3D und automatische Zuschnittgenerierung

Das Ziel des Einsatzes der erarbeiteten Mensch-Modelle in 3D-CAD-Systemen besteht in der verbesserten Gestaltung des Arbeitsablaufes in der Schnittentwicklung zur Umsetzung des Modellentwurfs. Für eine systematische Arbeitsweise muss die Schnittentwicklung dazu in drei Schritte gegliedert werden:

1. Modellentwurf (Style - Festlegung von Schnittform, Details und Material)
2. Schnittentwicklung (Ableitung der zweidimensionalen Schnittteile aus dem 3D-Entwurf)
3. Produktionsschnittentwicklung (Anbringen von Naht- und Saumzugaben sowie fertigungsbedingten Markierungen, Kennzeichnung des Fadenlaufes usw.).

Lectra [Lec15a] bietet eine Lösung *DC3C*, die sich der CAD-Software *TopSolid* von Missler, und zwar insbesondere des Softwaretools *TopCad*, bedient. Missler Software ist der zweitgrößte französische Anbieter von CAD-/CAM-Lösungen und spielt auch auf dem internationalen Markt eine führende Rolle. *TopCad* ist eine parametrische, assoziative CAD-Lösung, mit der sich sowohl Volumen- als auch Flächenmodelle erzeugen lassen und Polygonmodelle (Netzmodelle) importierbar sind. Lectra hat die Software durch ein Anwendermodul ergänzt, der die Abwicklung in 3D generierter Netze auf Regel- und Freiformflächen in die Ebene ermöglicht. Damit besteht die Option, dreidimensionales Design und Zuschnitterzeugung rechentechnisch zu verbinden.

Bei körpernaher Kleidung basiert das Arbeitsprinzip auf dem Konzept, den Entwurf auf dem Mensch-Modell vorzunehmen. Designer und/oder Konstrukteur können mit Hilfe von Zeichenwerkzeugen die Modell- und Schnittteillinien direkt auf der virtuellen Körperoberfläche ausführen. Dazu ist kaum schnitttechnisches Wissen notwendig. Interaktiv werden auf der Oberfläche Punkte gesetzt, die die Linie aufbauen. Da die Linienführung beim ersten Versuch meist noch nicht optimal ist, lassen sich die Linien im Editiermodus entsprechend modifizieren. Für seitensymmetrische Modelle reicht es aus, nur eine Hälfte zu erstellen und diese an der senkrechten Mittelebene zu spiegeln.

Aufgrund modischer und fertigungsbedingter Aspekte setzt sich das 3D-Modell aus mehreren Schnittteilen zusammen. Jedes dieser Schnittteile ist auf dem virtuellen Mensch-Modell durch seinen Kurvenverlauf gekennzeichnet.

Auf diese Art und Weise sind Designs mit geringem Wissen in Schnitttechnik und für beliebige Haltungen effizient umsetzbar. Die konventionellen Konstruktionsvorschriften für Bekleidung beziehen sich ausschließlich auf die aufrechte stehende Haltung. Um die in 3D entworfenen Schnittteile in der Ebene abbilden zu können, müssen die Schnittteil-Oberflächen trianguliert werden. Unter Triangulierung versteht man in diesem Fall die Zerlegung eines Gebietes in Dreiecke. Zur Generierung der 2D-Schnittteile schließt sich an die Schnittteilentwicklung in 3D die Abbildung der Schnittteile in der Ebene an. Dieser Prozess wird in der Konfektionsindustrie üblicherweise als Abwicklung bezeichnet. Bei einer ausschließlich geometrischen Betrachtungsweise besteht das Simulationskriterium darin, die Kantenlänge der Dreiecke und die Winkel im Dreieck sowie die Dreiecksflächen so wenig wie möglich zu verändern.

In Abbildung 6.8 sind die beschriebenen Entwicklungsschritte dargestellt. Abschließend lassen sich durch Rendering den Schnittteilen Farben und Muster zuordnen (siehe Abbildung 6.8.c).

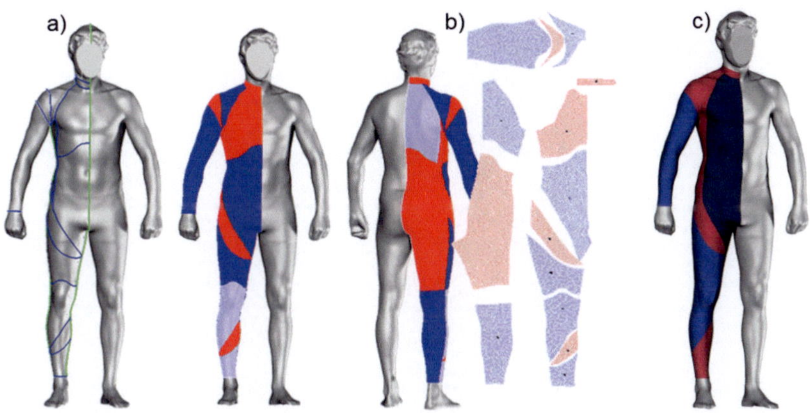

Abbildung 6.8: Entwicklung körpernaher Sportbekleidung unter Verwendung von *DC3D* von *Lectra* in den drei Schritten a. 3D-Konstruktion, b. Schnittteilabwicklung von 3D nach 2D und c. 3D-Visualisierung. Bild aus [KME14].

6.2.2 Schnitttechnische Veränderungen bei Variation der Körperhaltung

Zur Überprüfung der Eignung der entwickelten kinematischen Mensch-Modelle wird eine reale sportarttypische Pose nachgestellt. Für diese sowie für die stehende und eine Mittelposition werden Schnittmuster generiert und verglichen. Anzüge für Eisschnellläufer stellen einen hohen Anspruch an die Funktionalität und die Haltung weicht stark von der Standardscanhaltung ab.

Abbildung 6.9: Typische Haltungen beim Eisschnelllauf. Bilder aus [KME14].

Wie aus Abbildung 6.9 zu erkennen ist, wird der Oberkörper während des Wettkampfes extrem weit nach vorn gebeugt, so dass sich die Rückenlänge deutlich vergrößert. Die vordere Länge wird im Gegensatz dazu verkürzt. Wird die Schnittentwicklung in dieser Haltung vorgenommen, ist es dem Sportler kaum möglich, geradezustehen ohne einen starken Druck auf die Schultern durch die erhebliche Dehnung der vorderen Schnittteile zu spüren. Demzufolge muss die Haltung zur Konstruktion deutlich aufrechter sein. Gleiches gilt für das Anwinkeln der Beine.

Das adaptierte Mensch-Modell für Größe 40 wird in die Positionen *stehend, gebeugt 150°* und *gebeugt 90°* gebracht. Die Winkelangabe bezieht sich auf den Winkel der sich zwischen Unter- und Oberschenkelknochen aus der seitlichen Ansicht ergibt. Das Oberflächennetz wird jeweils als *DXF*-Datei aus *3ds Max* exportiert und in *DC3D* importiert, automatisch verfeinert und geglättet. Auf diese Mensch-Modelle werden anliegende Hosen bestehend aus 10 Einzelschnittteilen aufgezeichnet (siehe Abbildungen 6.10, 6.11 und 6.12, a) und b)).

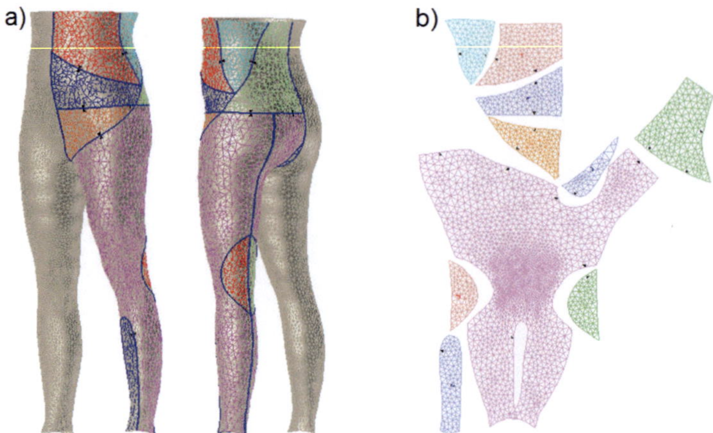

Abbildung 6.10: a. 3D-Konstruktion, b. Schnittteilabwicklung von 3D nach 2D für die stehende Position in Größe 40.

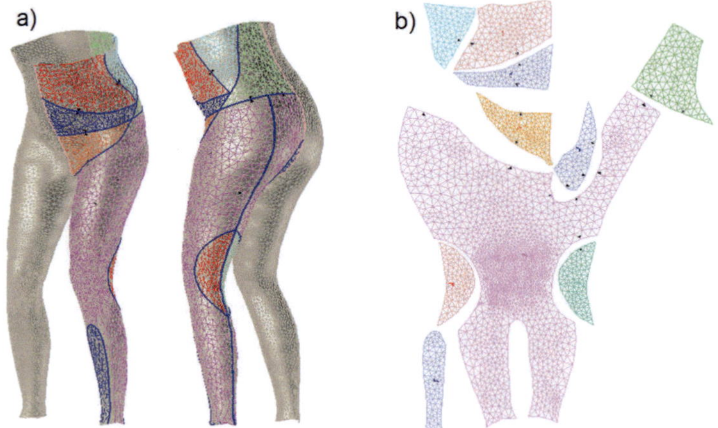

Abbildung 6.11: a. 3D-Konstruktion, b. Schnittteilabwicklung von 3D nach 2D für die Position *150° gebeugt* in Größe 40.

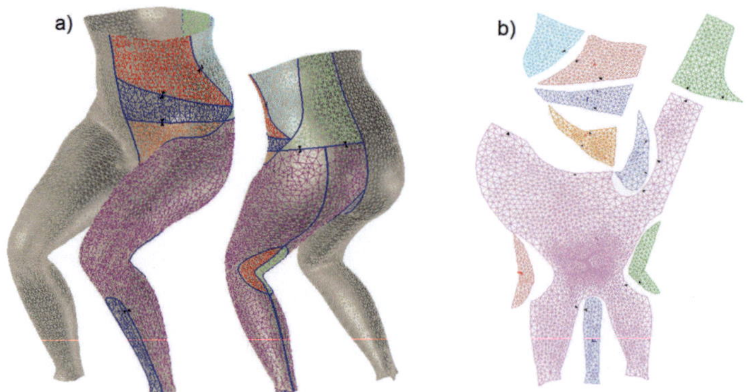

Abbildung 6.12: a. 3D-Konstruktion, b. Schnittteilabwicklung von 3D nach 2D für die Position *90° gebeugt* in Größe 40.

Der Startpunkt zur Abwicklung wird für jedes Schnitteil automatisch generiert. Standardmäßig wird dazu der Flächenschwerpunkt verwendet. Um die große Deformation am Knie hinreichend genau abbilden zu können, wird dort in *3ds Max* ein feineres Netz erstellt. Diese Eigenschaft wird von *DC3D* übernommen und ist im größten Schnittteil (pink) erkennbar (siehe Abbildungen 6.10, 6.11 und 6.12. b)). Mit Hilfe der Farben ist die Position des Schnittteils auf dem Mensch-Modell nachvollziehbar.

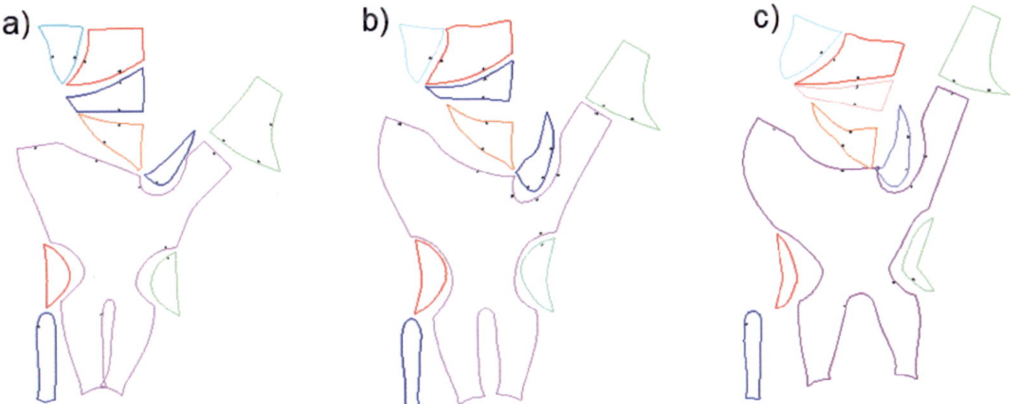

Abbildung 6.13: Schnitteile für die drei Haltungen a) stehend, b) 150° gebeugt, c) 90° gebeugt

Im direkten Vergleich der Schnittteile für die drei Positionen (siehe Abbildung 6.13) fällt auf, dass die Schrittkurve um so länger wird, je größer der Beugewinkel ist. Die Unterschiede in den Schnittteilen der Hose im Gesäßbereich sind deutlich zu erkennen. Das Hauptschnittteil (pink) wird bei Beugung höher, weil die Rückenlänge zunimmt. Die Schnittteile für den Rumpf verändern sich ebenso.

Resümierend läßt sich feststellen, dass das Verfahren sehr gut für die Untersuchung schnittkonstruktiver Veränderungen geeignet ist. Der Modellmacher bekommt eine ausgezeichnete Möglichkeit, das Modell perfekt auf die funktionellen Anforderungen, in diesem Fall die nutzungstypische Position, abzustimmen.

Zusammenfassung

Das kinematische Template-Modell wird auf die Scandaten von vier Probandinnen mit unterschiedlichen Konfektions- und Körpergrößen angewendet. Nach der in Kapitel 5 vorgestellten Methode können diese jeweils innerhalb von 10-15 Minuten problemlos animiert werden.

Für die Probandin in Größe 40 wird für drei verschiedene Haltungen eine körpernahe Hose in 3D konstruiert und nach 2D abgewickelt. Die Daten können via DXF-Schnittstelle von 3ds Max exportiert und in DC3C importiert werden.

Die Schnittteile verhalten sich wie erwartet. Die Methode ist sehr gut für die Untersuchung schnittkonstruktiver Veränderungen geeignet.

7

Zusammenfassung und Ausblick

Die Globalisierung hat die Textilbranche in Europa massiv verändert: da die Nähprozesse nach wie vor sehr personalintensiv sind, findet heute der Großteil der Produktion in weit entfernten Ländern mit im Vergleich niedrigen Löhnen statt. Damit die Produktentwicklung in Deutschland gehalten werden kann, sind verbesserte und beschleunigte Prozesse erforderlich. Dazu gehört auch die Nutzung des Potentials der dreidimensional erfassten Körpermaße und -formen mittels Bodyscanner. Dies wird bisher nur teilweise ausgeschöpft, weil der Konstruktionsprozess derzeit immer noch komplett in der Ebene stattfindet, üblicherweise werden 2D-CAD-Lösungen eingesetzt. Die hierbei verwendeten Konstruktionsvorschriften beziehen sich ausschließlich auf die stehende Position, so dass Anpassungen der Schnittkonstruktion auf andere Haltungen (z.B. Sportler, Rollstuhlfahrer) nur mit sehr hohem Aufwand vorgenommen werden können.

Das Ziel dieser Arbeit ist das Erstellen eines kinematischen Mensch-Modells aus personenindividuellen Scandaten mit geringem Zeitaufwand und ohne spezielle Programmierkenntnisse. Besonderer Wert wird auf eine anthropometrisch korrekte Abbildung der Deformation des Oberflächennetzes in nutzungstypischen Körperhaltungen gelegt. Diese sollen automatisch generierbar und auf personenindividuelle Scandaten anwendbar sein. Um realitätsnahe Ergebnisse zu erhalten, werden die Auswirkungen der oberflächenbeeinflussenden Muskelpartien auf die Hautoberfläche berücksichtigt.

Virtuelle Mensch-Modelle werden aktuell in der Forschung simulationsgestützt oder datengetrieben erstellt. Simulationsgestützte Modelle erweitern Oberflächenmodelle um anatomische Strukturen, die von vereinfachten Skeletten bis zu kompletten Muskel- und Sehnensystemen sowie Fetteinlagerungen reichen. Damit kann die Hautdeformation direkt an die Bewegung von Knochen, Gelenken und Muskeln gekoppelt werden. Beispielbasierte Modelle bauen auf der Erfassung realer Personen in Motion-Capture-Anlagen auf. Auf den Probanden werden Marker(Positionsmarkierungen) am Körper aufgebracht, die bei Bewegung optisch erfasst nach vorgegebenen Algorithmen auf virtuelle Modelle übertragen werden. Im Gegensatz zu den simulationsgestützten Modellen, die jede anatomische Haltung nachbilden können, können bei simulationsgestützten Modellen neue Haltungen nicht ohne Neu-Aufnahmen abgebildet werden. Bei beiden Verfahren kommen aus Automatisierungsgründen Template-Modelle zum Einsatz, um Hautdeformationen aufgrund von Haltungsänderungen einfacher ermitteln zu können.

Da der datengetriebene Ansatz für die Aufgabenstellung zu ungenau und zu wenig praktikabel erscheint bzw. die notwendige Aufnahmetechnik nicht zur Verfügung stand, wird ein simulationsgestützter Ansatz verfolgt. Automatisierbarkeit und Reproduzierbarkeit spielen dabei eine wichtige Rolle. Zunächst wird ein vereinfachtes kinematisches Template-Modell für ein Bein aufgebaut. Dieses Template-Modell besteht aus zwei Bones, einem Muskel sowie einem Zylinder als Oberflächenmodell. Nach dem Durchführen der Prozessschritte

- Anpassung des Zylinders an die Größe und Proportionen des gescannten Beins,
- Überführung in die Haltung des Scanmodells,
- Angleichung der einzelnen Knotenpunkte an die Oberfläche des gescannten Beins,
- Verfeinerung der Netzstruktur,
- Adaption der neu eingefügten Scheitelpunkte auf die Oberfläche des gescannten Beins und
- Übertragung der kinematischen Parameter zur Hautdeformation

steht ein simples animiertes Beinmodell mit der Oberfläche der Scandaten zur Verfügung. Diese entwickelte Methodik wird um anatomische Zusammenhänge aus MRI-Aufnahmen und Fachliteratur erweitert. Der weitere Aufbau des anatomischen Template-Modells orientiert sich akribisch an den MRI-Daten des Virtual Family Modells *Ella*, besonders hinsichtlich der Lage der Knochen und der Gelenke sowie der Positionierung des Skeletts innerhalb des Oberflächenmodells. Die korrekte Positionierung der Gelenke ist entscheidend für einen anatomisch realitätsnahen Bewegungsablauf und die damit verbundene Deformation des Oberflächennetzes. Da die MRI-Aufnahmen zur Erstellung des Muskel-Systems nur bedingt geeignet sind, bilden hier anatomische Vorgaben von Form, Lage, Ansatzpunkten und Bewegungsachsen die Grundlage. Für jeden Bone und jeden Muskel werden Wichtungen festgelegt und in eine Datei exportiert. Das erstellte Template-Modell kann somit gewünschte Haltungen des Unterkörpers realitätsnah abbilden.

Um Scandaten zu animieren, sind analoge Schritte wie bei der Adaption des vereinfachten Zylindermodells erforderlich:

- automatisiertes Skalieren der Bones und Muskeln in Länge und Breite zur Angleichung an die Körperproportionen,
- manuelle Anpassung der Haltung des Template-Modells an die der gescannten Person,
- automatisierte Segmentierung des Oberflächennetzes mit Hilfe der Schnittebenen,
- automatisierte Adaption der Knotenpunkte des Template-Modells an die Scandaten,
- automatisierte Verfeinerung des Netzes und
- automatisierter Transfer der Wichtungen und Berechnung der interpolierten Wichtungen.

Der gesamte Prozess nimmt nur wenige Minuten in Anspruch und erfordert lediglich Basiskenntnisse in *3ds Max*. Die Anforderungen bezüglich anatomischer Korrektheit werden durch die Art des Aufbaus des kinematischen Template-Modells auf MRI-Daten erfüllt. Die Überprüfung der Deformation des Template-Modells erfolgt mit Scandaten in verschiedenen Positionen. Innerhalb von jeweils 10-15 Minuten können die Scandaten von vier Probandinnen mit unterschiedlichen Konfektions- und Körpergrößen mit Hilfe des Template-Modells animiert werden.

Für die Probandin in Größe 40 werden für drei verschiedene Haltungen Daten in das

DXF-Format von *3ds Max* exportiert und in *DC3C* zur Bekleidungskonstruktion anhand virtueller Modelle importiert. Durch die Regelmäßigkeit der Netzstruktur kann dieses direkt verwendet werden, um darauf zu zeichnen. Es wird eine körpernahe Hose für einen Eisschnellläufer in 3D konstruiert und die Schnitteile werden nach 2D automatisch abgewickelt. Die Hose zeigt beim Vergleich der Haltung *in der Hocke* zur stehenden Haltung deutlich veränderte Schrittkurven und eine verlängerte Rückenlänge. Die Methode ist deshalb sehr gut für die Untersuchung schnittkonstruktiver Veränderungen hinsichtlich nutzungstypischer Haltungen geeignet.

Für eine weiterführende Betrachtung sind ein Import der Schnitttteile und virtuelles Vernähen in der Animationssoftware hilfreich, um zum Beispiel das Spannungs-Dehnungs-Verhalten des Stoffes bei Bewegung zu visualisieren. Damit könnten weitere Relationen zwischen Schnittkonstruktion und Haltung gezogen werden, um den besten Tragekomfort für ein Bekleidungsstück unter Extrembewegungen zu finden.

Um die Hautdeformationen bei Bewegung korpulenter Menschen realitätsnah zu simulieren, muss das kinematische Template-Modell noch um Fettgewebe erweitert werden. Das generelle Vorgehen wird ähnlich zu der Modellierung und Animierung von Muskeln möglich sein. Interessant wäre auch, die Muskelausprägung an einzelnen Körperteilen individuell zu ändern. Eine Realisierung der Skalierung einzelner Muskelpartien per Skript ist denkbar.

Mit Hilfe von standardisierten Mensch-Modellen, die genau den Konfektionsgrößen entsprechen, können künftig Konstruktionsvorschriften unter Berücksichtigung von Körpermaß und -form für andere Positionen, z.B. sitzend für Rollstuhlfahrer, entwickelt werden.

Ein weitere Option für ein interessantes Forschungsgebiet ist die Untersuchung, ob das Oberflächennetz direkt der Schnittkonstruktionen dienen kann. Eine Berechnung von Schnittmustern direkt aus dem Oberflächennetz könnte den Produktentwicklungszyklus weiter beschleunigen.

Um einen kompletten Menschen zu animieren, muss das Modell auf den Oberkörper erweitert werden. Insbesondere der Schulterbereich bedarf vermutlich eingehender anatomischer Betrachtung. Die Brust könnte analog zum Verhalten von Fettgewebe modelliert und animiert werden. Die Methode ist analog auf Männer und Kinder übertragbar.

Die vorliegende Arbeit ist eine gute Ausgangsbasis, um in viele verschiedene Richtungen weiter zu forschen.

Literaturverzeichnis

[ACH09]   ALBIN-CLARK, Adrian ; HOWARD, Toby: Automatically Generating Virtual Humans using Evolutionary Algorithms. In: TANG, Wen (Hrsg.) ; COLLOMOSSE, John P. (Hrsg.): *TPCG*, Eurographics Association, 2009. – ISBN 978–3–905673–71–5, 61-64

[ACP02]   ALLEN, Brett ; CURLESS, Brian ; POPOVIĆ, Zoran: Articulated Body Deformation from Range Scan Data. In: *Proceedings of the 29th Annual Conference on Computer Graphics and Interactive Techniques*. New York, NY, USA : ACM, 2002 (SIGGRAPH '02). – ISBN 1–58113–521–1, 612–619

[ACP03]   ALLEN, Brett ; CURLESS, Brian ; POPOVIĆ, Zoran: The space of human body shapes: reconstruction and parameterization from range scans. In: *ACM Transactions on Graphics (TOG)* Bd. 22 ACM, 2003, S. 587–594

[ACP04]   ALLEN, Brett ; CURLESS, Brian ; POPOVIC, Zoran: Exploring the space of human body shapes: data-driven synthesis under anthropometric control. In: *Proceedings of Conference on Digital Human Modeling for Design and Engineering. SEA International*, 2004

[ACPH06] ALLEN, Brett ; CURLESS, Brian ; POPOVIĆ, Zoran ; HERTZMANN, Aaron: Learning a correlated model of identity and pose-dependent body shape variation for real-time synthesis. In: *Proceedings of the 2006 ACM SIGGRAPH/Eurographics symposium on Computer animation* Eurographics Association, 2006, S. 147–156

[AHLG+13] ALI-HAMADI, Dicko ; LIU, Tiantian ; GILLES, Benjamin ; KAVAN, Ladislav ; FAURE, Francois ; PALOMBI, Olivier ; CANI, Marie-Paule: Anatomy Transfer. In: *ACM Transactions on Graphics (proceedings of ACM SIGGRAPH ASIA)* 32 (2013), Nr. 6

[All05]   ALLEN, Brett: *Learning Body Shape Models from Real-world Data*. Seattle, WA, USA, Diss., 2005. – AAI3198765

[AN13]   ALEXANDROS NEOPHYTOU, Adrian H. Qizhi Yu Y. Qizhi Yu: ShapeMate: A Virtual Tape Measure. In: *4th International Conference on 3D Body Scanning Technologies, Long Beach CA, USA* Centre for Vision, Speech and Signal Processing, University of Surrey, UK, 2013

[Ang05]   ANGUELOV, Dragomir: *Learning models of shape from 3D range data*, Diss., 2005. `http://books.google.ch/books?id=f4xEAQAAIAAJ`

[AT01]   AUBEL, Amaury ; THALMANN, Daniel: Interactive modeling of the human musculature. In: *Computer Animation, 2001. The Fourteenth Conference on Computer Animation. Proceedings* IEEE, 2001, S. 167–255

[ATSS07] AGUIAR, Edilson de ; THEOBALT, Christian ; STOLL, Carsten ; SEIDEL, H-P:
Rapid Animation of Laser-scanned Humans. In: *Virtual Reality Conference,
2007. VR'07. IEEE* IEEE, 2007, S. 223–226

[Aut14] AUTODESK: *3ds max Onlinehilfe.* {http://docs.autodesk.com/3DSMAX/
15/DEU/3ds-Max-Help/index.html}. Version: 2014

[BARSL06] BEN AZOUZ, Zouhour ; RIOUX, Marc ; SHU, Chang ; LEPAGE, Richard:
Characterizing Human Shape Variation Using 3D Anthropometric Data. In:
Vis. Comput. 22 (2006), Mai, Nr. 5, 302–314. http://dx.doi.org/10.1007/
s00371-006-0006-6. – DOI 10.1007/s00371–006–0006–6. – ISSN 0178–2789

[BASLR05] BEN AZOUZ, Zouhour ; SHU, Chang ; LEPAGE, Richard ; RIOUX, Marc:
Extracting Main Modes of Human Body Shape Variation from 3-D Anthropometric Data. In: *Proceedings of the Fifth International Conference on 3-D
Digital Imaging and Modeling.* Washington, DC, USA : IEEE Computer Society, 2005 (3DIM '05). – ISBN 0–7695–2327–7, 335–342

[Bau02] BAUER, Norbert ; FRAUNHOFER ALLIANZ VISION, Erlangen (Hrsg.): *Leitfa-
den zu praktischen Anwendungen der Bildverarbeitung.* 2002

[Bau08] BAUER, Norbert ; FRAUNHOFER IRB VERLAG, Stuttgart (Hrsg.): *Handbuch
zur industriellen Bildverarbeitung: Qualitätssicherung in der Praxis.* 2008

[BMT09] BOULIC, Ronan ; MAUPU, Damien ; THALMANN, Daniel: On Scaling Strate-
gies for the Full-body Postural Control of Virtual Mannequins. In: *Interact.
Comput.* 21 (2009), Januar, Nr. 1-2, 11–25. http://dx.doi.org/10.1016/
j.intcom.2008.10.002. – DOI 10.1016/j.intcom.2008.10.002. – ISSN 0953–
5438

[Bou06] BOUSQUET, MICHELE AND MCCARTHY, MICHAEL: *3Ds Max Animation
with Biped.* Thousand Oaks, CA, USA : New Riders Publishing, 2006. –
ISBN 0321375726

[BR09] BOULIC, Ronan ; RAUNHARDT, Daniel: Integrated Analytic and Linearized
Inverse Kinematics for Precise Full Body Interactions. In: *Proceedings of
the 2Nd International Workshop on Motion in Games.* Berlin, Heidelberg :
Springer-Verlag, 2009 (MIG '09). – ISBN 978–3–642–10346–9, 231–242

[Bro15] BROWZWEAR: *Develop with vStitcher.* {http://www.browzwear.com/
products/v-stitcher}. Version: 2015

[BV99] BLANZ, Volker ; VETTER, Thomas: A Morphable Model for the Synthesis of
3D Faces. In: *Proceedings of the 26th Annual Conference on Computer Graphics and Interactive Techniques.* New York, NY, USA : ACM Press/Addison-
Wesley Publishing Co., 1999 (SIGGRAPH '99). – ISBN 0–201–48560–5, 187–
194

[CCR13] CHENG, Z. ; CAMP, J. ; ROBINETTE, K.: Human Shape Modeling and Cha-
racterization at Multiple Scales. In: *In Proceedings of The 2nd International
Digital Human Modeling Symposium 2013*, 2013

[CG11] CAMP, John L. ; GOSHTASBY, Ardeshir: Selecting Intrinsic Landmarks in
Range Scans. In: *2nd International Conference on 3D Body Scanning Technologies, Lugano*, 2011

[CIUM13] CHOI, Hyung Y. ; ITO, Masato ; UJIHASHI, Sadayuki ; MARCA, Christian: Biofidelic Hybrid Modeling of Skeletal Muscles. In: *In Proceedings of The 2nd International Digital Human Modeling Symposium 2013*, 2013

[CKH+10] CHRIST, Andreas ; KAINZ, Wolfgang ; HAHN, Eckhart G. ; HONEGGER, Katharina ; ZEFFERER, Marcel ; NEUFELD, Esra ; RASCHER, Wolfgang ; JANKA, Rolf ; BAUTZ, Werner ; CHEN, Ji ; KIEFER, Berthold ; SCHMITT, Peter ; HOLLENBACH, Hans-Peter ; SHEN, Jianxiang ; OBERLE, Michael ; SZCZERBA, Dominik ; KAM, Anthony ; GUAG, Joshua W. ; KUSTER, Niels: The Virtual Family-development of surface-based anatomical models of two adults and two children for dosimetric simulations. In: *Physics in Medicine and Biology* 55 (2010), Nr. 2. `http://stacks.iop.org/0031-9155/55/i=2/a=N01`

[CMH+09] CASE, Keith ; MARSHALL, Russell ; HOGBERG, Dan ; SUMMERSKILL, Steve ; GYI, Diane ; SIMS, Ruth: HADRIAN: Fitting Trials by Digital Human Modelling. In: *Proceedings of the 2Nd International Conference on Digital Human Modeling: Held As Part of HCI International 2009*. Berlin, Heidelberg : Springer-Verlag, 2009 (ICDHM '09). – ISBN 978–3–642–02808–3, 673–680

[CR09] CHENG, Zhiqing ; ROBINETTE, Kathleen: Static and Dynamic Human Shape Modeling. In: *Proceedings of the 2Nd International Conference on Digital Human Modeling: Held As Part of HCI International 2009*. Berlin, Heidelberg : Springer-Verlag, 2009 (ICDHM '09). – ISBN 978–3–642–02808–3, 3–12

[DBRS11] D'SOUZA, Sonia ; BRÜCKNER, Bernd ; RASMUSSEN, John ; SCHWIRTZ, A: Development of age and gender based strength scaled equations for use in simulation models. In: *First International Symposium on Digital Human Modeling*, 2011

[DVW+13] DEUN, D. van ; VERHAERT, V. ; WILLEMEN, T. ; BUYS, K. ; HAEX, B. ; SLOTEN, J. van d.: Automatic Modeling of Customized Human Avatars using Contour Information. In: *In Proceedings of The 2nd International Digital Human Modeling Symposium 2013*, 2013

[EHD13] ENNIS, Eric ; HESS, Christopher ; DAVENPORT, Isiah: Methodology for Construction of a T-Pose 3D Human Model. In: *4th International Conference on 3D Body Scanning Technologies, Long Beach CA*, 2013

[FH 10] FH JENA: *Triangulationsmesssystem.* `{http://www.fh-jena.de/~endter/Sensorik/Literatur/Triangulationsmesystem-b.pdf}`. Version: 2010

[Gü02] GÜHRING, JENS: *3D-Erfassung und Objektrekonstruktion mittels Streifenprojektion, Dissertation.* Fakultät für Bauingenieur- und Vermessungswesen der Universität Stuttgart, 2002

[GCLZ12] GIACHETTI, Andrea ; CASTELLANI, Umberto ; LOVATO, Christian ; ZANCANARO, Carlo: Robust automatic labelling of anatomical landmarks on 3D body scans. In: *3rd International Conference on 3D Body Scanning Technologies, Lugano*, 2012

[Geh09] GEHRKE, Thorsten: *Sport-Anatomie.* 9. Auflage. Nikol-Verlag, 2009

[Gil13] GILLIES, Duncan F.: DOC493: Intelligent Data Analysis and Probabilistic Inference Lecture 15 / Department of Computing, Imperial College London.

2013. – Forschungsbericht. – Online verfügbar unter `http://www.doc.ic.ac.uk/~dfg/ProbabilisticInference/IDAPILecture15.pdf`, besucht am 27.01.2014

[GK07] GOLDMAN, Ralph F. ; KAMPMANN, Bernhard: *Handbook on Clothing*. Second Edition. Research Study Group 7 on Bio-Medical Research Aspects of Military Protective Clothing, 2007

[GY11] GRAGG, J. ; YANG, Jingzhou: Posture Reconstruction: Some Insights. In: *In Proceedings of The 2nd International Digital Human Modeling Symposium 2011*, 2011

[HLR⁺11] HIRSHBERG, David A. ; LOPER, Matthew ; RACHLIN, Eric ; TSOLI, Aggeliki ; WEISS, Alexander ; CORNER, Brian ; BLACK, Michael J.: Evaluating the Automated Alignment of 3D Human Body Scans. In: *2nd International Conference on 3D Body Scanning Technologies, Lugano*, 2011

[Hoh12] HOHENSTEIN INSTITUT: *Optimierte Kleidung für Rollstuhl-Sportler*. Pressemitteilung, 2012. – Online verfügbar unter `http://www.hohenstein.de/de/inline/pressrelease_27905.xhtml`, besucht am 06.07.2013

[Hoh13] HOHENSTEIN INSTITUT: *Was nicht passt, wird passend gemacht!* Pressemitteilung, 2013. – Online verfügbar unter `http://www.hohenstein.de/de/inline/pressrelease_41218.xhtml`, besucht am 06.07.2013

[HSC02] HILTON, Adrian ; STARCK, Jonathan ; COLLINS, Gordon: From 3D Shape Capture to Animated Models. In: *3DPVT*, IEEE Computer Society, 2002. – ISBN 0–7695–1521–5, 246-257

[Hum15] HUMAN SOLUTIONS ASSYST AVM: *Vidya*. `http://www.human-solutions.com/vidya`. Version: 2015

[HZFH09] HE, Qichang ; ZHANG, Lifeng ; FAN, Xiumin ; HU, Yong: A Multi-functional Visualization System for Motion Captured Human Body Based on Virtual Reality Technology. In: *Proceedings of the 2Nd International Conference on Digital Human Modeling: Held As Part of HCI International 2009*. Berlin, Heidelberg : Springer-Verlag, 2009 (ICDHM '09). – ISBN 978–3–642–02808–3, 115–122

[JDAR13] JUNG, M. ; DAMSGAARD, M. ; ANDERSEN, M.S. ; RASMUSSEN, J.: Integrating Biomechanical Manikins into a CAD Environment. In: *In Proceedings of The 2nd International Digital Human Modeling Symposium 2013*, 2013

[JZP⁺08] JU, Tao ; ZHOU, Qian-Yi ; PANNE, Michiel van d. ; COHEN-OR, Daniel ; NEUMANN, Ulrich: Reusable Skinning Templates Using Cage-based Deformations. In: *ACM SIGGRAPH Asia 2008 Papers*. New York, NY, USA : ACM, 2008 (SIGGRAPH Asia '08). – ISBN 978–1–4503–1831–0, 122:1–122:10

[Kap06] KAPANDJI, Ibrahim A.: *Funktionelle Geometrie der Gelenke*. 4. Auflage. Georg Thieme Verlag, 2006

[KHP10] KUNZE, Lars ; HEUWOLD, Niels ; PAUL, Lothar: Optical Measurement of Preselected Individual Body Parameters, 3D Curves and Belt Position for Garment Manufacturing and Sales with BodyFit 3D. In: *1st International Conference on 3D Body Scanning Technologies, Lugano*, 2010

[KHR+13] KOPF, Christoph ; HEINDL, Christoph ; ROOKER, Martijn ; BAUER, Harald ; PICHLER, Andreas: A Portable, Low-Cost 3D Body Scanning System. In: *4th International Conference on 3D Body Scanning Technologies, Long Beach CA*, 2013

[KME14] KRZYWINSKI, S. ; MAHR-EHRHARDT, A: Kinematische Modelle zur Produktentwicklung von Bekleidung. Abschlussbericht IGF 17355 BG / TU Dresden. 2014. – Forschungsbericht

[KMEM11] KIRCHDÖRFER, Elfriede ; MAHR-ERHARDT, Angela ; MORLOCK, Simone: 3D Body Scanning - Utilization of 3D Body Data for Garment and Footwear Design. In: *2nd International Conference on 3D Body Scanning Technologies, Lugano*, 2011

[KMTM+98] KALRA, Prem ; MAGNENAT-THALMANN, Nadia ; MOCCOZET, Laurent ; SANNIER, Gael ; AUBEL, Amaury ; THALMANN, Daniel: Real-Time Animation of Realistic Virtual Humans. In: *IEEE Comput. Graph. Appl.* 18 (1998), September, Nr. 5, 42–56. http://dx.doi.org/10.1109/38.708560. – DOI 10.1109/38.708560. – ISSN 0272–1716

[Krz05] KRZYWINSKI, Sybille: *Verbindung von Design und Konstruktion in der textilen Konfektion unter Anwendung von CAE*. TUDpress, Dresden, 2005. – ISBN 3–938863–10–2

[Kun10] KUNGL, Helmut: Scanner Killer Technology - One Scanner to Rule them All. In: *1st International Conference on 3D Body Scanning Technologies, Lugano*, 2010

[KYM13] KOUCHI, M. ; YAMAZAKI, S. ; MOCHIMARU, M.: Accuracy of reconstructed body shape from body dimensions through principal component analysis of shape variation. In: *In Proceedings of The 2nd International Digital Human Modeling Symposium 2013*, 2013

[Lec15a] LECTRA: *Produktentwicklung für Mode- und Bekleidungsindustrie*. {http://www.lectra.com/de/mode-und-bekleidung/loesungen-von-lectra-fuer-die-mode-und-bekleidungsindustrie/produktentwicklung}. Version: 2015

[Lec15b] LECTRA: *Produktentwicklung für Sitzbezüge und Innenausstattungen*. {http://www.lectra.com/de/automotive/sitzbezuge-und-innenausstattungen/design-und-produktentwicklung-fur-sitzbezuge-und}. Version: 2015

[LSI+13] LUCAS, Laurent ; SOUCHET, Philippe ; ISMAËL, Muhannad ; NOCENT, Olivier ; NIQUIN, Cédric ; LOSCOS, Céline ; VLACHE, Ludovic ; PREVOST, Stéphanie ; REMION, Yannick: Recover3D: A Hybrid Multi-View System for 4D Reconstruction of Moving Actors. In: *4th International Conference on 3D Body Scanning Technologies, Long Beach CA*, 2013

[Mü12] MÜHLSTEDT, Jens: *Entwicklung eines Modells dynamisch-muskulärer Arbeitsbeanspruchungen auf Basis digitaler Menschmodelle*, Diss., 2012

[Mak14] MAKEITCG: *MakeItCG*. {http://www.makeitcg.com}. Version: 2014

[MDMt+04] MOCCOZET, Laurent ; DELLAS, Fabien ; MAGNENAT-THALMANN, Nadia ; BIASOTTI, Silvia ; MORTARA, Michela ; FALCIDIENO, Bianca ; MIN, Patrick

; VELTKAMP, Remco: Animatable Human Body Model Reconstruction from 3D Scan Data Using Templates. In: *In Proceedings of Workshop on Modelling and Motion Capture Techniques for Virtual Environments, CAPTECH'2004*, 2004, S. 73–79

[MHTG05] MÜLLER, Matthias ; HEIDELBERGER, Bruno ; TESCHNER, Matthias ; GROSS, Markus: Meshless Deformations Based on Shape Matching. In: *ACM SIGGRAPH 2005 Papers*. New York, NY, USA : ACM, 2005 (SIGGRAPH '05), 471–478

[MK09] MEIXNER, Christine ; KRZYWINSKI, Sybille: Automated generation of human models from scan data in different, anatomically correct postures for rapid development of close-fitting, functional garments. In: *In Proceedings of the 2nd International Scientific Conference Intelligent Textiles ans Mass CustomisationITMC 2009*, 2009

[MK11] MEIXNER, Christine ; KRZYWINSKI, Sybille: Automated Generation of Human Models from Scan Data in Anatomically Correct Postures for Rapid Development of Close-Fitting, Functional Garments. In: *In Proceedings of 2nd Int. Conf. on 3D Body Scanning Technologies, Lugano, Switzerland*, 2011

[MK14] MEIXNER, Christine ; KRZYWINSKI, Sybille: Methodology for Transformation of Individual Scan Data into Realistic Animated Human Models. In: *In Proceedings of 5th Int. Conf. on 3D Body Scanning Technologies, Lugano, Switzerland*, 2014

[Moe00] MOES, Niels C. C. M.: *Geometric Model of the Human Body*. 2000

[MTSC04] MAGNENAT-THALMANN, Nadia ; SEO, Hyewon ; CORDIER, Frederic: Automatic Modeling of Virtual Humans and Body Clothing. In: *J. Comput. Sci. Technol.* 19 (2004), September, Nr. 5, 575–584. `http://dx.doi.org/10.1007/BF02945583`. – DOI 10.1007/BF02945583. – ISSN 1000–9000

[MTT04] MAGNENAT-THALMANN, Nadia ; THALMANN, Daniel: *Handbook of Virtual Humans*. John Wiley & Sons, 2004. – ISBN 0470023163

[Nat15] NATURALPOINT INC.: *OptiTrack Motion Capture Systems*. `http://www.optitrack.com`. Version: 2015

[Opt15] OPTITEX: *Pattern Design Software*. `http://www.optitex.com/en/Pattern-Design-Software`. Version: 2015

[PAC13] PASTURA, F.C.H. ; ALMEIDA, G.L. de ; CUNHA, C.: Joint angles calculation through augmented reality. In: *In Proceedings of The 2nd International Digital Human Modeling Symposium 2013*, 2013

[PD13] POIRSON, Emilie ; DELANGLE, Matthieu: Comparative analysis of human modeling tools. (2013)

[Pho15] PHOENIX TECHNOLOGIES LTD.: *PTI Motion Capture Systems*. `http://www.ptiphoenix.com`. Version: 2015

[PMnLV13] PEREZ, Antonio ; MUÑIZ, Rubén ; LUENGO, Juan ; VIGIL, Efrén: High Accuracy Passive Photogrammetry 3D Body Scanner. In: *4th International Conference on 3D Body Scanning Technologies, Long Beach CA*, 2013

[PSS01]   PRAUN, Emil ; SWELDENS, Wim ; SCHRÖDER, Peter: Consistent Mesh Parameterizations. In: *Proceedings of the 28th Annual Conference on Computer Graphics and Interactive Techniques.* New York, NY, USA : ACM, 2001 (SIGGRAPH '01). – ISBN 1–58113–374–X, 179–184

[Qua15]   QUALISYS AB: *Qualisys Motion Capture Systems.* http://www.qualisys.com. Version: 2015

[QXY+13] QINGGUO, Tian ; XIANGYU, Zhang ; YUNPENG, Li ; YUJIE, Yang ; JINJIANG, Wang ; BAOZHEN, Ge: Line-Structure Laser Human Body 3D Scanner with High Resolution. In: *4th International Conference on 3D Body Scanning Technologies, Long Beach CA*, 2013

[RD03]   ROBINETTE, Kathleen M. ; DAANEN, Hein: Lessons learned from CAESAR: A 3-D anthropometric survey / DTIC Document. 2003. – Forschungsbericht

[RGB14]   RGB, XYZ: *Scannerkiller.* {http://www.scannerkiller.com}. Version: 2014

[RTPK11] RAAB, D. ; TANG, Z. ; PAULI, J. ; KECSKEMÉTHY, A.: MobileBody: An Integrated Gait Motion Analysis Tool Including Data-Fusion with Patient-Specific Bone Geometry. In: *In Proceedings of The 1st International Digital Human Modeling Symposium 2011*, 2011

[SCMT03] SEO, Hyewon ; CORDIER, Frederic ; MAGNENAT-THALMANN, Nadia: Synthesizing Animatable Body Models with Parameterized Shape Modifications. In: *Proceedings of the 2003 ACM SIGGRAPH/Eurographics Symposium on Computer Animation.* Aire-la-Ville, Switzerland, Switzerland : Eurographics Association, 2003 (SCA '03). – ISBN 1–58113–659–5, 120–125

[SGS08]   SCHMIDT, Ludger ; GROSCHE, Jürgen ; SCHLICK, Christopher M.: Das Forschungsinstitut für Anthropotechnik – Aufgaben, Methoden und Entwicklung. (2008), S. 1–16. http://dx.doi.org/10.1007/978-3-540-78331-2_1. – DOI 10.1007/978–3–540–78331–2_1. ISBN 978–3–540–78330–5

[SHL99]   SCHWARTE, Rudolf ; HARTMANN, Klaus ; LOFFELD, Otmar: *Image-Sensors und Bilderfassungssysteme.* 1999

[SKP08]   SUEDA, Shinjiro ; KAUFMAN, Andrew ; PAI, Dinesh K.: Musculotendon Simulation for Hand Animation. In: *ACM SIGGRAPH 2008 Papers.* New York, NY, USA : ACM, 2008 (SIGGRAPH '08). – ISBN 978–1–4503–0112–1, 83:1–83:8

[SKR+06] STOLL, C. ; KARNI, Z. ; RÖSSL, C. ; YAMAUCHI, H. ; SEIDEL, H.-P.: Template Deformation for Point Cloud Fitting. In: *Proceedings of the 3rd Eurographics / IEEE VGTC Conference on Point-Based Graphics.* Aire-la-Ville, Switzerland, Switzerland : Eurographics Association, 2006 (SPBG'06). – ISBN 3–905673–32–0, 27–35

[SMT03]   SEO, Hyewon ; MAGNENAT-THALMANN, Nadia: An Automatic Modeling of Human Bodies from Sizing Parameters. In: *Proceedings of the 2003 Symposium on Interactive 3D Graphics.* New York, NY, USA : ACM, 2003 (I3D '03). – ISBN 1–58113–645–5, 19–26

[SMT04]   SEO, Hyewon ; MAGNENAT-THALMANN, Nadia: An Example-based Approach to Human Body Manipulation. In: *Graph. Models* 66 (2004), Januar,

Nr. 1, 1–23. http://dx.doi.org/10.1016/j.gmod.2003.07.004. – DOI 10.1016/j.gmod.2003.07.004. – ISSN 1524–0703

[Sol14a] SOLUTIONS, Human: *Bodyscanning.* {http://www.human-solutions. com/fashion/front_content.php?idcat=140&lang=5&changelang=5}. Version: 2014

[Sol14b] SOLUTIONS, Human: *SizeGermany.* {https://portal.sizegermany.de}. Version: 2014

[SPCM97] SCHEEPERS, Ferdi ; PARENT, Richard E. ; CARLSON, Wayne E. ; MAY, Stephen F.: Anatomy-based Modeling of the Human Musculature. In: *Proceedings of the 24th Annual Conference on Computer Graphics and Interactive Techniques.* New York, NY, USA : ACM Press/Addison-Wesley Publishing Co., 1997 (SIGGRAPH '97). – ISBN 0–89791–896–7, 163–172

[SPW11] SIEFERT, A. ; PANKOKE, S. ; WÖLFEL, H.-P.: Volumetric Muscle Approach for Human Model CASIMIR. In: *In Proceedings of The 1st International Digital Human Modeling Symposium 2011,* 2011

[SSCO08] SHAPIRA, Lior ; SHAMIR, Ariel ; COHEN-OR, Daniel: Consistent Mesh Partitioning and Skeletonisation Using the Shape Diameter Function. In: *Vis. Comput.* 24 (2008), März, Nr. 4, 249–259. http://dx.doi.org/10.1007/ s00371-007-0197-5. – DOI 10.1007/s00371–007–0197–5. – ISSN 0178–2789

[SSS+07] SCHÜNKE, Michael ; SCHULTE, Erik ; SCHUMACHER, Udo ; VOLL, Markus ; WESKER, Karl: *Prometheus.* 2. Auflage. Georg Thieme Verlag, 2007

[Ste05] STEED, Paul: *Modeling a Character in 3ds max.* Second Edition. Wordware Publishing, Inc., 2005

[SXW13] SHU, Chang ; XI, Pengcheng ; WUHRER, Stefanie: From 3-D Scans to Design Tools. In: *4th International Conference on 3D Body Scanning Technologies, Long Beach CA,* 2013

[TP91] TURK, Matthew ; PENTLAND, Alex: Eigenfaces for Recognition. In: *J. Cognitive Neuroscience* 3 (1991), Januar, Nr. 1, 71–86. http://dx.doi.org/ 10.1162/jocn.1991.3.1.71. – DOI 10.1162/jocn.1991.3.1.71. – ISSN 0898– 929X

[VBHK07] VOLZ, Andreas ; BLUM, Rainer ; HÄBERLING, Sascha ; KHAKZAR, Karim: Automatic, Body Measurements Based Generation of Individual Avatars Using Highly Adjustable Linear Transformation. In: *Proceedings of the 1st International Conference on Digital Human Modeling.* Berlin, Heidelberg : Springer-Verlag, 2007 (ICDHM'07). – ISBN 978–3–540–73318–8, 453–459

[VCMT05] VOLINO, Pascal ; CORDIER, Frederic ; MAGNENAT-THALMANN, Nadia: From Early Virtual Garment Simulation to Interactive Fashion Design. In: *Comput. Aided Des.* 37 (2005), Mai, Nr. 6, 593–608. http://dx.doi.org/10. 1016/j.cad.2004.09.003. – DOI 10.1016/j.cad.2004.09.003. – ISSN 0010– 4485

[VDVB+11] VAN DEUN, Dorien ; VERHAERT, Vincent ; BUYS, Koen ; HAEX, Bart ; VANDER SLOTEN, Jos: Automatic Generation of Personalized Human Models based on Body Measurements. In: *status: published* (2011)

[Wey10] WEYRICH, Michael: *3D-Objekterfassung mit Lasertriangulation.* `{http://wiki.zimt.uni-siegen.de/fertigungsautomatisierung/index.php/3D-Objekterfassung_mit_Lasertriangulation}`. Version: 2010

[WLN09] WU, Jiang ; LI, Zhizhong ; NIU, Jianwei: A 3D Method for Fit Assessment of a Sizing System. In: *Proceedings of the 2Nd International Conference on Digital Human Modeling: Held As Part of HCI International 2009.* Berlin, Heidelberg : Springer-Verlag, 2009 (ICDHM '09). – ISBN 978–3–642–02808–3, 737–743

[XA13] XIAO, Ping ; ASHDOWN, Susan P.: Analysis of Lower Body Change in Active Body Positions of Varying Degrees. In: *4th International Conference on 3D Body Scanning Technologies, Long Beach CA*, 2013

[Xse15] XSENS TECHNOLOGIES B.V.: *Xsens Motion Capture Systems.* `https://www.xsens.com/tags/motion-capture`. Version: 2015

[YFK+09] YANG, Jingzhou (. ; FENG, Xuemei ; KIM, Joo H. ; XIANG, Yujiang ; RAJULU, Sudhakar: Joint Coupling for Human Shoulder Complex. In: *Proceedings of the 2Nd International Conference on Digital Human Modeling: Held As Part of HCI International 2009.* Berlin, Heidelberg : Springer-Verlag, 2009 (ICDHM '09). – ISBN 978–3–642–02808–3, 72–81

[YKM13] YAMAZAKI, S. ; KOUCHI, M. ; MOCHIMARU, M.: Markerless landmark localization on body shape scans by non-rigid model fitting. In: *In Proceedings of The 2nd International Digital Human Modeling Symposium 2013*, 2013

Abbildungsverzeichnis

Animationsbeschränkungen in *3ds Max*

Alle Texte und Bilder dieses Kapitels sind [Aut14] entnommen.

Bei einer Animationsbeschränkung handelt es sich um eine spezielle Art von Controller, der bei der Automatisierung des Animationsprozesses helfen kann. Beschränkungen werden verwendet, um die Position, Rotation oder Skalierung eines Objekts über eine Bindung zu einem anderen Objekt zu steuern.

Für eine Beschränkung sind ein animiertes Objekt sowie mindestens ein Zielobjekt erforderlich. Durch das Ziel ergeben sich bestimmte Animationsgrenzen für das beschränkte Objekt.

Häufige Einsatzmöglichkeiten für Beschränkungen sind unter anderem:

- ein Objekt kann für einen bestimmten Zeitraum mit einem anderen Objekt verknüpft werden (z. B. die Hand einer Figur, die einen Gegenstand hochhebt),
- die Position oder Rotation eines Objekts kann mit einem oder mehreren Objekten verknüpft werden,
- die Position eines Objekts zwischen zwei oder mehreren Objekten kann beibehalten werden,
- die Bewegung eines Objekts kann auf einen Pfad oder den Bereich zwischen mehreren Pfaden beschränkt werden.
- die Bewegung eines Objekts kann auf eine Oberfläche beschränkt werden,
- das Objekt kann auf ein anderes Objekt verweisen,
- die Ausrichtung eines Objekts in Relation zu einem anderen Objekt kann beibehalten werden.

A.1 Anhänge-Beschränkung

Die Anhänge-Beschränkung ist eine Positions-Beschränkung, die die Position eines Objekts an eine Fläche eines anderen Objekts anhängt (das Zielobjekt muss kein Netz sein, aber es muss in ein Netz umgewandelt werden können).

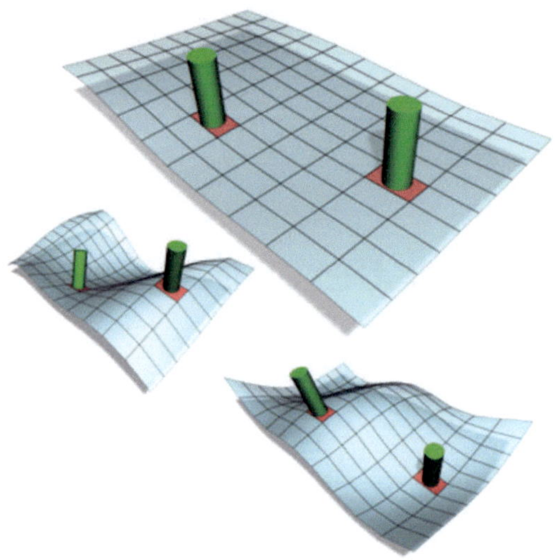

Abbildung A.1: Anhänge-Beschränkung. Bild aus [Aut14].

A.2 Ausrichtungs-Beschränkung

Die Ausrichtungs-Beschränkung sorgt dafür, daß die Ausrichtung eines Objekts der Ausrichtung eines Objekts oder der durchschnittlichen Ausrichtung mehrerer Objekte folgt.

Abbildung A.2: Ausrichtungs-Beschränkung. Bild aus [Aut14].

Ein Objekt mit einer Ausrichtungsbeschränkung kann ein beliebiges drehbares Objekt sein. Wenn es beschränkt ist, übernimmt es die Rotation vom Zielobjekt. Sobald die Beschränkung zugewiesen ist, kann das Objekt nicht mehr manuell drehen. Das Objekt kann verschoben oder skaliert werden, sofern es nicht in einer Art und Weise beschränkt ist, die sich auf seinen Positions- oder Skalierungs-Controller auswirkt.

Das Zielobjekt kann ein beliebiger Objekttyp sein. Die Rotation des Zielobjekts wirkt sich direkt auf das beschränkte Objekt aus. Ziele können mit jedem standardmäßigen Versatz-, Rotations- und Skalierungstool animiert werden.

A.3 LookAt-Beschränkung

Die LookAt-Beschränkung sorgt dafür, dass ein Objekt immer in Richtung eines anderen Objekts blickt. Mit Hilfe der LookAt-Beschränkung wird die Rotation eines Objekts so gesperrt, dass eine der Objektachsen zum Zielobjekt zeigt. Die LookAt-Achse zeigt auf das Ziel, während durch die Spitzenknoten-Achse festgelegt ist, welche Achse nach oben zeigt. Wenn die beiden Achsen übereinstimmen, kann dies zu einem Kippen führen. Ähnliches passiert, wenn eine Zielkamera direkt nach oben zeigt.

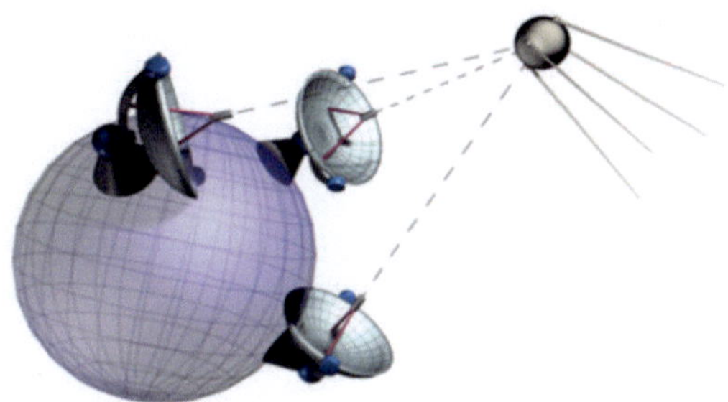

Abbildung A.3: LookAt-Beschränkung. Bild aus [Aut14].

Ein gutes Beispiel für eine LookAt-Beschränkung ist die Beschränkung der Augen einer Figur auf ein Punkt-Helferobjekt. Die Augen blicken dann immer auf das Punkt-Helferobjekt. Wenn Sie das Punkt-Helferobjekt animieren, folgen die Augen. Selbst wenn Sie den Kopf der Figur drehen, blicken die Augen weiterhin auf das Punkt-Helferobjekt.

Ein beschränktes Objekt kann durch zahlreiche Zielobjekte beeinflußt werden. Bei mehreren Zielen verfügt jedes Ziel über einen Gewichtungswert, mit dem sein Einfluss auf das beschränkte Objekt festgelegt wird.

Die Verwendung von Gewichtungen ist nur sinnvoll (und verfügbar), wenn ein Objekt mehrere Ziele hat. Der Wert 0 bedeutet, dass das Ziel keinen Einfluss hat. Bei einem Wert über 0, hängt der Einfluss proportional von den Gewichtungseinstellungen der anderen Ziele ab.

A.4 Oberflächen-Beschränkung

Die Oberflächen-Beschränkung beschränkt ein Objekt auf die Oberfläche eines anderen Objekts. Die Parameter der Funktion enthalten u- und v-Positionseinstellungen sowie eine Ausrichtungsoption.

Abbildung A.4: Oberflächen-Beschränkung. Bild aus [Aut14].

Als Oberflächenobjekte können nur Objekte der Typen verwendet werden, deren Oberflächen sich parametrisch darstellen lassen. Die Oberflächen-Beschränkung kann mit folgenden Objekttypen verwendet werden:

1. Kugel
2. Kegel
3. Zylinder
4. Torus
5. Quad-Patch (einzelne Quad-Patch)
6. Extrusionsobjekt
7. NURBS-Objekt.

Da die Oberflächenbeschränkung nur auf parametrische Oberflächen angewendet werden kann, hat sie keine Wirkung mehr, wenn ein Modifikator angewendet wird, von dem das Objekt in ein Netz umgewandelt wird. Beispielsweise unterstützt die Funktion keine Zylinder, auf die ein Modifikator *Biegen* angewendet wurde.

A.5 Positions-Beschränkung

Eine Positions-Beschränkung erzwingt, dass das beschränkte Objekt der Position eines anderen Objekts oder der durchschnittlichen Position mehrerer Objekte folgt.

Abbildung A.5: Positions-Beschränkung. Bild aus [Aut14].

Um eine Positions-Beschränkung zu aktivieren, sind ein Objekt sowie ein Zielobjekt erforderlich. Sobald das Objekt zugewiesen ist, wird es durch die Position des Zielobjekts beschränkt. Durch Animieren der Position des Zielobjekts wird das beschränkte

Objekt dazu gebracht, dieser zu folgen. Mehrere Zielobjekte werden proportional zum Gewichtungswert verfolgt.

Wenn einer Kugel beispielsweise eine Positionsbeschränkung zwischen zwei Zielen zugewiesen wurde und der Gewichtungswert jedes Ziels 100 beträgt, dann behält die Kugel einen gleichmäßigen Abstand zwischen beiden Zielen bei, selbst wenn diese bewegt werden. Lautet der eine Gewichtungswert 0 und der andere 50, dann wird die Kugel nur von dem Ziel mit dem höheren Wert beeinflußt.

A.6 Verknüpfungs-Beschränkung

Eine Verknüpfungs-Beschränkung wird für die Animation einer Objektverknüpfung von einem Ziel zu einem anderen Ziel verwendet. Die Verknüpfungs-Beschränkung führt dazu, dass ein Objekt die Position, Rotation und Skalierung seines Zielobjekts übernimmt. Damit kann eine hierarchische Beziehung so animiert werden, dass die Bewegung eines Objekts, auf das die Verknüpfungs-Beschränkung angewendet wird, von verschiedenen Objekten in der Szene während einer Animation gesteuert werden kann.

Ein Beispiel für eine Verknüpfungs-Beschränkung ist das Weitergeben eines Balls von einer Hand an die andere. Angenommen, der Ball befindet sich bei Frame 0 in der rechten Hand einer Figur. Die Hände werden so animiert, dass sie bei Frame 50 zusammentreffen. Hier wird der Ball an die linke Hand weitergegeben. Dann gehen die Hände bis Frame 100 auseinander. Dies wird erreicht, indem dem Ball die Verknüpfungs-Beschränkung zugewiesen wird, wobei bei Frame 0 die rechte Hand das Ziel ist, bei Frame 50 wechselt es zur linken Hand.

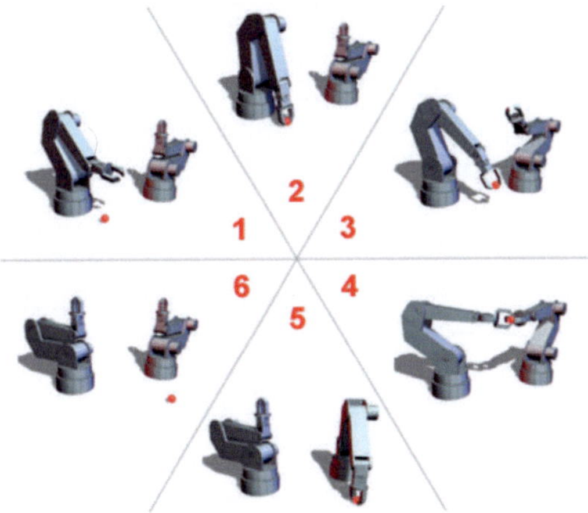

Abbildung A.6: Verknüpfungs-Beschränkung. Bild aus [Aut14].

B

MAXScript Programme

B.1 bone_names.dat

Datei mit den Namen der Knochen und Muskeln:

#	Name		#	Name
1	Bip001 Head		38	ML_adductor_longus
2	Bip001 HeadNub		39	ML_biceps_femoris
3	Bip001 L Calf		40	ML_gastrocnemius_laterale
4	Bip001 L Clavicle		41	ML_gastrocnemius_mediale
5	Bip001 L Finger0		42	ML_gluteus_maximus
6	Bip001 L Finger0Nub		43	ML_rectus_femoris
7	Bip001 L Foot		44	ML_semimembranosus
8	Bip001 L Forearm		45	ML_vastus_lateralis
9	Bip001 L Hand		46	ML_vastus_medialis
10	Bip001 L Thigh		47	MLS_biceps_femoris
11	Bip001 L Toe0		48	MLS_ligamentum_patella
12	Bip001 L Toe0Nub		49	MLS_quadriceps_femoris
13	Bip001 L Toe01		50	MLS_semimembranosus
14	Bip001 L Toe02		51	MLS_tendo_calcaneus
15	Bip001 L UpperArm		52	MR_adductor_longus
16	Bip001 Neck		53	MR_biceps_femoris
17	Bip001 Neck1		54	MR_gastrocnemius_laterale
18	Bip001 Pelvis		55	MR_gastrocnemius_mediale
19	Bip001 R Calf		56	MR_gluteus_maximus
20	Bip001 R Clavicle		57	MR_rectus_femoris
21	Bip001 R Finger0		58	MR_semimembranosus
22	Bip001 R Finger0Nub		59	MR_vastus_lateralis
23	Bip001 R Foot		60	MR_vastus_medialis
24	Bip001 R Forearm		61	MRS_biceps_femoris
25	Bip001 R Hand		62	MRS_ligamentum_patella
26	Bip001 R Thigh		63	MRS_quadriceps_femoris
27	Bip001 R Toe0		64	MRS_semimembranosus
28	Bip001 R Toe0Nub		65	MRS_tendo_calcaneus
29	Bip001 R Toe01		66	MSC_linea_alba
30	Bip001 R Toe02		67	MSL_tractus_iliotibialis
31	Bip001 R UpperArm		68	MSR_tractus_iliotibialis
32	Bip001 Spine		69	SL_Patella
33	Bip001 Spine1		70	SR_Patella
34	Bip001 Spine2			
35	Bip001 Spine3			
36	Bip001 Spine4			
37	Bip001 Spine5			

B.2 geometryCalcs.ms

Skript zur Berechnung allgemeiner trigonometrischer Zusammenhänge:

```
1    -- planaren Winkel in Ebene XY berechnen
2    fn getAngleXZ pt M =
3    (
4        d = sqrt((pt.x-M.x)^2 + (pt.z-M.z)^2)
5        cos_phi =(pt.x - M.x) / d
6        sin_phi = (pt.z - M.z) / d
7        phi = acos cos_phi
8        if (sin_phi < 0) then
9            phi = 360 - phi
10       phi
11   )
12
13   -- planaren Winkel in Ebene YZ berechnen
14   fn getAngleYZ pt M =
15   (
16       d = sqrt((pt.y-M.y)^2 + (pt.z-M.z)^2)
17       cos_phi =(pt.y - M.y) / d
18       sin_phi = (pt.z - M.z) / d
19       acos cos_phi
20   )
21
22   -- Abstand in in Ebene XY berechnen
23   fn calcDistanceXZ pt1 pt2 =
24   (
25       sqrt((pt1.x - pt2.x)^2 + (pt1.z - pt2.z)^2)
26   )|
27
28   -- Projiektion des Punktes A auf Linie BC
29   fn pointLineProj pA pB pC = (
30       local vAB=pB-pA
31       local vAC=pC-pA
32       local d=dot (normalize vAB) (normalize vAC)
33       (pA+(vAB*(d*(length vAC/length vAB))))
34   )
35
36   -- Schnittpunkt zwischen den Linien AB und CD berechnen
37   fn lineLineIntersect pA pB pC pD = (
38       local a=pB-pA
39       local b=pD-pC
40       local c=pC-pA
41       local cross1 = cross a b
42       local cross2 = cross c b
43       pA + ( a*( (dot cross2 cross1)/((length cross1)^2) ) ) )
44   )
45
```

```
46        --Schnittpunkt zwischen Ebene und Linie ermitteln
47      fn planeLineIntersect planePoint planeNormal linePoint lineVector = (
48          local lineVector=normalize lineVector
49          local d1=dot (planePoint-linePoint) planeNormal
50          local d2=dot lineVector planeNormal
51          if abs(d2)<.0000000754 then ( if abs(d1)>.0000000754 then 0 else -1 )
52          else ( linePoint + ( (d1/d2)*lineVector ) )
53      )
54
55        -- Punkt ermitteln, der auf Ebene ABC liegt und die Projektion von Punkt D ist
56      fn pointPlaneProj pA pB pC pD = (
57          local nABC=normalize (cross (pB-pA) (pC-pA))
58          pD+((dot (pA-pD) nABC)*nABC)
59      )
```

B.3 detectSegments.ms

Skript zur Ermittlung des Segments eines Punkts:

```
1       include "geometryCalcs.ms"
2
3       fn findSegment obj pt M0 M1 M2 O23R O23L z_max E2_phi E3_phi a b =
4       (
5           result = "unknown"
6
7           if (pt.z < M1.z) then
8           (
9               if (pt.x < M2.x) then
10              (
11                  phi = getAngleXZ pt O23R
12
13                  if (phi > E3_phi) then
14                      result = "F"
15                  else
16                  (
17                      if (phi > E2_phi) then
18                          result = "D"
19                      else
20                      (
21                          psi = getAngleXZ pt M0 - 90
22                          delta_Pt =calcDistanceXZ pt M0
23                          delta_ZH = sqrt(b^2 / (1 - epsilon^2 * (cos psi)^2))
24
25                          if (delta_ZH > delta_Pt ) then
26                              result = "A"
27                          else
28                              result = "B"
29                      )
30                  )
31              )
32          else
```

```
33          (
34              phi = getAngleXZ pt O23L
35
36              if (phi < 180 - E3_phi or phi > 180) then
37                  result = "G"
38              else
39              (
40                  if (phi < 180 - E2_phi or phi > 180) then
41                      result = "E"
42                  else
43                  (
44                      psi = 90 - getAngleXZ pt M0
45                      delta_Pt =calcDistanceXZ pt M0
46                      delta_ZH = sqrt(b^2 / (1 - epsilon^2 * (cos psi)^2))
47
48                      if (delta_ZH > delta_Pt ) then
49                          result = "A"
50                      else
51                          result = "C"
52                  )
53              )
54          )
55      )
56      else
57      (
58          if (pt.z < z_max) then
59              result = "H"
60      )
61
62      result
63  )
```

B.4 adaptTemplate.ms

Skript zur Adaption der Oberfläche des Template-Modells an Scandaten:

```
 1  include "geometryCalcs.ms"
 2  include "trigonometryCalcs.ms"
 3  include "initAdaption.ms"
 4  include "detectSegments.ms"
 5
 6  obj = $TemplateModel
 7
 8  -- Aufbau der Griddaten (Zusammenstellen aller Flächendaten in Gridvoxels)
 9  rm = RayMeshGridIntersect()
10  rm.Initialize 10
11  rm.addNode $ScanData
12  rm.buildGrid()
13
14  -- Funktion, um für einen Punkt pt senkrecht zu einer
15  -- vorgegebenen Achse pt1-pt2 den Schnittstrahl zu ermitteln
16  fn adapt_perpendicular pt pt1 pt2 =
17  (
18      -- Normalenvektor der Schnittebene durch pt, pt1 und pt2
19      vec_n1 = normalize (cross (pt - pt1) (pt - pt2))
20      vec_n2 = normalize (pt1 - pt2)
21      -- Vektor in Schnittebene senkrecht auf pt1-pt2
22      vec_n3 = normalize (cross vec_n1 vec_n2)
23  )
24
25  -- Funktion, um für einen Punkt pt, der mit einer Geraden durch pt1 in y-Richtung
26  -- auf einer Schnittebene liegen soll, den Schnittstrahl zu ermitteln
27  -- R1-R2 definiert die Gerade, auf der die Schnittstrahle starten sollen.
28  fn adapt_spread_Y pt pt1 R1 R2 =
29  (
30      pt2 = pt1-[0,1,0]
31      -- Normalenvektor der Schnittebene
32      vec_n1 = normalize (cross (pt - pt1) (pt - pt2))
33      -- Schnittpunkt zwischen R1-R2 und der Schnittebene ermitteln
34      vec_M = planeLineIntersect pt vec_n1 R1 (R2 - R1)
35      -- Schnittstrahl berechnen
36      vec_n3 = normalize (pt - vec_M)
37  )
38
39  -- Funktion, um für einen Punkt pt des Segments A den Schnittstrahl zu ermitteln
40  fn adapt_ellipse pt M1 M2 Z2 a =
41  (
42      -- Für Punkte unmittelbar am Schritt: Sonderbehandlung
43      -- Schnittstrahl startet am Ellipsenmittelpunkt
44      if (abs (pt.z - M2.z) < 2 and abs(pt.x - M2.x) < 0.5) then
45      (
46          vec_M = M0
47      )
48      else
49      (
50          pt1 = M2+[0,1,0]
51          pt2 = M2-[0,1,0]
52          vec_n1 = normalize (cross (pt - pt1) (pt - pt2))
53
```

```
54       -- Gerade, auf der Schnittstrahlen starten sollen: von Z2 zu M1 auf Höhe von pt
55       ray_pt1 = [M1.x, M1.y, pt.z]
56       ray_pt2 = [Z2.x, Z2.y, Z2.z]
57
58       -- Für Punkte, die in der Nähe von Segment H (oberer Teil der Ellipse), Gerade abflachen
59       deltaZ = M1.z - pt.z
60       if (deltaZ < 0.5*a) then
61           ray_pt2.z = ray_pt1.z - 0.5*deltaZ
62
63       -- Schnittpunkt zwischen Ray und Schnittebene berechnen
64       vec_M = planeLineIntersect pt vec_n1 ray_pt1 (ray_pt2-ray_pt1)
65   )
66
67   -- Schnittstrahl berechnen
68   vec_n3 = normalize (pt - vec_M)
69   )
70
71   -- Funktion, um den Schnittpunkt von Punkt pt in Richtung vec_n3 mit dem Templatemodell zu ermitteln
72   fn intersect_point pt vec_n3 =
73   (
74       result = [0,0,0]
75
76       if (vec_n3 != [0,0,0] ) then
77       (
78           distanceHit = 0
79
80           -- Anzahl Treffer zwischen dem Objekt und dem Schnittstrahl von pt ausgehend in Richtung n3
81           hitsCount = rm.intersectRay pt vec_n3  true
82           if hitsCount > 0 then
83           (
84               -- Abstand der Schnittfläche mit der kürzesten Distanz ermitteln
85               distanceHit = rm.getHitDist (rm.getClosestHit())
86           )
87
88           -- Anzahl Treffer zwischen dem Objekt und dem Schnittstrahl von pt aus in Richtung -n3
89           hitsCount = rm.intersectRay pt -vec_n3 true
90           if hitsCount > 0 then
91           (
92               -- Abstand der Schnittfläche mit der kürzesten Distanz ermitteln
93               distanceHit2 = rm.getHitDist (rm.getClosestHit())
94
95               -- Falls distanceHit2 kürzer als Variable distanceHit ist, diese überschreiben
96               -- und Vorzeichen von n3 umdrehen
97               if (distanceHit == 0  or distanceHit2 < distanceHit) then
98               (
99                   distanceHit = distanceHit2
100                  vec_n3 = -vec_n3
101              )
102          )
103
104          -- Falls der Abstand grösser als 0 ist, Schnittpunkt berechnen und neu setzen
105          if distanceHit > 0 then
106          (
```

```
107         -- Koordinaten des Schnittpunktes berechnen
108         pt_Schnittpunkt = pt + distanceHit * vec_n3
109         result = pt_Schnittpunkt
110     )
111   else
112   (
113         -- Fehlerausgabe, falls kein Schnittpunkt gefunden werden kann
114         if hitsCount == 0 then
115             format "The Ray for point % Missed\n" pt
116   )
117 )
118
119   result
120 )
121
122 E2_phi = 0
123 E3_phi = 0
124 a = 0
125 b = 0
126 epsilon = 0
127 zHM = 0
128 O12R = [0,0,0]
129 O12L = [0,0,0]
130 O23R = [0,0,0]
131 O23L = [0,0,0]
132
133 M1 = $M_1.pos
134 M2 = $M_2.pos
135 Z1R = $Z_1R.pos
136 Z2R = $Z_2R.pos
137 Z1L = $Z_1L.pos
138 Z2L = $Z_2L.pos
139 Zmax = $Z_max.pos.z
140
141 -- Ebenen und Ellipse initialisieren
142 initPlaneOrigins M1 M2 Z2R &O12R &O12L &O23R &O23L
143 initPlanes Z1R Z2R O12R O23R &E2_phi &E3_phi
144 initEllipse M1 Z1R Z2R &a &b &epsilon
145
146 M0 = M1 - [0,0,a]
147
148
149 -- Über alle Knotenpunkte iterieren
150 for n in obj.verts do
151 (
152     -- Index v des Scheitelpunkts
153     v = n.index
154     -- Position des aktuellen Scheitelpunkts
155     pt_V = getVert obj v
156
157     -- Segment, in dem pt_V liegt, ermitteln
158     seg = findSegment obj pt_V M0 M1 M2 O23R O23L Zmax E2_phi E3_phi a b
159
```

```
160          vec_n3 = [0,0,0]
161
162          case (seg) of
163          (
164             "A": (
165                if (pt_V.x < M2.x) then
166                   vec_n3 = adapt_ellipse pt_V M1 M2 Z2R a
167                else
168                   vec_n3 = adapt_ellipse pt_V M1 M2 Z2L a
169                meshop.setVertColor obj 0 v (color 255 242 0)
170             )
171             "B": (
172                vec_n3 = adapt_spread_Y pt_V O12R M1 Z2R
173                meshop.setVertColor obj 0 v (color 0 162 232)
174             )
175             "C": (
176                vec_n3 = adapt_spread_Y pt_V O12L M1 Z2L
177                meshop.setVertColor obj 0 v (color 0 0 255)
178             )
179             "D": (
180                vec_n3 = adapt_spread_Y pt_V O23R Z1R Z2R
181                meshop.setVertColor obj 0 v (color 255 75 255)
182             )
183             "E": (
184                vec_n3 = adapt_spread_Y pt_V O23L Z1L Z2L
185                meshop.setVertColor obj 0 v (color 100 10 255)
186             )
187             "F": (
188                vec_n3 = adapt_perpendicular pt_V Z1R Z2R
189                meshop.setVertColor obj 0 v (color 100 255 0)
190             )
191          "G": (
192                vec_n3 = adapt_perpendicular pt_V Z1L Z2L
193                meshop.setVertColor obj 0 v (color 0 255 80)
194             )
195          "H": (
196                vec_n3 = adapt_perpendicular pt_V M1 (M1 + [0,0,1])
197                meshop.setVertColor obj 0 v (color 136 0 21)
198             )
199
200          default: ()
201          )
202
203          -- Koordinaten des aktuellen Scheitelpunkts auf den ermittelten Schnittpunkt setzen
204          if (vec_n3 != [0,0,0]) then
205          (
206             pt_New = intersect_point pt_V vec_n3
207             if (pt_New != [0,0,0]) then
208                setVert obj v pt_New
209          )
210       )
211
212       -- Oberflächennetz des Templatemodells aktualisieren
213       update obj
```

C
Adaptiertes Template im Vergleich zu Scandaten

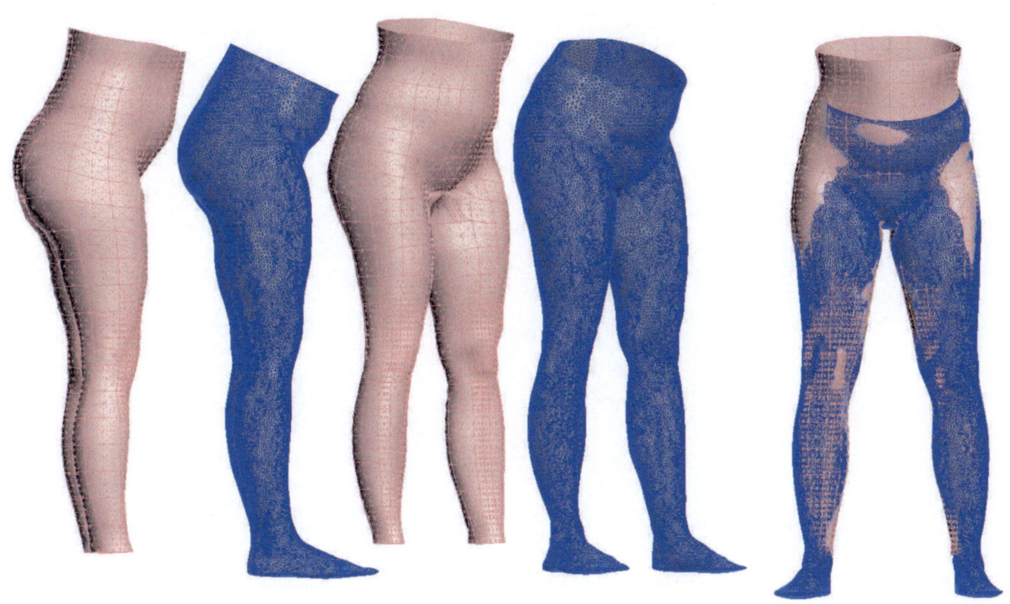

Abbildung C.1: Mensch-Modell und Scandaten in stehender Position für Größe 40 von vorn und rechts.

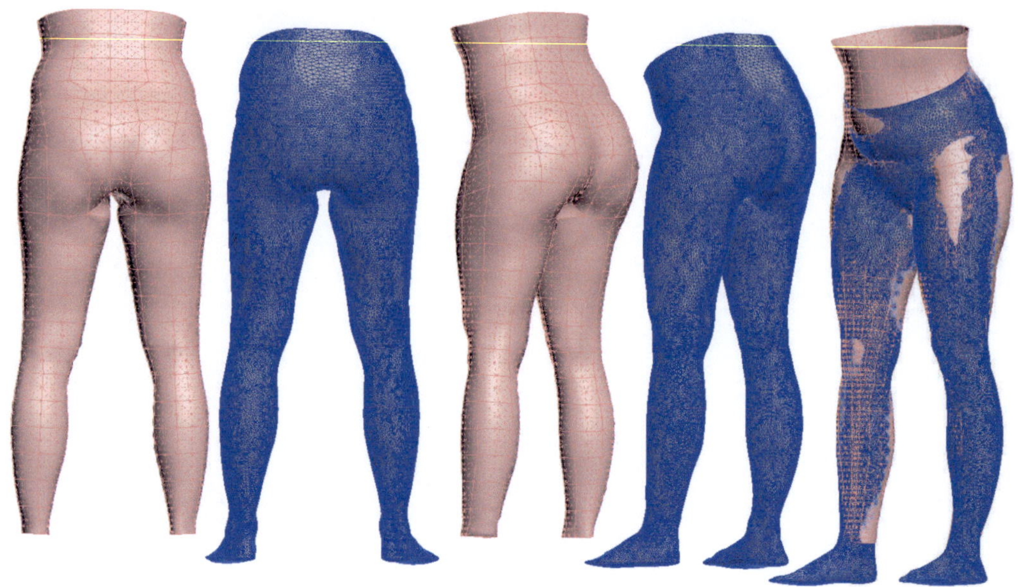

Abbildung C.2: Mensch-Modell und Scandaten in stehender Position für Größe 40 von hinten.

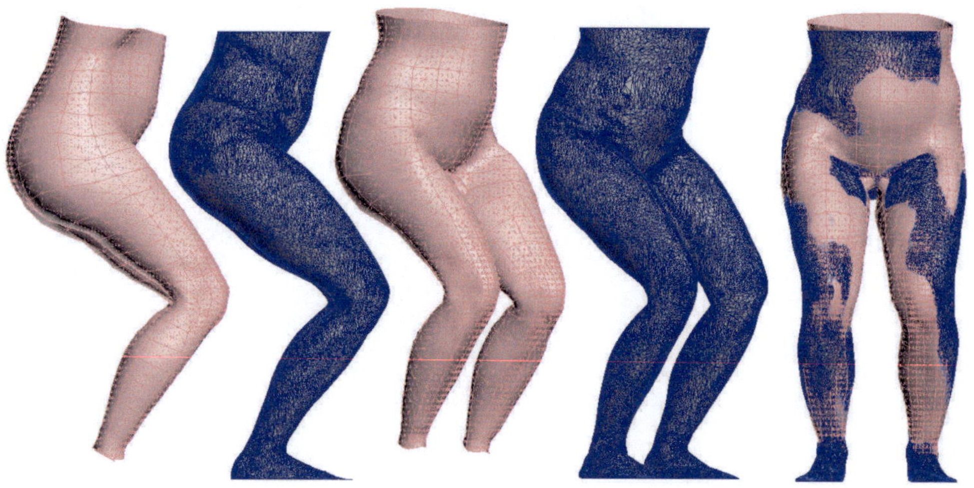

Abbildung C.3: Mensch-Modell und Scandaten in Position *90° gebeugt* für Größe 40 von vorn und rechts.

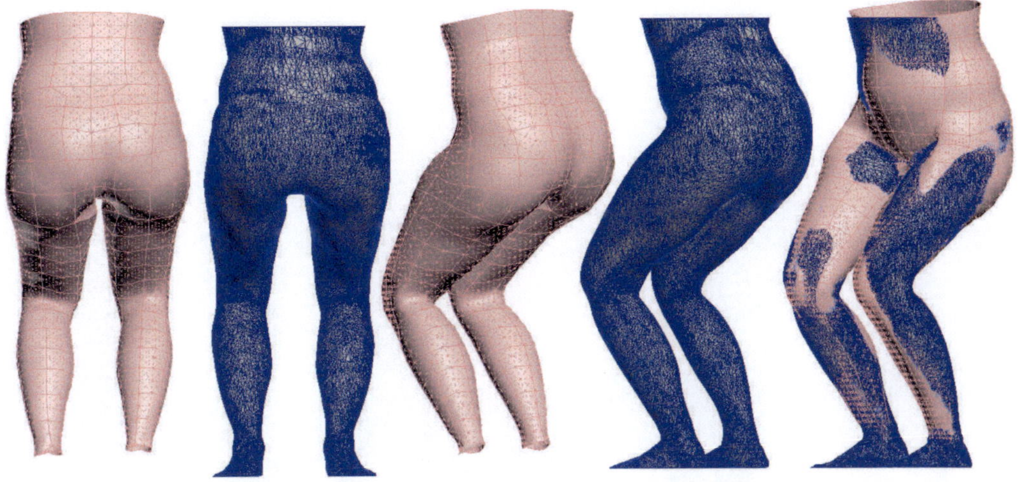

Abbildung C.4: Mensch-Modell und Scandaten in Position *90° gebeugt* für Größe 40 von hinten.

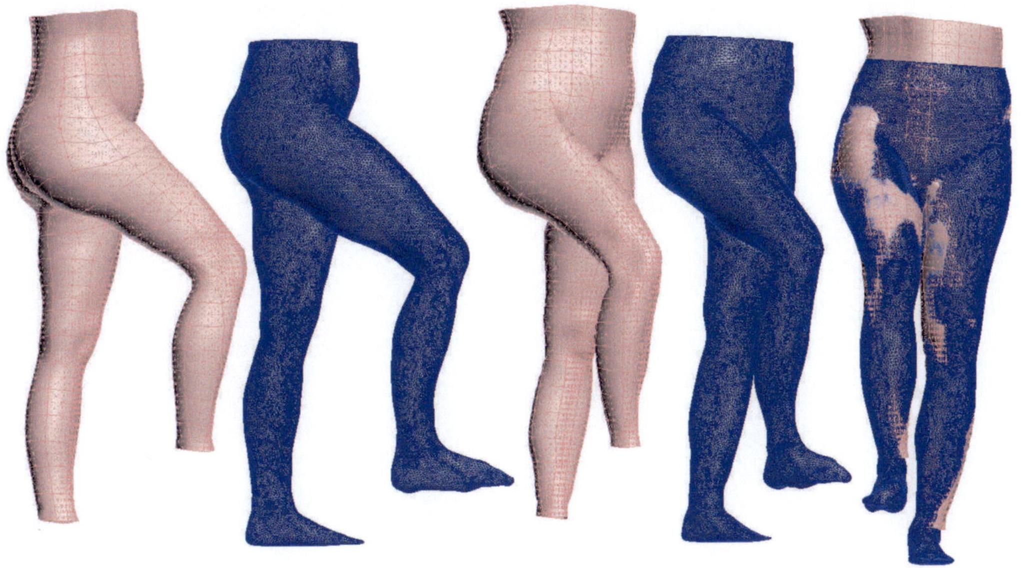

Abbildung C.5: Mensch-Modell und Scandaten in Position *150° gebeugt* für Größe 40 von vorn und rechts.

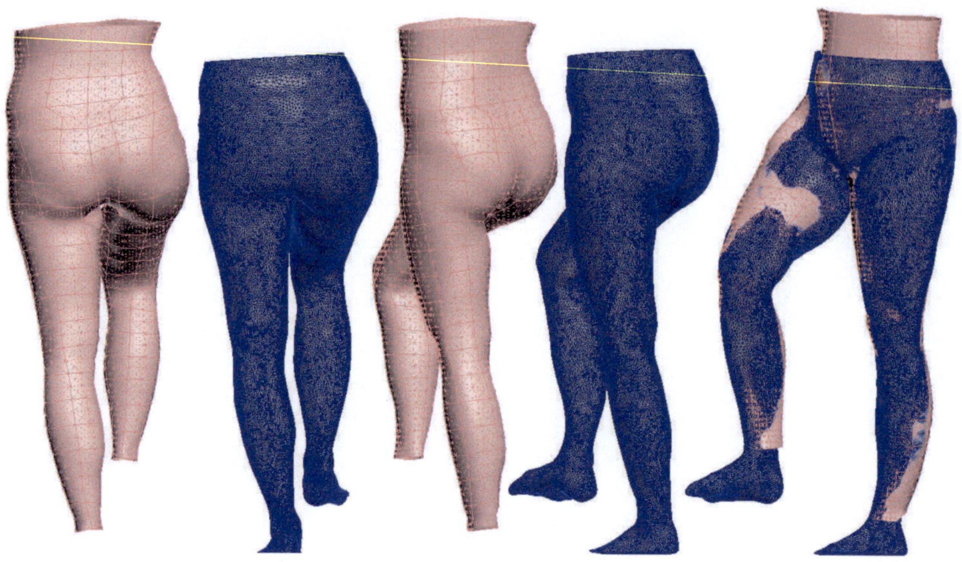

Abbildung C.6: Mensch-Modell und Scandaten in Position *150° gebeugt* für Größe 40 von hinten.